计算机科学与技术专业实践系列教材

计算机系统组装与维护

徐群叁　张永水　周凤翔　主　编
于　涛　赵开芹　王兆麟　副主编

清华大学出版社
北京

内容简介

本书系统地介绍当前个人计算机的组成部件、计算机组装和计算机系统维护知识。全书分三篇：第一篇包括第1～8章，介绍计算机系统的组成部件，该篇是计算机系统组装与维护的基础部分；第二篇包括第9～11章，详细讲解计算机系统安装，包括硬件组装和软件安装；第三篇包括第12～14章，学习常用计算机系统维护软件以及注册表分析。

本书图文并茂，文字简洁，内容丰富，适用面广，既可作为计算机及相关专业本科、专科的教材，也可供计算机初、中级用户学习参考。

图书在版编目(CIP)数据

计算机系统组装与维护/徐群叁，张永水，周凤翔主编．—北京：清华大学出版社，2015(2019.1重印)
计算机科学与技术专业实践系列教材
ISBN 978-7-302-39647-5

Ⅰ．①计…　Ⅱ．①徐…　②张…　③周…　Ⅲ．①电子计算机－组装－高等学校－教材　②计算机维护－高等学校－教材　Ⅳ．①TP30

中国版本图书馆CIP数据核字(2015)第059316号

责任编辑：白立军
封面设计：傅瑞学
责任校对：李建庄
责任印制：李红英

出版发行：清华大学出版社
　网　　址：http://www.tup.com.cn，http://www.wqbook.com
　地　　址：北京清华大学学研大厦A座　　**邮　　编**：100084
　社 总 机：010-62770175　　**邮　　购**：010-62786544
　投稿与读者服务：010-62776969，c-service@tup.tsinghua.edu.cn
　质量反馈：010-62772015，zhiliang@tup.tsinghua.edu.cn
　课件下载：http://www.tup.com.cn，010-62795954
印 装 者：北京鑫海金澳胶印有限公司
经　　销：全国新华书店
开　　本：185mm×260mm　　**印　张**：16　　**字　　数**：398千字
版　　次：2015年5月第1版　　**印　　次**：2019年1月第4次印刷
定　　价：34.50元

产品编号：062484-01

前　　言

本书系统地讲授个人计算机组成部件、计算机系统安装和常用系统维护软件等方面的内容。本书在编写上以基本原理和基本方法为主导，以目前最新的硬件产品作为实例，循序渐进地介绍计算机组成部件的性能指标、购买指南和计算机硬件组装；以目前流行的Windows 7操作系统为实例，在VMware虚拟机下安装计算机操作系统；从计算机简易维护角度，介绍常用系统维护软件的使用。由于存在计算机硬件技术发展迅速与教材出版周期之间的矛盾，所以本书在编写上强调基本理论学习与基本技能培养相结合，这样才能使学生以扎实的基础知识，来应对计算机技术的发展与市场变化。

本书注重培养学生的自学能力、动手能力以及培养学生通过不同途径了解计算机最新技术的能力，鼓励学生通过课本、市场、网络等渠道全方位地学习，使教与学、学与用紧密结合，从而使学生通过实际操作，理解和掌握基本方法与基本技能，达到完成课程要求的目标。

本书由徐群叁、刘启明和周凤翔任主编，其中徐群叁编写第1～8章，周凤翔编写第9章和第10章，于涛编写第11章，赵开芹编写第12章，王兆麟编写第13章，刘启明编写第14章。全书由刘启明统编定稿。

由于个人计算机硬件技术发展速度很快，书中不足和遗漏之处，恳请读者朋友们提出宝贵意见和建议。

编　者

2015年3月

目　　录

第一篇　计算机系统组成部件

第 1 章　计算机系统概述 ………… 3

1.1　计算机的分类 ………… 3

1.2　计算机系统组成 ………… 4

1.2.1　计算机硬件系统 ………… 5

1.2.2　计算机软件系统 ………… 9

1.3　本章小结 ………… 10

习题 ………… 11

第 2 章　中央处理器 ………… 12

2.1　CPU 基本知识 ………… 12

2.1.1　CPU 发展过程 ………… 12

2.1.2　CPU 的性能指标 ………… 16

2.1.3　CPU 微架构 ………… 22

2.1.4　CPU 封装方式 ………… 26

2.2　CPU 的选购 ………… 29

2.3　CPU 散热器 ………… 30

2.3.1　CPU 散热器分类 ………… 30

2.3.2　风冷散热器的主要参数 ………… 30

2.4　本章小结 ………… 34

习题 ………… 34

第 3 章　主板 ………… 35

3.1　主板概述 ………… 35

3.2　主板的基本构成 ………… 36

3.2.1　主板芯片组 ………… 36

3.2.2　CPU 插槽 ………… 42

3.2.3　主板电源插座、供电电路 ………… 48

3.2.4　内存插槽 ………… 49

3.2.5　总线扩展槽 ………… 50

3.2.6　BIOS 芯片 ………… 54

3.2.7　跳线 ………… 54

3.2.8　主板后沿安装的设备通信接口 ………… 55

3.2.9　硬盘、光驱接口 ………… 56

3.2.10 机箱面板指示灯及控制按钮插针 …… 57
3.3 主板的分类 …… 58
3.4 主板的选购 …… 59
3.5 本章小结 …… 60
习题 …… 61
第 4 章 内存储器 …… 62
4.1 内存储器概述 …… 62
4.2 内存储器的分类 …… 63
4.2.1 按工作原理分类 …… 63
4.2.2 按用途分类 …… 69
4.3 内存的性能指标 …… 69
4.4 内存储器的选购 …… 71
4.5 本章小结 …… 73
习题 …… 73
第 5 章 外存储器 …… 74
5.1 硬盘 …… 74
5.1.1 硬盘的结构 …… 74
5.1.2 硬盘的性能指标 …… 77
5.1.3 硬盘的选购 …… 79
5.2 光存储系统 …… 79
5.2.1 CD-ROM 光驱 …… 79
5.2.2 CD-R/CD-RW 刻录机 …… 81
5.2.3 DVD-ROM 光驱 …… 83
5.2.4 DVD 刻录机 …… 84
5.2.5 Combo 光驱 …… 86
5.2.6 BD、BD 光驱和 BD 刻录机 …… 86
5.3 移动存储系统 …… 87
5.3.1 移动硬盘 …… 87
5.3.2 USB 闪存盘 …… 89
5.3.3 存储卡 …… 91
5.4 本章小结 …… 91
习题 …… 92
第 6 章 显示卡和显示器 …… 93
6.1 显示卡 …… 93
6.1.1 显示卡的结构 …… 94
6.1.2 显示卡的分类 …… 97
6.1.3 显示卡的性能指标 …… 99
6.1.4 显示卡的选购 …… 105

6.2 显示器 …… 106
6.2.1 CRT 显示器 …… 106
6.2.2 液晶显示器 …… 108
6.2.3 显示器的选购 …… 111
6.3 本章小结 …… 112
习题 …… 112

第7章 声卡和音箱 …… 113
7.1 声卡 …… 113
7.1.1 声卡的分类 …… 113
7.1.2 独立声卡 …… 114
7.1.3 板载声卡 …… 116
7.1.4 声卡主要性能指标 …… 117
7.1.5 声卡的选购 …… 118
7.2 音箱 …… 118
7.2.1 音箱的分类 …… 118
7.2.2 音箱的性能指标 …… 119
7.2.3 音箱的选购 …… 119
7.3 本章小结 …… 119
习题 …… 120

第8章 其他常用设备 …… 121
8.1 键盘和鼠标 …… 121
8.1.1 键盘 …… 121
8.1.2 鼠标 …… 122
8.2 电源和机箱 …… 123
8.2.1 电源 …… 123
8.2.2 机箱 …… 126
8.3 本章小结 …… 128
习题 …… 128

第二篇 计算机系统安装

第9章 硬件系统的组装 …… 131
9.1 计算机硬件配置 …… 131
9.2 组装原则及注意事项 …… 133
9.2.1 组装原则 …… 133
9.2.2 注意事项 …… 134
9.3 准备工作 …… 135
9.4 安装主要部件 …… 136

9.5 安装其他部件 …… 143
9.6 计算机组装测试 …… 144
9.7 本章小结 …… 145
习题…… 145

第10章 BIOS和UEFI参数设置 …… 146
10.1 UEFI简介 …… 146
10.2 UEFI的优点 …… 147
10.3 传统BIOS和UEFI组成 …… 148
10.4 BIOS和UEFI参数设置 …… 149
10.4.1 BIOS和UEFI设置程序的进入 …… 149
10.4.2 传统BIOS常用参数设置 …… 150
10.4.3 UEFI常用参数设置 …… 155
10.5 本章小结…… 162
习题…… 162

第11章 软件系统安装 …… 163
11.1 计算机的启动过程…… 163
11.1.1 传统BIOS启动过程 …… 163
11.1.2 原生UEFI启动…… 165
11.2 硬盘初始化…… 167
11.3 VMware Workstation虚拟机 …… 169
11.3.1 VMware Workstation安装 …… 170
11.3.2 创建VMware Workstation虚拟机…… 172
11.4 Windows 7操作系统安装 …… 177
11.4.1 安装前准备工作…… 177
11.4.2 硬盘分区和高级格式化…… 182
11.4.3 复制版操作系统安装…… 183
11.5 安装驱动程序…… 188
11.5.1 驱动程序的作用…… 188
11.5.2 获取驱动程序…… 189
11.5.3 驱动程序的安装顺序…… 189
11.5.4 驱动程序的安装事项…… 191
11.5.5 如何获取正确版本的驱动程序…… 191
11.6 安装补丁程序…… 192
11.7 安装应用软件…… 193
11.8 本章小结…… 194
习题…… 194

第三篇　计算机系统维护软件

第 12 章　Windows 7 自带的维护软件 …… 197
12.1　磁盘管理 …… 197
12.2　系统配置实用程序 …… 202
12.3　组策略编辑器 …… 205
12.4　服务配置 …… 212
12.5　本章小结 …… 216
习题 …… 216
第 13 章　常用系统维护软件 …… 217
13.1　CPU-Z 软件 …… 217
13.2　MemTest86＋软件 …… 219
13.3　HD Tune 软件 …… 221
13.4　DisplayX 软件 …… 223
13.5　Norton Ghost …… 224
13.5.1　Norton Ghost 10.0.2 的启动 …… 224
13.5.2　Norton Ghost 10.0.2 菜单 …… 225
13.5.3　制作镜像文件和恢复系统 …… 226
13.5.4　Ghost Explorer …… 229
13.6　本章小结 …… 230
习题 …… 230
第 14 章　Windows 注册表解析与维护 …… 231
14.1　注册表由来 …… 231
14.2　Windows 注册表调用与修改 …… 232
14.2.1　打开注册表编辑器 …… 232
14.2.2　注册表的备份 …… 232
14.2.3　新建项和键值 …… 235
14.2.4　查找键名和键值 …… 236
14.3　Windows 注册表结构 …… 237
14.4　注册表应用举例 …… 239
14.5　本章小结 …… 244
习题 …… 244
参考文献 …… 245

第一篇　计算机系统组成部件

本篇介绍计算机系统组成部件，包括部件的功能、性能指标和选购指南等内容。通过本篇的学习，使初学者掌握计算机系统组装与维护必备的基础知识，为后续内容的学习打下坚实基础。具有一定基础的计算机维护人员，可以有选择地学习相关内容。

第 1 章　计算机系统概述

本章学习目标

- 了解计算机的不同分类。
- 熟练掌握计算机有哪些组成部件。
- 了解计算机软件系统。

本章对计算机系统进行初步介绍。首先介绍计算机的几种分类方法；其次介绍计算机的硬件系统和软件系统。重点要掌握计算机由哪些部件组成。

1.1　计算机的分类

随着计算机技术的迅猛发展，计算机的分类界限越来越模糊。计算机可按以下方式进行分类。

1. 按处理信号方式分类

根据计算机处理信号的不同，可分为模拟电子计算机和数字电子计算机。模拟式电子计算机问世较早，内部所使用的电信号模拟自然界的实际信号，因而称为模拟电信号。模拟电子计算机处理问题的精确度差，所有的处理过程均需模拟电路来实现，电路结构复杂，抗外界干扰能力极差。数字电子计算机是当今世界电子计算机行业中的主流，其内部处理的是一种称为符号信号或数字信号的电信号。它的主要特点是“离散”，在相邻的两个符号之间不可能有第三种符号存在。由于这种处理信号的差异，使得它的组成结构和性能优于模拟电子计算机。人们通常所说的计算机是数字电子计算机。

2. 按用途和功能分类

计算机按用途和功能可分为专用计算机和通用计算机。专用计算机针对某类问题能显示出最有效、最快速和最经济的特性，但它的适应性较差，不适于其他方面的应用。人们在导弹和火箭上使用的计算机很大部分就是专用计算机。这些计算机就是再先进，也不能用它们来玩游戏。通用计算机适应性很强，应用面很广，但其运行效率、速度和经济性依据不同的应用对象会受不同程度的影响。人们通常所说的计算机是通用计算机。

3. 按综合性能指标分类

计算机按其规模、速度和功能等又可分为巨型机、大型机、中型机、小型机、微型机及单片机。这些类型之间的基本区别通常在于其体积大小、结构复杂程度、功率消耗、性能指标、数据存储容量、指令系统和设备、软件配置等的不同。

一般来说，巨型计算机的运算速度很高，可达每秒执行几十亿甚至上万亿条指令，数据存储容量很大，规模大且结构复杂，价格昂贵，主要用于大型科学计算。它也是衡量一国科学实力的重要标志之一。单片计算机则只由一片集成电路制成，其体积小，质量轻，结构十分简单，性能介于巨型机和单片机之间的是大型机、中型机、小型机和微型机。它们的性能指标和结构规模依次递减。人们通常所说的计算机是微型机。

4. 从维修维护角度分类

计算机可以分为多用户的大型计算机系统和单用户的个人计算机(Personal Computer)两大类,它们的硬件和软件系统结构有着很大的不同,就系统维护和维修而言,也有很大区别。

人们通常所说的计算机是指单用户的个人计算机,所说的计算机系统维护,也是针对个人计算机而言。个人计算机按其规模也就是微型计算机,它主要分为台式机、笔记本电脑两种类型,如图 1-1 所示。

(a) (b)

图 1-1 台式机和笔记本电脑

台式机的特点是体积较大,但价格比较便宜,部件标准化程度高,系统扩充、维护和维修比较方便。其在整个计算机应用领域最为普及和数量最多,它的维护和维修也最具普遍和典型意义。

笔记本电脑的特点是体积小,可以随身携带。但笔记本电脑只有原装机,用户无法自己组装,硬件的扩充性和维修比较困难。

1.2 计算机系统组成

计算机系统组成包括硬件系统(Hardware)和软件系统(Software),再根据每一部分功能进一步划分,其系统组成如图 1-2 所示。

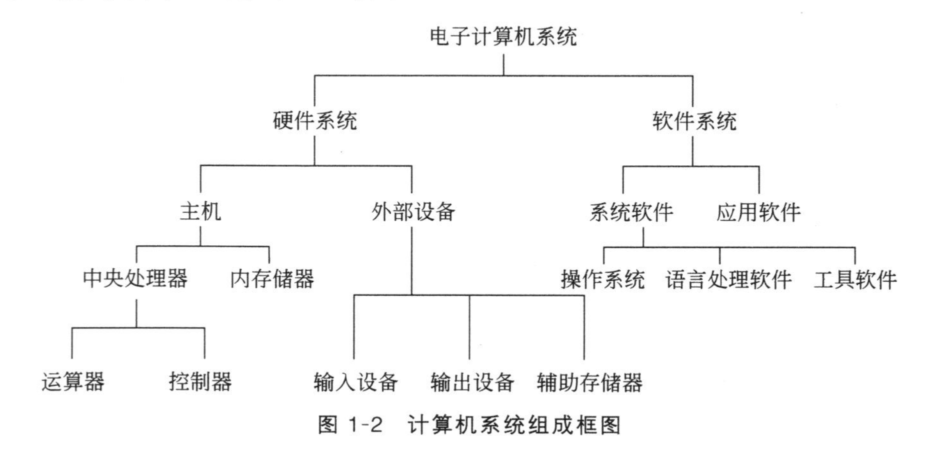

图 1-2 计算机系统组成框图

1.2.1　计算机硬件系统

计算机硬件系统包括主机和外部设备(简称外设)。

1. 主机

主机主要包括中央处理器(简称 CPU)和内存储器(简称内存)。

(1) CPU：CPU 是计算机的大脑，主要由运算器和控制器组成。运算器能够进行算术运算和逻辑运算，负责各种信息的处理工作；控制器相当于计算机的指挥中心，负责统一协调计算机各部件工作。CPU 性能好坏从根本上决定了计算机系统的性能。

(2) 内存储器：存储器是计算机的记忆装置，分为内存储器和外存储器两部分。内存储器是直接与 CPU 联系的存储器，要执行的程序和被处理的数据一般先要装入内存储器，然后才能被 CPU 处理和运行。其特点存取速度较快，但容量有限。

2. 外部设备

计算机中除了主机以外的所有设备都属于外部设备。外部设备的作用是辅助主机的工作，为主机提供足够大的外部存储空间，提供与主机进行信息交换的各种手段。常见的计算机外部设备如下。

(1) 外存储器：即辅助存储器，主要用于扩充存储器的容量和存储当前暂时不用的信息。它的特点是容量大，信息可以长期保存，但其速度相对较慢。常见的外存储器有硬盘、光盘、闪存盘等。

(2) 输入设备：输入设备是人或外部与计算机进行交互的一种装置，用于把原始数据和处理这些数据的程序输入到计算机中。常见的输入设备有键盘、鼠标、摄像头、扫描仪、光笔、手写输入板、游戏杆、语音输入装置等。

(3) 输出设备：输出设备也是人与计算机交互的一种装置，它把各种计算结果、数据或信息以数字、字符、图像、声音等形式表示出来。常见的有显示器、打印机、绘图仪、影像输出系统、语音输出系统等。

对于计算机维护维修人员和用户来说，此种分类方法不利于对一个计算机实体进行描述。人们往往通过看到的计算机实际物理结构来描述硬件，即计算机系统组成部件。只要了解计算机是由哪些部件组成的，各部件的功能是什么，就能对板卡和部件进行组装、维护和升级，构成新的计算机，这就是计算机的组装。图 1-3 展示了从外部看到的、典型的计算机硬件系统，它由主机、显示器、键盘、鼠标和音箱等部分组成。

图 1-3　从外部看到的计算机硬件系统

人们通常所说的主机实际上是计算机机箱及其内部部件的统一体。不同于前面提到的主机，一定要区分开。打开主机箱，还能看到很多计算机部件，其结构如图 1-4 所示。

主机箱里面包括主板(Main Board)、电源(Power Supply)、硬盘驱动器(Hard Disk Driver)、光盘驱动器(CD-ROM Driver)和插在主板总线扩展槽(Input/Output BUS Expanded Slots)上的各种系统功能扩展卡。

下面简单介绍计算机各组件，后面几章再详细介绍。

1）主板

主板也称为母板或系统板，如图 1-5 所示，它是连通各部件的基本通道，控制着各部件之间的指令流和数据流，根据系统进程和线程的需要，有机地调度计算机的各个子系统，所以是计算机硬件系统的核心部件，直接影响运行速度。其性能取决于主板芯片组。

图 1-4　计算机主机内部结构

图 1-5　计算机主板

2）中央处理器(CPU)

CPU 是计算机系统中的核心器件，决定计算机的档次和性能，如图 1-6 所示。这里列出的都是早期的 CPU，市场上已经看不到了。

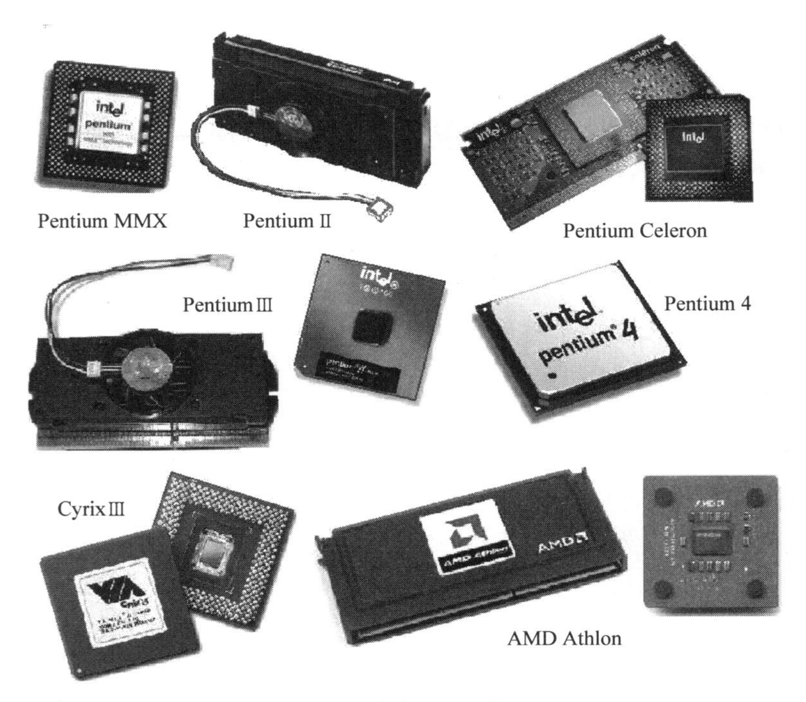

图 1-6　各种类型的早期 CPU

3）内存条

同 CPU 一样，内存条是计算机必不可少的部件。程序只有装入内存才可运行，同时内存又将处理结果记录下来，在需要时就从中取出。内存条存储容量的大小，已成为衡量计算机系统性能的一项重要指标。存储容量越大，计算机的执行速度相对就越快。图 1-7 为计算机内存条。

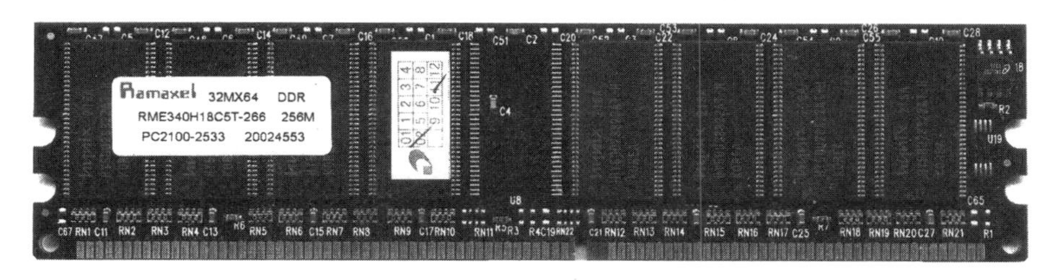

图 1-7 计算机内存条

4）外设接口卡

外设接口卡是外设与主机通信的接口部件。除了主板上存在一些标准设备的接口外，其他的外设均作为系统的扩展设备，它们必须配置相应的接口卡才能与主机相连，如显卡、声卡、Modem 卡、网卡、USB 卡和 SCSI 卡等。图 1-8 展示了常见外设接口卡。

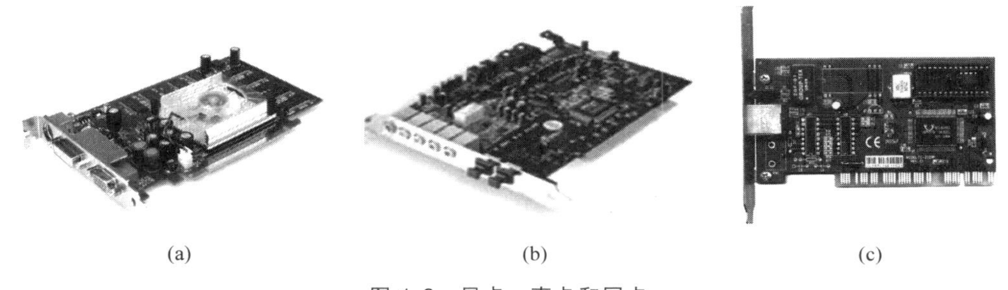

(a) (b) (c)

图 1-8 显卡、声卡和网卡

5）常见外部设备

（1）键盘。

键盘是计算机必备的标准输入设备。键位分为标准字符区、功能键区、编辑键区和小键盘区。常用的键盘有 101 键盘（标准键盘）、104 键盘、107 键盘，如图 1-9(a)所示。

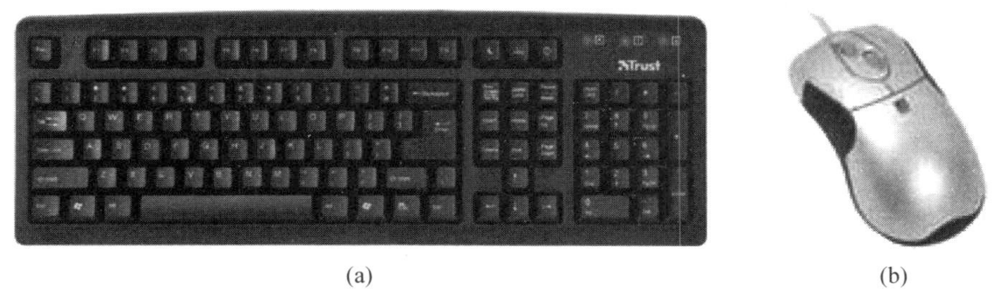

(a) (b)

图 1-9 键盘和鼠标

（2）鼠标。

鼠标能方便地将光标定位，完成各种图形化操作。鼠标是计算机视窗操作中不可缺少的输入设备。鼠标有两键、三键和带滚轮等种类，常见的鼠标如图 1-9(b)所示。

（3）显示器。

显示器又称为监视器，是计算机重要的输出设备，其作用是显示输入的命令、数据和显示程序运行后输出。常见的显示器有阴极射线管式(CRT)和液晶式(LCD)两种，如图 1-10 所示。

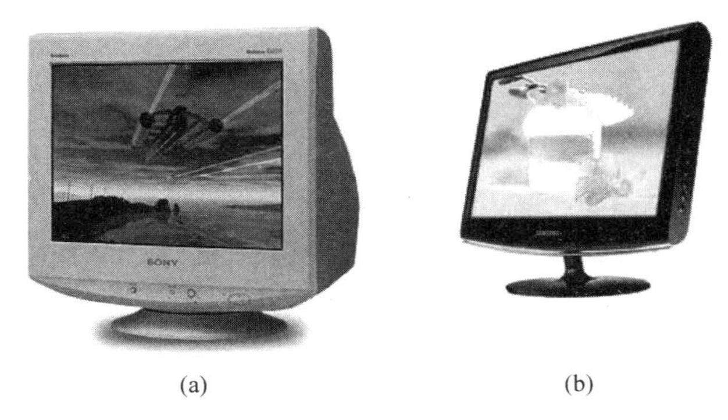

(a)　　(b)

图 1-10　CRT 和 LCD 显示器

（4）硬盘驱动器。

硬盘驱动器是计算机中必不可少的重要外部存储器。硬盘正朝着小体积、大容量、高速度、性价比更高和更耐用方向发展，常见硬盘如图 1-11(a)所示。

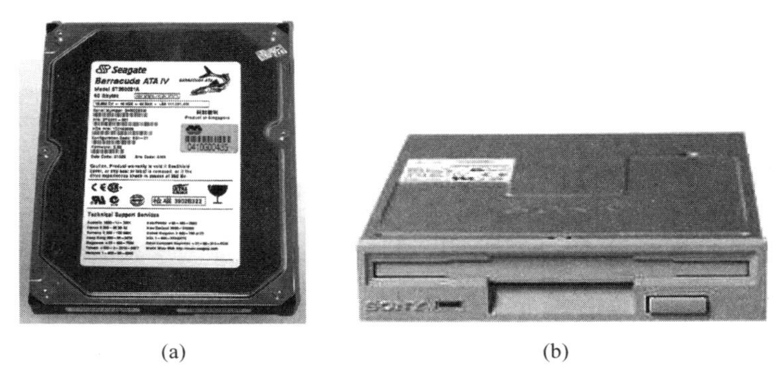

(a)　　(b)

图 1-11　硬盘和光驱

（5）光盘驱动器。

光盘驱动器(简称为光驱)也是计算机的外存储器，用于读取光盘信息的装置。存储媒体有只读光盘 CD-ROM、一次刻录光盘 CD-R、反复刻录光盘 CD-RW 和 DVD 光盘等，光驱如图 1-11(b)所示。

（6）扫描仪。

扫描仪可以扫描文稿、图片和实物，是继键盘和鼠标后的又一种常用输入设备。通常扫描仪具有汉字识别(OCR)功能，如图 1-12(a)所示。

（7）音箱。

音箱将计算机中的声音进行放大输出，常用的有无源音箱和有源音箱，常见的音箱如图 1-12(b)所示。

（8）打印机。

打印机是计算机系统中常用的输出设备。可实现信息的文稿或图形输出。常用的有针

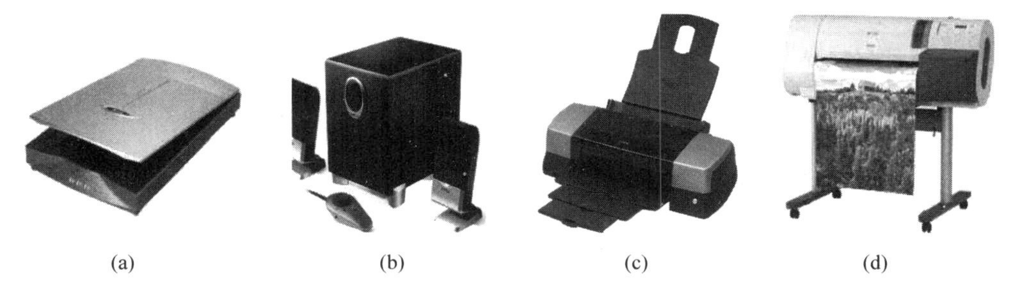

(a) (b) (c) (d)

图 1-12 扫描仪、音箱、打印机和绘图仪

式、喷墨、激光、热敏打印机等，如图 1-12(c)所示。

(9) 绘图仪。

绘图仪是一种可以绘制工程图纸的输出设备。按图号可分为 0、1、2 号等彩色、黑白绘图仪，如图 1-12(d)所示。

6) 机箱和电源

主机箱(见图 1-13(a))由金属箱体和塑料面板组成，分立式和卧式两种。

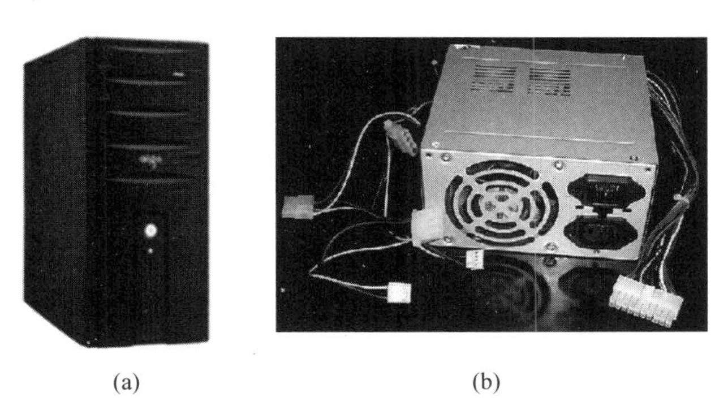

(a) (b)

图 1-13 机箱和电源

电源也可以称为 PC 电源部件，它不同于其他电器(如电视机、音响和录音机等)的电源，大多数电器的电源都只是整个电路板的一部分电路，而微机电源是一个独立部件。

PC 电源的电路板安装在标准的外壳中，它与系统其他部分的连接插头也是标准的，拆装更换十分方便。PC 电源的作用是把输入的 220V 交流电转换为微机系统所需的几种高质量直流电压，以保证主机箱内所有部件的供电。PC 电源部件的外形如图 1-13(b)所示。

本节从逻辑功能和物理结构两方面，对计算机硬件系统进行了简要介绍，以后会对每个部件进行详细说明。

1.2.2 计算机软件系统

软件是指为方便使用计算机和提高使用效率而组织的程序以及用于开发、使用和维护的有关文档。软件系统可分为系统软件和应用软件两大类。

1. 系统软件

系统软件由一组控制计算机系统并管理其资源的程序组成，其主要功能包括启动计算机，存储、加载和执行应用程序，对文件进行排序、检索，将程序语言翻译成机器语言等。实际上，系统软件可以看作用户与计算机的接口，它为应用软件和用户提供了控制、访问硬件的手段，这些功能主要由操作系统完成。此外，编译系统和各种工具软件也属于此类，它们从另一方面辅助用户使用计算机。下面分别介绍它们的功能。

1）操作系统

操作系统是管理、控制和监督计算机软、硬件资源协调运行的程序系统，由一系列具有不同控制和管理功能的程序组成，它是直接运行在计算机硬件上的、最基本的系统软件，是系统软件的核心。操作系统是计算机发展中的产物，它的主要目的有两个：一是方便用户使用计算机，是用户和计算机的接口，例如用户输入一条简单的命令就能自动完成复杂的功能，这就是操作系统帮助的结果；二是统一管理计算机系统的全部资源，合理组织计算机工作流程，以便充分、合理地发挥计算机的效率。

2）语言处理系统

如前所述，机器语言是计算机唯一能直接识别和执行的程序语言。如果要在计算机上运行高级语言程序就必须配备程序语言翻译程序（以下简称翻译程序）。翻译程序本身是一组程序，不同的高级语言都有相应的翻译程序。

3）服务程序

服务程序能够提供一些常用的服务性功能，它们为用户开发程序和使用计算机提供了方便，像计算机上经常使用的诊断程序、调试程序、编辑程序均属此类。

4）数据库管理系统

在信息社会里，社会和生产活动产生的信息很多，使人工管理难以应付，人们希望借助计算机对信息进行搜集、存储、处理和使用。数据库系统（Data Base System，DBS）就是在这种需求背景下产生和发展的。

2. 应用软件

为解决各类实际问题而设计的程序系统称为应用软件。从其服务对象的角度，又可分为通用软件和专用软件两类。

1）通用软件

通用软件通常是为解决某一类问题而设计的，而这类问题是很多人都要遇到和解决的。例如，文字处理软件、表格处理软件、电子演示等软件。

2）专用软件

在市场上可以买到通用软件，但有些具有特殊功能和需求的软件是无法买到的。例如，某个用户希望有一个程序能自动控制车床，同时也能将各种事务性工作集成起来统一管理。因为它对于一般用户是太特殊了，所以只能组织人力开发。当然开发出来的这种软件也只能专用于这种情况。

1.3 本章小结

通过本章介绍，大家初步认识了计算机由哪些硬件组成，在后续章节中会对计算机硬件进行详细介绍。

习题

1. 计算机由哪些主要部件构成？各部件的功能是什么？
2. 计算机有哪几种分类方法？
3. 如何区分系统软件和应用软件？
4. 上网和查阅有关资料，了解 PC 的发展史。
5. 打开不同档次、配置的计算机主机箱，认识机箱内各计算机部件及所处位置。

第2章 中央处理器

本章学习目标

- 了解 CPU 发展的历程。
- 熟练掌握 CPU 的性能指标。
- 了解 CPU 微架构和封装方式。
- 了解 CPU 散热器的基础知识。

本章首先介绍 CPU 基本知识，包括 CPU 发展历程、CPU 性能指标、CPU 微架构、CPU 封装方式和 CPU 选购；其次简单介绍 CPU 散热器的相关知识。

2.1 CPU 基本知识

中央处理器(Central Processing Unit，CPU)是一块超大规模集成电路芯片，CPU 的核心是一片大小通常不到 1/4 英寸的薄薄的硅单晶片。在这块小小的硅片上，密布着上亿个晶体管组成的十分复杂的电路，其中包括运算器、寄存器、控制器和总线等。CPU 通过执行指令来进行运算和控制系统，它是整个微机系统的核心。

CPU 作为计算机的“大脑”，是计算机的核心部件，是现代高科技产品，生产工艺先进，结构复杂。影响 CPU 的性能指标有主频、外频、前端总线频率、高速缓存等多个方面。因此，掌握 CPU 的一些基础知识，对于选购合适的 CPU 和最匹配的配件甚为重要。

2.1.1 CPU 发展过程

CPU 从它诞生到现在已经有 40 多年的历史，特别是近几年，CPU 技术飞速发展，CPU 的功能越来越强大。CPU 的今天是和它的历史分不开的，下面介绍一下微型计算机的 CPU 的发展历程。

1971 年，处于发展初期的 Intel 公司推出了第一颗个人用户能买得起的应用于计算机的处理器 4004，这是一个 4 位微处理器，它包含 2300 个晶体管，但是，由于它的性能十分有限，而且速度很慢，所以几乎没有商业前景。虽然这样，它却是划时代的产品，从此，Intel 公司以此为基础不断推出很多高性能的 CPU，并且使得 Intel 公司成为最大的 CPU 生产商。因此，CPU 的发展历史，主要就是 Intel 公司的 CPU 的发展历史。

1972 年，Intel 公司研制出 8008 处理器，它是 8 位处理器。1974 年，Intel 公司研制出 8008 的改进型 8080。1976 年，Intel 公司推出增强型 8085，它们均为第二代微处理器，第二代微处理器均采用 NMOS 工艺，集成度约 9000 个晶体管，采用汇编语言、Basic、FORTRAN 编程。

1978 年，Intel 公司生产的 8086 是第一个 16 位的微处理器。这是第三代微处理器的起点。不过这款 16 位处理器高昂价格阻止了其在微机中的应用。于是，1979 年，Intel 又开发出了 8088。8088 是一款准 16 位的 CPU，其内部数据总线位宽为 16 位，而外部数据总线位宽为8位。其内部集成了大约29 000个晶体管,采用40针的DIP封装技术。

1981年,美国IBM公司将8088芯片用于其研制的个人计算机中,从而开创了全新的微机时代。也正是从8088开始,个人计算机(PC)的概念开始在全世界范围内发展起来。从8088应用到IBM PC上开始,PC真正走进了人们的工作和生活之中,它也标志着一个新时代的开始。

1982年,Intel公司在8086的基础上,研制出了80286微处理器,80286集成了大约130 000个晶体管。8086到80286这个时代是个人计算机起步的时代,当时在国内使用甚至见到过PC的人很少,它在人们心中是一个神秘的东西。到20世纪90年代初,国内才开始普及个人计算机,当时大家最早听说的PC就用的是这款CPU。

1985年,Intel公司正式发布80386DX,其内部包含27.5万个晶体管,80386使32位CPU成为PC工业的标准。1989年Intel公司推出准32位的处理器芯片80386SX,它是Intel公司为扩大市场份额推出的廉价版386处理器,内部数据总线位宽为32位,外部数据总线位宽为16位。

1989年,80486芯片由Intel公司推出。这款经过四年开发和3亿美元资金投入的芯片的伟大之处在于它首次突破了100万个晶体管的界限,集成了约110万个晶体管,使用1μm的制造工艺。这也是Intel公司最后一代以数字编号的CPU。80486和80386一样,仍为32位处理器。1990年,Intel公司推出80486SX,它是廉价版486处理器。

1993年,全面超越486的新一代586 CPU问世,为了摆脱486时代微处理器名称混乱的困扰,Intel公司把自己的新一代产品命名为Pentium(奔腾)以区别AMD和Cyrix的产品。Pentium处理器集成了超过110万个晶体管,时钟频率最高达到120MHz。

1996年,Intel公司发布了多能奔腾(Pentium MMX)的正式名称就是“带有MMX技术的Pentium”。多能奔腾在原Pentium的基础上进行了重大改进,新增加的57条MMX多媒体指令,使得多能奔腾即使在运行非MMX优化的程序时,也比同主频的Pentium CPU要快得多。这57条MMX指令专门用来处理音频、视频等数据。多能奔腾拥有450万个晶体管,功耗17W。

1997年,Intel公司继续强势推出Pentium Ⅱ(中文名“奔腾二代”),早期的Pentium Ⅱ采用Klamath核心,0.35μm工艺制造,内部集成750万个晶体管。不久以后,Intel公司第一个支持100MHz额定外频的CPU正式推出。采用新核心的Pentium Ⅱ微处理器采用0.25μm工艺制造,采用新的Slot 1接口。Slot 1插座看上去和扩展槽很像。该形式的封装结构为系统总线与L2高级缓存之间的接口提供了独立的连接电路。然后再将处理器、高速缓存芯片都放置在一个小型电路板上,Intel将其称为单边接触(Single Edge Contact,SEC)卡盒的电路板,用塑料封装后,就是人们看到的Pentium Ⅱ了。

1998年,Intel公司吸取了只注重高端市场,忽视中低端市场而失去市场份额的教训,推出了面向中低端市场的Pentium Celeron系列CPU(中文名称“赛扬”)。该系列CPU与Pentium Ⅱ相比,主要没有二级高速缓存,这样价格就大大低于Pentium Ⅱ。并且Socket 370插座也是从这代CPU才出现的。Celeron的推出,成功地使Intel公司抢回不少的市场份额。

1999年,Intel公司发布了采用Katmai核心的新一代微处理器Pentium Ⅲ。该微处理器除采用0.25μm工艺制造,内部集成950万个晶体管,除Slot 1接口之外,它还具有以下新特点：系统总线频率为100MHz；采用第六代CPU核心——P6微架构，针对32位应用程序进行优化，双重独立总线；一级缓存大小为32KB，二级缓存大小为512KB，新增加了能够增强音频、视频和3D图形效果的指令集，共70条新指令。Pentium Ⅲ的起始主频为450MHz。为了降低成本，后来的Pentium Ⅲ都改为Socket 370接口。

2000年，Intel公司推出简化Pentium Ⅲ的Celeron处理器。为了与Pentium Ⅱ时代的Celeron相区别，把Pentium Ⅲ时代的Celeron称为Celeron Ⅱ。Celeron Ⅱ与Pentium Ⅲ的最主要的区别是二级高速缓存容量减少一半，只有128KB，但主要性能与Pentium Ⅲ没有太大差别。

2000年11月，Intel公司发布了Pentium 4处理器。主频在1GHz以上，前端主频为400MHz，外频为100MHz，NetBurst微架构，刻线工艺为0.13μm，FC-PGA2封装，8KB一级高速缓存和256KB二级高速缓存均在CPU内。早期为Socket 423接口，后被淘汰而改为Socket 478接口。

2004年，Intel公司推出了Socket LGA775接口的Pentium 4、Celeron D处理器。

2005年，Intel公司推出了64位处理器，并冠以6XX系列的名称。

2005年，Intel公司发布了双核心处理器，Intel公司在双核心处理器上没有沿用Pentium 4的命名方式，称为Pentium D和Pentium Extreme Edtion，具有64位技术，采用LGA775接口。

2006年，Intel公司正式发布了Core 2 Duo，它是Intel公司推出的新一代基于Core微架构的产品体系统称。Core 2 Duo包括服务器版、桌面版、移动版三大领域。其中服务器版的开发代号为Woodcrest，桌面版的开发代号为Conroe，移动版的开发代号为Merom。Conroe产品以4000或6000系列命名，而Merom采用采用5000或7000系列数字命名。

2007年，Intel公司鉴于AMD Athlon64 X2 3600+强大的竞争压力，重新启用“奔腾”这个品牌，推出奔腾E2000系列台式CPU产品，基于先进的Core微架构，在二级缓存方面较Core 2 Duo E4000系列缩减为共享1MB。此次的奔腾E处理器不同于以往的奔腾D“假双核”，由于采用的是新的酷睿架构，可谓是“真双核”了。奔腾E目前为止已推出E2、E5、E6系列。

2008年，Intel公司推出酷睿i7，酷睿i7是进入Core时代后最大的变革，基于Nehalem架构，在Core架构的基础上增添了超线程、三级缓存、TLB和分支预测的等级化、集成内存控制器、QPI总线和支持DDR3等技术。原生4核心，1600MHz外频，最大25.6GB的内存带宽，三通道的DDR3 1600，LGA 1366接口。

2009年，Intel公司推出酷睿i5，四核心，支持睿频加速技术，集成双通道DDR3存储器控制器，集成PCI-Express控制器，LGA 1156接口，不支持超线程技术。可以看作是酷睿i7的低端产品。

2010年，推出酷睿i3，双核心，集成双通道DDR3存储器控制器，集成PCI-Express控制器，LGA 1156接口，32nm制线工艺，支持超线程技术。可以看作是酷睿i5的精简版。

2010年，推出酷睿i7 980X，原生六核心，Westmere架构，32nm制线工艺，拥有3.33GHz主频、12MB三级缓存。

2010年，Intel公司再次发布革命性的处理器——第二代Core i3/i5/i7。第二代Core i3/i5/i7隶属于第二代智能酷睿家族，全部基于全新的32nm的Sandy Bridge微架构，更低功耗、更强性能；内置高性能 GPU(核芯显卡)，视频编码、图形性能更强；睿频加速技术2.0，更智能、更高效能；引入全新环形架构，带来更高带宽与更低延迟；全新的 AVX、AES 指令集，加强浮点运算与加密解密运算。

2012 年，第三代 Core 系列处理器正式发布，全新的 22nm 工艺，新一代核芯显卡。

2013 年，Intel 公司正式推出第四代酷睿处理器 Haswell。

谈及 CPU 的发展过程，不能不提 AMD 公司的 CPU 发展过程。正是有了 AMD 公司和 Intel 公司的竞争，加快了 CPU 技术不断发展，人们才能用上速度更高、价格更低的处理器。下面简要介绍 AMD 公司的 CPU 发展过程。

K5 是 AMD 公司第一个独立生产的 586 级 CPU，发布时间在 1996 年。由于 K5 在开发上遇到了问题，其上市时间比 Intel 公司的 Pentium 晚了许多，再加上性能不好，这个不成功的产品一度使得 AMD 的市场份额大量丧失。K5 低廉的价格比其性能更能吸引消费者，低价是这款 CPU 最大的卖点。

AMD 公司在 1997 年又推出了 K6。K6 这款 CPU 的设计指标是相当高的，它拥有全新的 MMX 指令以及 64KB L1 Cache(比奔腾 MMX 多了一倍)，整体性能要优于奔腾 MMX，接近同主频 Pentium Ⅱ的水平。K6 拥有 32KB 数据 L1 Cache，使用 Socket 7 接口。

AMD 公司在 1998 年 4 月正式推出了 K6-2 微处理器。它采用 0.25μm 工艺制造，芯片面积减小到了 $68mm^2$，晶体管数目也增加到 930 万个。另外，K6-2 具有 64KB L1 Cache，二级缓存集成在主板上，容量在 512KB～2MB 之间，支持 Socket 7 接口。K6-2 是一个 K6 芯片加上 100MHz 总线频率和支持 3DNow！浮点指令的结合物。3DNow！技术大大加强了处理 3D 图形和多媒体所需要的密集浮点运算性能。

AMD 公司在 1999 年 2 月推出了代号为 Sharptooth(利齿)的 K6-3，AMD K6-3 系列应该算是 AMD 公司推出的最后一款 Socket 7 的 CPU。AMD K6-3 使用了 3DNow！技术，包含 64KB 的一级缓存，并且将原来安装在主板上的 256KB 二级缓存集成到了 CPU 内部，采用 0.25μm 制造工艺、内核面积是 $135mm^2$，集成了 2130 万个晶体管。

AMD 公司在 1999 年推出 Athlon(K7)，主频 550MHz 以上，总线频率 200MHz，0.18μm 工艺，128KB L1 Cache，512KB L2 Cache，Slot A 接口。

AMD 公司在 2000 年推出 Athlon 的简化版 Duron，主频最大 800MHz，总线频率 100MHz，0.18μm 工艺，128KB L1 Cache，内置 64KB L2 Cache，Socket A(Socket 462) 接口。

AMD 公司在 2000 年推出 Thunderbird(雷鸟)，相当于 Pentium Ⅲ，主频 750MHz～1GHz，Socket A 接口。

AMD 公司在 2001 年 10 月，推出 Athlon XP，266MHz 前端总线(133×2)，0.18μm 铜连线工艺，128KB L1 Cache 和 256KB L2 Cache，3750 万个晶体管，Socket A。目前常见的 Athlon 有 Athlon XP(桌面版)、Athlon 4(移动版)和 Athlon MP(服务器版)。

AMD 公司在 2003 年 4 月发布面向服务器与工作站的 AMD Opteron(皓龙)64 位处理器，2003 年 9 月，发布了桌面型高性能 Athlon 64 系列处理器(也称为 K8)，面向台式机的 64 位处理器有 Athlon FX 和 Athlon 64。Athlon 64 采用 0.13μm 连线工艺，1.59 亿个晶体管，采用 Socket 754 接口。Athlon 64 FX 具备双通道内存控制器，0.09μm 连线工艺，总线频率高达 800MHz，分成 Socket 940 和 Socket 939 两种架构。

AMD公司在2006年5月底发布的支持DDR2内存的AMD64位桌面CPU,Socket AM2接口,具有940根CPU针脚。虽然同样都具有940根CPU针脚,但Socket AM2与原有的Socket 940在针脚定义以及针脚排列方面都不相同,并不能互相兼容。采用Socket AM2接口的有低端的Sempron、中端的Athlon 64、高端的Athlon 64 X2以及顶级的Athlon 64 FX等全系列AMD桌面CPU,支持200MHz外频和1000MHz的HyperTransport总线频率。按照AMD的规划,Socket AM2接口将逐渐取代原有的Socket 754接口和Socket 939接口,从而实现桌面平台CPU接口的统一。

AMD公司在2006年发布羿龙(Phenom)处理器,原生四核心,K10架构,支持三级缓存和HT3.0总线规范,SocKet AM2+接口,45nm制线工艺。

AMD公司在2008年推出支持Socket AM2+接口的Phenom Ⅱ,而支持DDR3内存的Socket AM3版本则于2009年2月推出,分三核心和四核心型号。

AMD公司在2010年推出了六核心处理器Phenom Ⅱ X6,K10架构,45nm工艺制造,AM3接口,主频最高2.8GHz,三级缓存6MB。

AMD公司在2011年推出了一款革命性的产品AMD APU,它是AMD Fusion技术的首款产品。2011年6月面向主流市场的Llano APU正式发布。2012年10月,AMD公司发布Trinity系列芯片。AMD公司宣称,Trinity笔记本电脑比Intel芯片计算机便宜,但运行速度相当。

AMD公司在2013年6月推出了全新一代APU,分别为至尊四核Richland、经典四核Kabini和至尊移动四核Temashi,分别成为桌面版APU和移动版APU的最新领军产品。

AMD公司在2014年推出了Kaveri系列APU,支持HSA异架构运算,使CPU与GPU协同工作,并使用28nm制程与GCN架构GPU,性能相较于前几代APU而言达到了新的水准。

微处理器的发展速度快得惊人,更新换代的速度越来越快。Intel公司的奠基人之一摩尔在1965年预测,集成在单位面积上的晶体管数量每18个月将翻一番。这个经验定律被其后数十年芯片发展的实际情况所验证,并被人们称为信息产业中的"摩尔定律"。

2.1.2 CPU的性能指标

用户在购买CPU时并不需要去了解CPU的具体构造及每个部分是如何工作的。用户所需要知道的,就是CPU的各项性能指标。目前市面上的CPU主要分有两大阵营,一个是Intel系列CPU;另一个是AMD系列CPU。图2-1是一款Intel CPU的性能指标,下面围绕这款CPU的指标进行介绍。

适用类型	台式机
生产厂商	Intel
CPU系列	奔腾双核
CPU频率	
CPU主频	2930MHz
外频	266MHz
倍频	11倍
总线类型	FSB总线
总线频率	1066MHz
CPU插槽	
插槽类型	LGA 775
针脚数目	775pin
CPU内核	
核心代号	Wolfdale
CPU架构	Core
核心数量	双核心
线程数	双线程
制作工艺	45nm
热设计功耗(TDP)	65W
内核电压	0.85~1.3625V
晶体管数量	228百万
核心面积	82 mm^2
CPU缓存	
一级缓存	64KB
二级缓存	2MB

图2-1 Intel奔腾双核E6500性能指标

1. 主频、倍频、外频和睿频

(1) CPU的主频(也称为内频)指的是CPU的内部时钟频率(CPU Clock Speed),也就是CPU的工作频率。通常情况下主频越高,CPU的速度也越快。例如，Pentium 4 的主频达到 3.0GHz，表示 CPU 每秒可执行 30 亿条指令。

但很多人以为 CPU 的主频指的是 CPU 运行的速度，实际上这个认识是片面的。CPU 的主频表示在 CPU 内数字脉冲信号震荡的速度，与 CPU 实际的运算能力是没有直接关系的。

当然，主频和实际的运算速度是有关的，但是目前还没有一个确定的公式能够实现两者之间的数值关系，而且 CPU 的运算速度还要看 CPU 的流水线的各方面的性能指标。由于主频并不直接代表运算速度，所以在一定情况下，很可能会出现主频较高的 CPU 实际运算速度较低的现象。因此主频仅仅是 CPU 性能表现的一个方面，而不代表 CPU 的整体性能。

此外，需要说明的是 AMD 的 Athlon XP 系列处理器其主频为 PR（Performance Rating）值标称，例如 Athlon XP 1800＋。PR 值并不是 CPU 实际运行频率，它与实际运行频率有以下关系：实际主频＝PR 值×2÷3＋333。举例来说，实际运行频率为 1.53GHz 的 Athlon XP 标称为 1800＋，而且在系统开机的自检画面、Windows 系统的系统属性以及 WCPUID 等检测软件中也都是这样显示的。

（2）CPU 外频指的是系统总线的时钟频率，简称总线频率，是由主板提供的系统总线的基准工作频率，是 CPU 与主板之间同步运行的时钟频率。由于主板和内存的频率大大低于 CPU 的主频，因此为了能够与主板和内存的频率保持一致，就要降低 CPU 的频率，即无论 CPU 内部的主频有多高，数据一出 CPU，都将降到与主板系统总线、内存数据总线相同的频率，所以 CPU 外频越高，CPU 与外部 Cache 和内存之间的交换数据的速度越快。

（3）倍频是指 CPU 主频与外频的倍数。在 486 之前，CPU 的主频还处于一个较低的阶段，CPU 的主频一般都等于外频。而在 486 出现以后，由于 CPU 工作频率不断提高，而 PC 的一些其他设备（如插卡、硬盘等）却受到工艺的限制，不能承受更高的频率，因此限制了 CPU 频率的进一步提高。因此出现了倍频技术，该技术能够使 CPU 内部工作频率变为外部频率的倍数，从而通过提升倍频而达到提升主频的目的。倍频技术就是使外部设备可以工作在一个较低外频上，而 CPU 主频是外频的倍数。

主频、倍频、外频三者关系是：主频＝外频×倍频。

在相同的外频下，倍频越高 CPU 的频率也越高。实际上，在相同外频的前提下，高倍频的 CPU 本身意义并不大。这是因为 CPU 与系统之间数据传输速度是有限的，一味追求高倍频而得到高主频的 CPU 就会出现明显的瓶颈效应——CPU 从系统中得到数据的极限速度不能够满足 CPU 运算的速度。

一个 CPU 默认的外频只有一个，主板必须能支持这个外频。因此在选购主板和 CPU 时必须注意这点，如果两者不匹配，系统就无法工作。此外，现在 CPU 的倍频很多已经被锁定，所以超频时经常需要超外频。

外频改变后系统很多其他频率也会改变，除了 CPU 主频外，前端总线频率、PCI 等各种接口频率，包括硬盘接口的频率都会改变，都可能造成系统无法正常运行。

（4）Intel 睿频加速技术是 Intel 酷睿 i7/i5 处理器的独有特性。当启动一个运行程序后，处理器会自动加速到合适的频率，而原来的运行速度会提升 10％～20％，以保证程序流畅运行；应对复杂应用时，处理器可自动提高运行主频以提速，轻松进行对性能要求更高的多任务处理；当进行工作任务切换时，如果只有内存和硬盘在进行主要的工作，处理器会立刻处于节电状态。这样既保证了能源的有效利用，又使程序速度大幅提升。

2. FSB 总线、HT 总线和 QPI 总线

(1) 前端总线(Front Side Bus，FSB)是连接 CPU 与主板北桥芯片之间的通道，也是 CPU 跟外界沟通的唯一通道，CPU 必须通过它才能获得数据，也只能通过它来将运算结果传送出其他对应设备。因此前端总线的速度越快，CPU 的数据传输就越迅速。

前端总线的速度主要是用前端总线的频率来衡量，前端总线的频率有两个概念：一是总线的物理工作频率(外频)；二是有效工作频率(FSB 频率)，它直接决定了前端总线的数据传输速度。例如，Pentium 4 FSB 频率如果为 400MHz，则其物理工作频率为 400MHz 除以泵数 4(Intel 通常为 4，AMD 通常为 2)，即 100MHz。

目前 PC 上所能达到的前端总线频率为 800MHz、1066MHz、1333MHz 甚至更高，前端总线频率越大，代表着 CPU 与内存之间的数据传输量越大，更能充分发挥出 CPU 的功能。现在的 CPU 技术发展很快，运算速度提高很快，而足够大的前端总线可以保障有足够的数据供给 CPU。较低的前端总线将无法供给足够的数据给 CPU，这样就限制了 CPU 性能的发挥，成为系统瓶颈。

(2) HT(Hyper Transport)总线是一种为主板上的集成电路互连而设计的端到端总线技术。Hyper Transport 技术在 AMD 平台上使用，是指 AMD CPU 到主板芯片之间的连接总线(如果主板芯片组是南北桥架构，则指 CPU 到北桥)，即 HT 总线。类似于 Intel 平台中的前端总线(FSB)，但 Intel 平台没采用。

(3) QPI(Quick Path Interconnect，快速通道互连)是 Intel 用来取代 FSB 前端总线的新一代高速总线，CPU 与 CPU 之间或者 CPU 与北桥芯片之间都可以使用 QPI 相连。如图 2-2 所示为 FSB 总线和 QPI 总线对比。

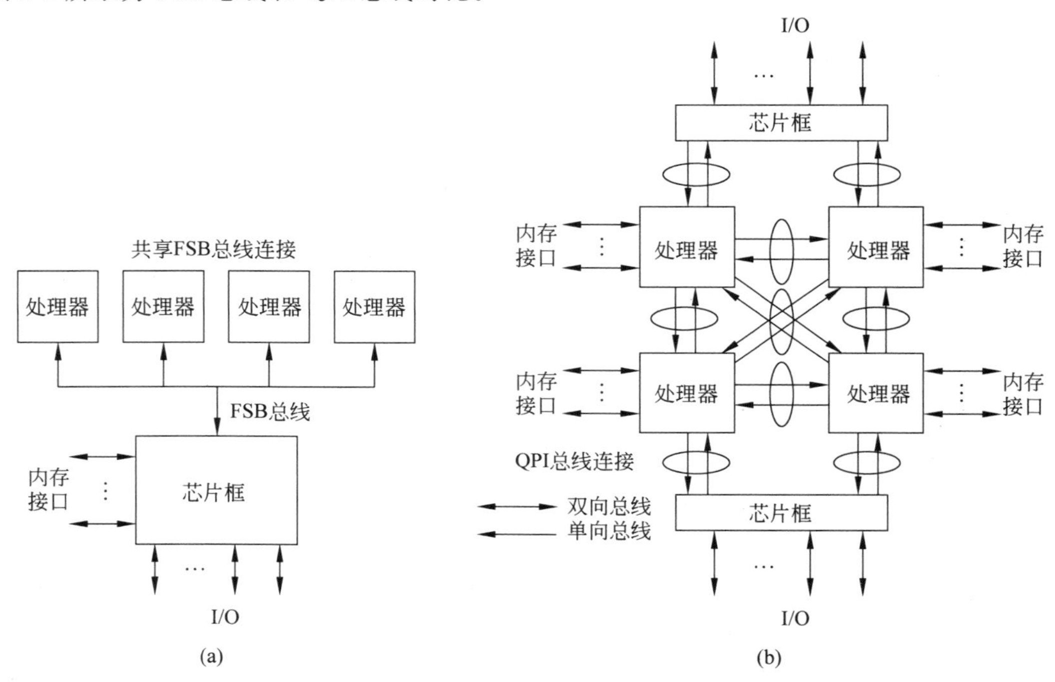

图 2-2 FSB 总线和 QPI 总线对比

特别强调早期的CPU与北桥是通过FSB总线连接的,CPU要与内存通信就必须经过北桥芯片,后来内存控制器集成到了CPU中,CPU与内存通信就无须通过北桥芯片了,FSB总线就被QPI总线(Intel)或HT总线(AMD)代替。

3. 高速缓存(Cache)

Cache是一种速度比主存更快的存储器,其功能是解决高速CPU与低速主存产生的数据瓶颈而引入的存储器。CPU需要访问主存中的数据时,首先访问速度很快的Cache,当Cache中有CPU所需的数据时,CPU将不用等待,直接从Cache中读取。因此Cache技术直接关系CPU的性能。

不过高速缓冲存储器均由静态RAM组成,结构较复杂,在CPU管芯面积不能太大的情况下,Cache容量不可能做得太大。

L1 Cache又称为一级缓存或者片内缓存,内置在CPU芯片内部,用于暂时存储CPU运算时的部分指令和数据。L1 Cache的存取速度与CPU的主频一致,其容量通常为32～256KB。

L2 Cache的主要功能是作为后备数据和指令的存储,CPU在读取数据时,如果数据不在L1 Cache内,则到L2 Cache中调用。L2 Cache的容量的大小对处理器的性能影响很大,尤其是商业性能方面,其容量通常为1～4MB。L2容量的提升是由CPU制造工艺决定的,容量增大必然导致CPU内部晶体管数的增加,要在有限的CPU面积上集成更大的缓存,对制造工艺的要求也就越高。

L3 Cache是为读取二级缓存后未命中的数据设计的一种缓存,在拥有三级缓存的CPU中,只有约5%的数据需要从内存中调用,这进一步提高了CPU的效率。

4. 核心

早期CPU为单核处理器,衡量单核CPU最重要的指标是主频。主频越高,意味着CPU的运算速度越快。但到了2005年,当主频接近4GHz时,Intel公司和AMD公司发现,速度也会遇到自己的极限:那就是单纯的主频提升,已经无法明显提升系统整体性能。

以Intel公司发布的采用NetBurst架构的Pentium 4 CPU为例,它包括Willamette、Northwood和Prescott 3种采用不同核心的产品。利用冗长的运算流水线,即增加每个时钟周期同时执行的运算个数,就达到较高的主频。这3种处理器的最高频率分别达到了2.0GHz、3.4GHz和3.8GHz。

按照当时的预测,Pentium 4在该架构下,最终可以把主频提高到10GHz。但由于流水线过长,使得单位频率效能低下,加上由于缓存的增加和漏电流控制不利造成功耗大幅度增加,3.6GHz Pentium 4芯片在性能上反而还不如早些时推出的3.4GHz产品。所以,Prescott产品系列只达到3.8GHz,就戛然而止。

此外,随着功率增大,散热问题也越来越成为一个无法逾越的障碍。据测算,主频每增加1GHz,功耗将上升25W,而在芯片功耗超过150W后,现有的风冷散热系统将无法满足散热的需要。3.4GHz的Pentium 4至尊版,晶体管达1.78亿个,最高功耗已达135W。实际上,在Pentium 4推出后不久,就在批评家那里获得了"电炉"的美称。更有好事者用它来玩煎蛋的游戏。

2005年4月,Intel公司仓促推出简单封装双核的Pentium D和Pentium 4至尊版840。AMD公司在之后也发布了双核皓龙(Opteron)和速龙(Athlon) 64 X2处理器。但真正的

“双核元年”,则被认为是2006年。2006年的7月23日,Intel基于酷睿(Core)架构的处理器正式发布。2006年11月,又推出面向服务器、工作站、高端PC的至强(Xeon)5300和酷睿双核及四核至尊版系列处理器。与上一代台式机处理器相比,酷睿2双核处理器在性能方面提高40%,功耗反而降低40%。作为回应,7月24日,AMD公司也宣布对旗下的双核Athlon64 X2处理器进行大降价。由于功耗已成为用户在性能之外所考虑的首要因素,两大处理器巨头都在宣传多核处理器时,强调其“节能”效果。Intel公司发布了功耗仅为50W的低电压版四核至强处理器,而AMD公司的Barcelona四核处理器的功耗没有超过95W。

多核CPU就是基板上集成有多个单核CPU,早期Pentium D双核需要北桥来控制分配任务,核心之间存在抢二级缓存的情况,后期Core自己集成了任务分配系统,再搭配操作系统就能真正同时开工,两个核心同时处理两“份”任务,速度快了,万一一个核心死机,起码另一个核心还可以继续处理关机、关闭软件等任务。多核CPU就好比多个大脑在同时工作,与单核年代CPU相比,即使一个核心的主频降低了,但多个核心的总体效率却有了明显提升,多核年代主频不再是大家重点关注的指标。

5. 超线程技术

尽管提高CPU的时钟频率和增加缓存容量后的确可以改善CPU性能,但这样的CPU性能提高在技术上存在较大的难度。实际上在应用中基于很多原因,CPU的执行单元都没有被充分使用。如果CPU不能正常读取数据(总线/内存的瓶颈),其执行单元利用率会明显下降。另外就是大多数执行线程缺乏多种指令同时执行(Instruction-Level Parallelism,ILP)支持。这些都造成了CPU的性能没有得到全部的发挥。因此,Intel公司则采用另一个思路去提高CPU的性能,让CPU可以同时执行多重线程,就能够让CPU发挥更大效率,即所谓“超线程(Hyper-Threading,HT)”技术。

超线程技术是在一颗CPU同时执行多个程序而共同分享一颗CPU内的资源,理论上要像多颗CPU一样在同一时间执行多个线程。支持超线程技术的处理器需要多加入一个逻辑处理单元。而其余部分如ALU(整数运算单元)、FPU(浮点运算单元)、L2 Cache(二级缓存)则保持不变,这些部分是被分享的。虽然采用超线程技术能同时执行多个线程,但它并不像多个真正的CPU那样,每个CPU都具有独立的资源。当两个线程都同时需要某一个资源时,其中一个要暂时停止,并让出资源,直到这些资源闲置后才能继续。因此超线程的性能并不等于多颗CPU的性能。

6. 指令系统

CPU是靠执行指令来计算和控制系统的。每种CPU在设计时就规定了一系列与其硬件电路相配合的指令系统,包括几十或几百条指令。指令系统功能的强弱是CPU的重要指标。Intel的MMX(Multi Media Extended)、AMD的3DNow!和Intel的SSE(Streaming-Single instruction multiple data-Extensions)等都是新增的特殊指令集,分别增强了CPU的多媒体、图形图像和Internet等处理能力。

1) MMX

多媒体展指令集(MultiMedia Extensions,MMX)共有57条指令,是Intel公司第一次对自1985年定型后的X86指令集进行的扩展。MMX主要用于增强CPU对多媒体信息的处理,提高CPU处理3D图形、视频和音频信息的能力。但由于只对整数运算进行了优化而没有加强浮点方面的运算能力,所以在3D图形日趋广泛、因特网3D网页应用日趋增多的情况下，MMX已显得心有余而力不足了。

2）3DNow!

3DNow!是AMD公司开发的多媒体扩展指令集，共有27条指令，针对MMX指令集没有加强浮点处理能力的弱点，重点提高了AMD公司K6系列CPU对3D图形的处理能力，但由于指令有限，该指令集主要应于3D游戏，而对其他商业图形应用处理支持不足。

3）SSE

因特网数据流单指令序列扩展（Internet Streaming SIMD Extensions，SSE）是Intel公司应用于Pentium Ⅲ中的扩展指令集。SSE共有70条指令，不但涵盖了MMX和3DNow!指令集中的所有功能，而且特别加强了SIMD浮点处理能力，另外还专门针对目前因特网的日益发展，加强了CPU处理3D网页和其他声音、图像信息技术的能力。

4）SSE2指令集

数据流单指令多数据扩展指令集2（Streaming SIMD Extensions 2，SSE2）指令集是Intel公司在SSE指令集的基础上发展起来的。相比于SSE，SSE2使用了144个新增指令，扩展了MMX技术和SSE技术，这些指令提高了广大应用程序的运行性能。随MMX技术引进的SIMD整数指令从64位扩展到了128位，使SIMD整数类型操作的有效执行率成倍提高。双倍精度浮点SIMD指令允许以SIMD格式同时执行两个浮点操作，提供双倍精度操作支持有助于加速内容创建、财务、工程和科学应用。除SSE2指令之外，最初的SSE指令也得到增强，通过支持多种数据类型（例如，双字和四字）的算术运算，支持灵活并且动态范围更广的计算功能。SSE2指令可让软件开发员极其灵活地实施算法，并在运行诸如MPEG-2、MP3、3D图形等之类的软件时增强性能。Intel是从Willamette核心的Pentium 4开始支持SSE2指令集的，而AMD则是从K8架构的SledgeHammer核心的Opteron开始才支持SSE2指令集的。

5）SSE3指令集

数据流单指令多数据扩展指令集3（Streaming SIMD Extensions 3，SSE3）指令集是Intel公司在SSE2指令集的基础上发展起来的。相比于SSE2，SSE3在SSE2的基础上又增加了13个额外的SIMD指令。SSE3中13个新指令的主要目的是改进线程同步和特定应用程序领域，例如媒体和游戏。这些新增指令强化了处理器在浮点转换至整数、复杂算法、视频编码、SIMD浮点寄存器操作以及线程同步5个方面的表现，最终达到提升多媒体和游戏性能的目的。Intel公司是从Prescott核心的Pentium 4开始支持SSE3指令集的，而AMD则是从2005年下半年Troy核心的Opteron开始才支持SSE3的。但是需要注意的是，AMD所支持的SSE3与Intel的SSE3并不完全相同，主要是删除了针对Intel超线程技术优化的部分指令。

6）SSE4指令集

数据流单指令多数据扩展指令集4（Streaming SIMD Extensions 4，SSE4）被视为自2001年以来最重要的媒体指令集架构改进。除了将延续多年的32位架构升级至64位之外，还加入了图形、视频编码、处理、三维成像及游戏应用等众多指令，使得处理器在音频、图像、数据压缩算法等多方面的性能大幅度提升。

7. 工作电压

工作电压（Supply Voltage）指的是CPU正常工作所需的电压。早期CPU的工作电压一般为5V,随着CPU的制造工艺与主频的提高,CPU的工作电压已降至1.2V以下,低电压不但减少功耗,而且能减少CPU的发热量。

8. 制造工艺

人们经常说的0.18μm、0.13μm制程,就是指制造工艺。制造工艺直接关系CPU的电气性能。0.18μm、0.13μm这个尺度指的是CPU核心中线路的宽度。线宽越小,CPU的功耗和发热量越低,并可以工作在更高的频率上了。所以0.18μm的CPU能够达到的最高频率比0.13μm CPU能够达到的最高频率低,同时发热量更大都是这个道理。早期的处理器都是使用0.5μm工艺制造出来的,随着CPU频率的增加,原有的工艺已无法满足产品的要求,这样便出现了0.35μm以及0.25μm、0.18μm和0.13μm制造工艺。制造工艺越精细意味着单位体积内集成的电子元件越多。目前,Intel和AMD公司的CPU的制造工艺都在45nm以下。

9. 地址总线宽度

地址总线宽度决定了CPU可以访问的物理地址空间,就是CPU到底能够使用多大容量的内存。386DX至Pentium 4的地址总线宽度位32位,可以访问的地址空间为4GB,地址总线宽度将发展到64位。

10. 数据总线宽度

数据总线宽度是CPU可以同时传输的数据位数,分为内部数据总线宽度和外部数据总线宽度。386DX和486DX内外数据总线宽度均为32位,586以上的CPU内部数据总线宽度为64位,外部数据总线宽度为32位。位数越多,可以同时传送的字节越多,速度也越快。

11. 字长及64位技术

CPU在单位时间内能一次同时处理的二进制数的位数称为字长或位宽。现在使用计算机的CPU是64位的处理器。

64位技术是指CPU中通用寄存器的数据宽度为64位,采用64位指令集可以一次传输、运算64位的数据。64位处理器主要有两大优点:①可以进行更大范围的整数运算;②可以支持更大内存。但是在32位应用下(Windows 98/2000/XP都是32位),32位处理器性能会比64位处理器更强。只有在64位操作系统和应用程序支持下,64位的性能才能发挥出来。

2.1.3 CPU微架构

简单来说,CPU微架构就是CPU内部结构,换句话说就是内部晶体管的排列方式,不同的微架构有不同的排列方式。

1. Intel CPU微架构

1) P5、P6微架构

在486处理器时代,Intel、AMD和Cyrix公司的产品在性能方面并没有明显的差距,毕竟此时遵循的架构相同,而且主频一致,放在主板上的缓存也没有多大区别。在这样的背景下,Intel公司唯一的优势便是产能,AMD和Cyrix公司则继续紧跟巨人脚步。不过聪明的Intel公司并没有选择按部就班,通过一张专利授权证明,Pentium公司将AMD和Cyrix公司都挡在了门外。

Pentium 采用 P5 架构，这被证明是伟大的创举。在 Intel 公司的发展历史中，第一代 Pentium 绝对是具有里程碑意义的产品，这一品牌甚至沿用至今。尽管第一代 Pentium 60 的综合表现很一般，甚至不比 486 DX66 强多少，但是当主频优势体现出来之后，此时所表现出来的威力令人震惊。Pentium 75、Pentium 100 以及 Pentium 133，经典的产品一度称雄业界。在同一时代，作为竞争对手的 AMD 和 Cyrix 显然因为架构上的落后而无法与 Intel 公司展开正面竞争，即便是号称“高频 486”的 Cyrix 5X86 也差距甚大，这并非是高主频所能弥补的缺陷。

在 Pentium 时代，虽然 Intel 公司还是相对竞争对手保持一定的领先，但是 Intel 公司并未感到满足。在 Intel 公司看来，只有从架构上扼杀对手，才能完全摆脱 AMD 和 Cyrix 公司两家的追赶。于是，Intel 公司在发布奔腾的下一代产品 Pentium Ⅱ时，采用了专利保护的 P6 架构，并且不再向 AMD 和 Cyrix 授权。P6 架构与 Pentium 的 P5 架构最大的不同在于，以前集成在主板上的二级缓存被移植到了 CPU 内，从而大大地加快了数据读取和命中率，提高了性能。AMD 和 Cyrix 公司由于没能得到 P6 架构的授权，只好继续走在旧的架构上，整个 CPU 市场的格局一下子发生了巨大的变化，AMD 和 Cyrix 公司的市场份额急剧下降。这里需要特别提一下 K6-2＋和 K6-3，尽管这两款令人肃然起敬的产品也对 Intel 公司构成严重威胁，但是它们的内置二级缓存并非集成在 CPU 核心中，因此绝对不能算作 P6 架构，浮点性能也有着不小的差距。

2）NetBurst 微架构

NetBurst 是 Intel 公司沿用时间最长的一代构架，NetBurst 架构的 Pentium 4 在提高流水线长度之后令执行效率大幅度降低，此时大容量二级缓存与高主频才是真正的弥补方法。

当 2000 年 Intel 公司发布 Pentium 4 处理器后，Intel 公司来到了一个一统江湖的时代。尽管如今的 Pentium 4 已经是众人皆知的产品，但是在其发展初期可并不是一帆风顺，第一代 Willamette 核心就饱受批评。对于全新的 NetBurst 结构而言，发挥强大的性能需要更高的主频以及强大的缓存结构，而这些都是 Willamette 核心所不具备的。起初 P4 处理器集成了 4200 万个晶体管，并设计有 256KB 二级缓存，此时的整体性能受到很大影响。然而最让 Intel 公司尴尬的是，Willamette 核心的 Pentium 4 1.5GHz 甚至不如 Tualatin 核心的 Pentium Ⅲ。Prescott 核心依旧是 NetBurst 架构，并且高频率产品的综合性能还是实实在在的。但是明眼人都看到了 Intel 公司的软肋，NetBurst 架构过分依赖于主频与缓存，这与当前 CPU 的发展趋势格格不入。为了提高主频，NetBurst 架构不断延长 CPU 超流水线的级数。

当时由于巨大的缓存容量负担，不仅提高处理器成本，也令发热量骤升。如果不是 Intel 公司的市场公关与口碑较好，那么 Intel 公司的处理器早就要陷入尴尬了，因为当时高频 Pentium 简直就是高发热量和高功耗的代名词。

3）Core 微架构（Core Micro-Architecture）

既然 NetBurst 架构已经无法满足未来 CPU 发展的需要，那么 Intel 公司就必须开辟全新的 CPU 核心架构。事实上，Intel 公司就早做好了技术准备，迅驰Ⅲ中的 Yonah 移动处理器已经具备 Core 核心架构的技术精髓。Intel 公司正式公布了全新的 Core 核心架构：台式机使用 Conroe，笔记本使用 Merom，服务器使用 WoodCrest，这三款处理器全部基于 Core 核心架构。通常把 Core 直接音译为“酷睿”。

Core 架构是 Intel 公司为了改善桌面级处理器性能与功耗，由零起步全新设计的架构，最大的特点是放弃了对超高主频的追求，它有 14 级流水线，相比 NetBurst 架构 Prescott 核心的 31 级足足少了一半。另外，它的运行核心由 Netburst 的一次可处理 3 个指令增加至 4 个。此外，Core 架构还采用了原生双核心设计，两个核心的一级高速缓存互相连接，分享使用二级高速缓存。Core 架构还将一个 128 位的 SSE 指令的运算时间由两个周期缩短为一个周期，并采用了全新的省电设计。所有核心在空闲时会降低主频，当有需要时则自动增速，以减低 CPU 的发热量及其耗电量。通过这些设计令 Core 架构处理器在较低主频下就得到了超高的性能，同时性能功耗比也达到了最佳化。

4）Nehalem 微架构

首款采用 Intel Nehalem 架构的处理器是 2008 年 11 月正式发售的桌面型处理器 Intel Core i7。

Nehalem 架构的微处理器采用 45nm 制程（后期改用 32nm 制程），支持双通道 DDR3 SDRAM，集成了 PCI Express 2.0 控制器。从 Nehalem 微架构开始，Intel 公司改用 QPI/DMI 直连式总线，放弃了传统的 FSB。首发的 Core i7 使用了新的 Quick Path Interconnect 直连式总线，与 AMD 的 HyperTransport 相似。后来发布的 Core i5、Core i3，处理器内部仍使用 QPI，但与外部芯片组连接则使用与 QPI 类似但较 QPI 的带宽小的 DMI（Direct Media Interface）总线。随着 FSB 的“卸任”，一般意义上的外频概念由基准时钟频率（BLCK）所取代。Nehalem 架构的微处理器采用模块化设计。例如，核心、存储器控制器以及输入输出接口控制器，都能够以不同的数量配搭，而且都能做到原生多核心设计。这样使得 Nehalem 架构的处理器产品线可以做成双核心、四核心、六核心乃至八核心、十核心（仅见于 Xeon E7），可以使到产品更容易针对不同市场。Nehalem 微架构的处理器都内置 L3 高速缓存，每一个处理器共享 4～12MB（企业级处理器更达到 30MB）空间。

Nehalem 的架构设计有不少地方与 AMD K10 类似，但要比 AMD K10 的性能更佳、能耗更低。AMD 公司后来也推出 K10 的改进版 K10.5 来与 Intel 公司的 Nehalem 竞争。2011 年 1 月，Nehalem 微架构由其下一代微架构 Sandy Bridge 所取代。

5）Sandy Bridge 微架构

Sandy Bridge 简称 SNB 或 SB，是 Intel 公司研发的中央处理器微架构的代号，2011 年 1 月正式发布，仍然使用 Intel Core 系列处理器作为首发产品。

与 Nehalem 微架构相近，L1 高速缓存仍为每核心 64KB（32KB 数据高速缓存＋32KB 指令高速缓存），L2 高速缓存每核心独占 256KB，内置共用式 L3 高速缓存，最高可达 20MB。部分型号的处理器（如 Core i3、Core i7 等）会继续沿袭超线程技术，最高可达 8 核心、16 线程。在 Nehalem 的制程改进版 Intel Westmere 上分立的显示芯片和 CPU 芯片的设计，在 Intel Sandy Bridge 上以 GPU 和 CPU 完整融合进一块芯片上的设计所取代，而且在 Intel Sandy Bridge 上显示核心将与 CPU 共用 L3 高速缓存，显示核心官方中文品牌名称为“核芯显卡”。移动平台的处理器均采用这种设计，而这种设计在桌面平台仅见于 LGA 1155 平台。延续 Intel Nehalem 的设计，存储器控制器和 PCI Express 控制器集成于 CPU 核心中。

6）Haswell 微架构

Haswell 架构是 Intel 公司最新的 CPU 架构。Haswell 架构处理器将采用 LGA 1150

接口，不兼容旧平台，支持双通道 DDR3 1600 内存，热设计功耗分为 95W/65W/45W/35W 4 个档次；采用 22nm 工艺制作，GPU 方面，全新的核芯显卡将支持 DX11.1 与 Open CL 1.2，优化了 3D 性能，支持 HDMI、DP、DVI、VGA 接口标准，可以实现三屏独立输出。

2. AMD CPU 微架构

1）K5、K6 微架构

K5 是 AMD 公司的首个原创微架构，发布时间在 1996 年 3 月。K5 基于 Am29000 的微架构，并且添加了一个 x86 的解码器。即使这个设计的原理和 Pentium Pro 相同，而实际性能更像是 Pentium。K5 低廉的价格是其最大的卖点。

K6 并非基于 K5，而是基于当时已经被 AMD 公司所收购了的 NexGen 所设计的 Nx686 处理器，K6 的针脚兼容 Intel Pentium。K6 是一款 32 位的处理器，这款 CPU 的设计指标是相当高的，它拥有全新的 MMX 指令以及 64KB L1 Cache（比奔腾 MMX 多了一倍），整体性能要优于奔腾 MMX，接近同主频 Pentium Ⅱ的水平。

K6 逐渐衍生出 K6-2 和 K6-3 处理器。为了打败竞争对手 Intel 公司，AMD K6-2 系列微处理器在 K6 的基础上做了大幅度的改进，其中最主要的是加入了对 3DNow!指令的支持。3DNow!指令是对 x86 体系的重大突破，此项技术带给人们的好处是极大地加强了计算机的 3D 处理能力，带给人们真正优秀的 3D 表现。而且大多数 K6-2 并没有锁频，加上 0.25μm 制造工艺带给人们的低发热量，能很轻松地超频使用，同时，K6-2 也继承了 AMD 一贯的传统，同频型号比 Intel 公司产品价格要低 25%左右。K6-3 微架构有三级缓存：64KB L1 一级缓存，256KB L2 二级全速缓存，最高可达 2MB 的主板装载 L3 三级缓存。

2）K7 微架构

K7 是 AMD Athlon 和 Athlon XP 的微架构。采用该架构的 CPU 又可以细分为采用 Pluto 核心、Thunderbird 核心的 Athlon 系列 CPU；采用 Spitfire 核心、Morgan 核心的 Duron 系列 CPU；还有采用 Palomino 核心、Thoroughbred 核心、Barton 核心的 Athlon XP 系列。

Barton 是 AMD 的经典核心之一。该核心的 CPU 由于其超频性能不错，曾引起抢购。采用 0.13μm 制造工艺，核心电压在 1.65V 左右，二级缓存为 512KB，封装方式采用 OPGA，前端总线频率为 333MHz 和 400MHz，Socket 462 接口。

3）K8 微架构

K8 微架构的 CPU 是首个兼容 64 位 Windows 的微处理器，2003 年 4 月上市。该 CPU 基于 K7，添加了一个整合内存控制器（Integrated Memory Controller，IMC），采用超线程通信结构（HyperTransport Communication Fabric），二级缓存增加到了 1MB，增加了 SSE 指令集，后期的 K8 增加了 SSE3。

4）K10、K10.5 微架构

从 2003 年 AMD 公司发布第一款桌面级 64 位处理器 Athlon 64 和 Athlon 64 FX 开始，AMD 公司就带领人们步入了 K8 时代，AMD 公司完成了从一个追随者到一位领导者的角色转换，而且凭借 K8 架构高性能低功耗的优良性能，更是一举击败了 Intel 公司的 Netburst 架构产品 Pentium 4，成为一时的性能之王。但是，Intel 公司在 2006 年 9 月推出了酝酿已久的新架构产品——Core 架构，一下子夺回被 AMD K8 抢去的市场。面对 Intel 公司在高端市场上的争夺，AMD 公司的 K8 双核由此而显得黯然失色，只能频频降价应对，用性价比保护住中低端市场的份额。但是Intel公司随即发动了价格战，对AMD传统较为强势的中低端市场虎视眈眈，Conroe-L、奔腾E系列等产品更是令AMD公司苦不堪言。AMD公司深深明白，单靠价格上的优势，很难去抵挡Intel公司的攻势，想解决目前的困境，AMD公司唯有靠发布新品来取代K8架构处理器，而K10正是AMD K8架构产品的继任者（没有K9），AMD公司声称其K10架构具备一系列革命性设计，有如下五大要素。

（1）真四核设计，并不是将两个双核封装在一起，而是真正的单芯片四核心。

（2）采用Cool'n'Quiet 2.0技术，可以做到让每个核心配有独立的电源控制，独立地运作，大大降低能耗，节省成本。

（3）完整的DDR2双通道内存控制器，支持DDR2-1066。

（4）支持HT 3.0技术，为1080P高清视频播放和极高分率游戏提供带宽。

（5）共享的L3缓存。进入K10架构之后，Athlon被废弃，取而代之的是新的Phenom，AMD公司还全面放弃型号中的64字样，因此原来的Athlon 64 X2改名Athlon X2并进入低端市场。

K10.5微架构CPU内存升级支持双通道DDR3，接口为AM3（Socket 938），AM2＋接口的主板在BIOS支持的前提下，可以使用AM3接口的CPU。

5）Bulldozer微架构

Bulldozer是AMD公司继K10微架构之后所推出的微处理器架构。主要应用于桌面平台、服务器平台乃至超级计算机的微处理器核心上。基于AMD Bulldozer微架构，32nm制程的处理器产品于2011年9月率先于桌面平台上发布，核心代号Zambezi（Socket AM3＋，4～8线程）的AMD FX系列。

2.1.4 CPU封装方式

CPU封装技术是一种将集成电路用绝缘的塑料或陶瓷材料打包的技术。以CPU为例，人们实际看到的体积和外观并不是真正的CPU内核的大小和面貌，而是CPU内核等元件经过封装后的产品。

CPU的封装不仅仅是件漂亮的外衣，由于有封装的保护，处理器核心与空气隔离，避免污染物的侵害。除此以外，良好的封装设计还有助于芯片散热；CPU的封装还是沟通芯片内部世界与外部电路的桥梁——芯片上的接点用导线连接到封装外壳的引脚上，这些引脚又通过印刷电路板上的导线与其他器件建立连接。

CPU制造工艺的最后一步也是最关键一步就是CPU的封装技术，采用不同封装技术的CPU，在性能上存在较大差距，只有高品质的封装技术才能生产出完美的CPU产品。

CPU的封装经历了从DIP、QFP、PGA、BGA、LGA等若干代的改进，使得封装面积与芯片面积越来越接近，适用频率越来越高，散热耐温性能越来越好，引脚数越来越多而间距越来越小，可靠性越来越高，安装越来越方便等。下面对各种不同的封装做一简要介绍。

1. DIP封装

DIP（Dual In-line Package）即双列直插封装，是20世纪70年代流行的中小规模集成电路的封装形式，它们的引脚直立在矩形集成电路的两个长边上，通常为8～40脚。Intel公司的8088、8086处理器都采用DIP封装，图2-3就是DIP封装的处理器。

图 2-3　DIP 封装的处理器

2. PQFP 封装

PQFP(Plastic Quad Flat Package)即塑料四方扁平封装，是 20 世纪 80 年代的大规模集成电路的封装形式。引脚由方形集成电路的 4 个边上引出，通常为几十到上百脚。Intel 公司的 80286 和 80386 处理器都采用 PQFP 封装的，如图 2-4 所示。采用此封装的 CPU 焊接在主板上，无法拆卸。

(a)　　　　(b)

图 2-4　PQFP 封装的 80286 和 80386 CPU

3. PPGA 封装

PPGA(Plastic Pin Grid Array Package)即塑料针栅阵列封装或 CPGA 陶瓷针栅阵列封装，是 20 世纪 90 年代超大规模集成电路的封装形式。如图 2-5 所示，针形引脚由集成电路的方形底面上直立引出，通常为两三百引脚。这个时期的多种 CPU、外围芯片组等采用此种封装，如 80486、Pentium 等。

图 2-5　PPGA 封装的 80486 CPU

4. S. E. C. C. 封装

S. E. C. C.(单边接触卡盒)是 Single Edge Contact Cartridge 缩写。为了与主板连接，处理器被插入一个插槽。它不使用针脚，而是使用“金手指”触点，处理器使用这些触点来传递信号。S. E. C. C. 被一个金属壳覆盖，这个壳覆盖了整个卡盒组件的顶端。卡盒的背面是一个热材料镀层，充当了散热器。在 S. E. C. C. 内部，大多数处理器有一个被称为基体的印刷电路板连接起处理器、二级高速缓存和总线终止电路。S. E. C. C. 封装用于有 242 个触点的英特尔 Pentium Ⅱ 处理器和有 330 个触点的 Pentium Ⅱ 至强和 Pentium Ⅲ 至强处理器，如图 2-6 所示。

(a)　　　　　　　　　　(b)

图 2-6　S.E.C.C.封装 CPU 及内部

5. FC-PGA 封装

FC-PGA 封装是反转芯片针脚栅格阵列的缩写，这种封装能实现更有效的芯片冷却。此外，针脚的安排方式使得处理器只能以一种方式插入插座。FC-PGA 封装用于 Pentium Ⅲ和赛扬处理器，它们都使用 370 针。

6. OPGA 封装

有机引脚阵列（Organic Pin Grid Array，OPGA）这种封装的基底使用的是玻璃纤维，类似印刷电路板上的材料。此种封装方式可以降低阻抗和封装成本。OPGA 封装拉近了外部电容和处理器内核的距离，可以更好地改善内核供电和过滤电流杂波。AMD 公司的 Athlon XP 系列 CPU 大多使用此类封装。采用 OPGA 封装的 CPU 如图 2-7 所示。

图 2-7　OPGA 封装的 CPU

7. FC-PGA2 封装

FC-PGA2 封装与 FC-PGA 封装类型很相似，除了这些，处理器还具有集成式散热器（HIS）。集成式散热器是在生产时直接安装到处理器片上的。由于 HIS 与片模有很好的热接触并且提供了更大的表面积以更好地发散热量，所以它显著地增加了热传导。FC-PGA2 封装用于 Pentium Ⅲ和英特尔赛扬处理器（370 针）和 Pentium 4 处理器（478 针），如图 2-8 所示。

8. mPGA 封装

mPGA（micro PGA）即微型 PGA 封装，曾经只有 AMD 公司的 Athlon 64 和 Intel 公司的 Xeon（至强）系列 CPU 等少数产品所采用，而且多是些高端产品，是种先进的封装形式，现在已在 AMD 产品内广泛应用。图 2-9 展示了采用 mPGA 封装的 CPU。

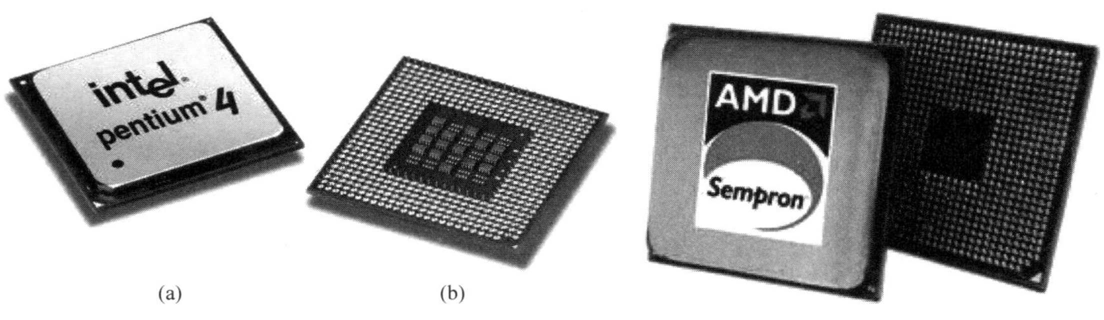

(a)　　　　　　　　　　(b)

图 2-8　FC-PGA2 封装的 CPU

图 2-9　mPGA 封装的 CPU

9. BGA 封装

BGA(Ball Grid Array Package)即球栅阵列封装技术。该技术的出现便成为 CPU 和主板南、北桥芯片等高密度、高性能、多引脚封装的最佳选择。但 BGA 封装占用基板的面积比较大。虽然该技术的 I/O 引脚数增多，但引脚之间的距离远大于 QFP，从而提高了组装成品率。而且该技术采用了可控塌陷芯片法焊接，从而可以改善它的电热性能。另外该技术的组装可用共面焊接，从而能大大提高封装的可靠性；并且由该技术实现的封装 CPU 信号传输延迟小，适应频率可以提高很大。图 2-10 展示了采用 BGA 封装的 AMD E350 CPU，焊接在主板上。

10. PLGA 封装

PLGA 是 Plastic Land Grid Array 的缩写，即塑料焊盘栅格阵列封装。由于没有使用针脚，而是使用了细小的点式接口，所以 PLGA 封装明显比以前的 FC-PGA2 等封装具有更小的体积、更少的信号传输损失和更低的生产成本，可以有效提升处理器的信号强度、提升处理器频率，同时也可以提高处理器生产的良品率、降低生产成本。Intel 公司 LGA775 接口的 CPU 采用了此封装，它用金属触点式封装取代了以往的针状插脚。LGA775 就是有 775 个触点。因为从针脚变成了触点，所以采用 LGA775 接口的处理器并不能利用针脚固定接触，而是需要一个安装扣架固定，让 CPU 可以正确地压在 Socket 露出来的具有弹性的触须上，其原理就像 BGA 封装一样，只不过 BGA 是用锡焊死，而 LGA 则是可以随时解开扣架更换芯片，如图 2-11 所示。

图 2-10 BGA 封装的 AMD E350 CPU

图 2-11 PLGA 封装 CPU

2.2 CPU 的选购

Intel 和 AMD 公司的 CPU 各有不同，在前些年 Intel 起主导地位，特别是在 Intel 公司 Pentium Ⅱ、Pentium Ⅲ时代。从 Pentium 4 时代开始，AMD 公司逐步开始占有市场，比前些年市场占有额大步提高，这全归功于 AMD 产品的高性价比(低端市场)。近年来，AMD 公司发展迅猛，并在高端市场开始与 Intel 抗衡。并逐步成为世界各大品牌计算机的供货商。

1. 根据需要定位

不同用户对 CPU 的要求是不相同的。AMD 公司的 CPU 在三维制作、游戏应用、视频处理等方面相比同档次的 Intel 公司的处理器有优势，而 Intel 公司的 CPU 则在商业应用、多媒体应用、平面设计方面有优势。除了用途方面，更要综合考虑性价比这个问题。这样大家根据实际用途、资金预算可以按需选择到最合适自己的CPU。

2. 芯片组选择

应根据CPU来考虑与芯片组、主板和内存等部件的配合。CPU性能的发挥与其他部件尤其是芯片组有很大关系。一般来说，Intel公司的芯片组与其微处理器系列是最佳组合，而AMD公司的CPU则与VIA、SiS等芯片组配合则有上乘表现。

选购时要注意CPU的接口型号，与需要的主板是否相符。一般是先选定用什么CPU，然后再找支持该CPU的主板。主板与CPU相辅相成，相互匹配，才能发挥出最大功效。

3. 内存的选择

不同的CPU产品拥有不同的前端总线，要想充分发挥CPU的性能，选择与之相配的内存非常重要。至于如何搭配才能获得最佳性能，一般都是看系统前端总线数据传输带宽与内存数据传输带宽是否吻合。

4. 购买指南

(1) 要进行性能价格的比较分析，使性能价格比最高。应尽量买成熟产品，因为成熟产品被返修的可能性很小，无论从技术上还是质量上，成熟产品还是较为可靠。

(2) 对于Intel公司的产品，可以采用对CPU塑料外壳和纸盒编号的方法，一旦这两者不相符合，必为水货或Remark过的产品。正品Intel CPU塑封纸上的Intel字迹应清晰可辨，而且最重要的是所有水印字都应工整，无论正反两方面都是。另外在芯片表面由激光蚀刻的内容，真品的字迹相当清晰，非正品字迹模糊。

(3) 找一家口碑好的商铺，明确售后服务。

2.3 CPU散热器

计算机部件中大量使用集成电路。众所周知，高温是集成电路的大敌。高温不但会导致系统运行不稳，使用寿命缩短，甚至有可能使某些部件烧毁。导致高温的热量不是来自计算机外，而是计算机内部，或者说是集成电路内部。散热器的作用就是将这些热量吸收，然后发散到机箱内或者机箱外，保证计算机部件的温度正常。多数散热器通过和发热部件表面接触，吸收热量，再通过各种方法将热量传递到远处，比如机箱内的空气中，然后机箱将这些热空气传到机箱外，完成计算机的散热。

2.3.1 CPU散热器分类

散热器的种类非常多，CPU、显卡、主板芯片组、硬盘、机箱、电源甚至光驱和内存都会需要散热器，这些不同的散热器是不能混用的，而其中最常接触的就是CPU的散热器。

CPU散热器根据工作原理的不同可以进一步细分为风冷、热管、液冷、半导体制冷、压缩机制冷等。图2-12所示为不同的风冷式散热器。

依照从散热器带走热量的方式，可以将散热器分为主动散热和被动散热。前者常见的是散热风扇，而后者常见的就是散热片。

2.3.2 风冷散热器的主要参数

风冷散热器的工作原理比较简单，就是利用散热片把CPU发出的热量带出来，以达到

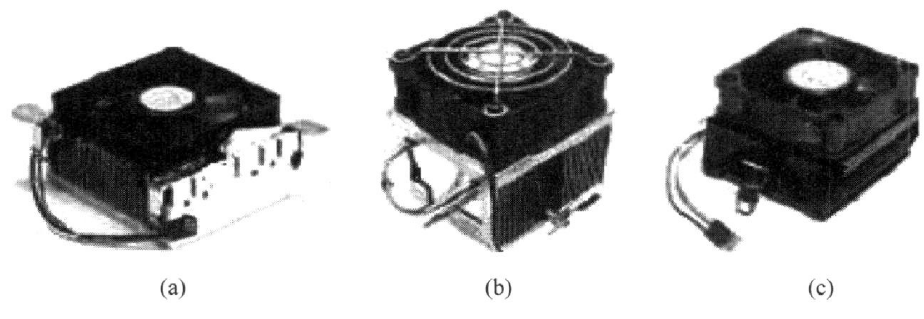

(a) (b) (c)

图 2-12 风冷式散热器

增大散热面积的目的。目前所使用的风冷散热器都为主动散热式,即再利用一个散热风扇加快散热片表面的空气流动速度,以提高热交换的速度。

因此,一个传统风冷散热器的散热效果的好坏,主要是由散热片和风扇这两方面所共同决定的。可以先独立地看这两者的设计的优劣,再综合起来去选择一个适合自己的、性能优良的风冷散热器。

1. 散热片

散热片的作用是把 CPU 发出的热量带到鳍片(或称鳃片)上,再由散热风扇把热量带走。一个好的散热片,应该有较大的有效散热面积,较高的导热性能和热容量。好的散热片,离不开好的材料和好的设计制造工艺。

1) 材料

从散热片的材料来分,主要分为全铝、全铜和铜铝结合 3 种。铝的散热性不错,质量小且易加工,加上成本相对较低,因此市场上的低端散热器多为铝制。但是,现在的 CPU 发热量惊人,一般的全铝散热片已经难以应付。铜的瞬间吸热能力比铝好,但散热的速度比铝慢,热容也比铝低,吸收同样的热量的前提下,温度上升得比铝高。因此,如果散热风扇配合得不好,风量不够,散热效果会大打折扣。所以,全铜制作的散热器多用于超频和高端 CPU 的散热。并且铜的加工工艺要比铝复杂得多,所以全铜散热器价格不菲。一些知名厂商如 Tt、Cool Master、AVC 等纷纷推出采用铜铝结合的方法制作面向中端主流市场的散热片,采取铜吸热并将热量传递至铝鳍片,然后由铝鳍片将热量散发出去,以达到更好的效果。这样既能大幅度地提高散热效能,又能较好地把成本控制住。因此,铜铝结合是目前面向中端市场的散热器的主要方式。

2) 散热片设计和制造工艺

散热片多采用挤压技术、切割技术、折叶技术和锻造技术,以提升散热片的散热效果。

挤压技术是 CPU 散热片制作工艺中较为成熟的技术,主要针对铝合金材料的加工,因为铝合金材料密度相对较低,可塑性比较强。适合采用挤压技术。但是随着 CPU 主频的不断提升,CPU 制造工艺的不断发展,集成度提高,发热量的增加,为了达到较好的散热效果,采用挤压工艺的散热器体积不断加大,给散热器的安装带来很多问题。并且这种工艺制作的散热片有效散热面积有限,要想达到更好的散热效果势必提高风扇的风量,而提高风扇风量又会产生更大的噪音。

切割技术就是把一整块金属一次性切割,散热片很薄、很密,从而有效地增加了散热面积,这样就可以在减少电机风量情况下,达到更好的散热效果,从而大大减少风扇产生的噪音。这种工艺可以用于比铝的散热系数更好的铜材料上，和铝挤压技术相比它的散热效果要好得多。这种工艺也是目前市场上中高档的 CPU 散热片使用的制造工艺。

折叶技术是将单片的鳍片排列以特殊材料焊接在散热片底板上，由于鳍片可以达到很薄，鳍片间距也非常大，可以使有效散热面积倍增，从而大大提高散热效果。不过折叶技术也很复杂，一般厂家很难保证金属折叶和底部接触紧密，如果这点做不好，散热效果会大打折扣。

锻造技术采用了含铝较高的合金材料，使用锻造技术可以将散热片铸造得很大，远远超过铝挤压工艺。锻造技术大大提高了散热器有效散热面积。但是这种工艺模具损耗严重，导致生产成本成倍提高，市场上也少见采用此种技术的产品。图 2-13 为采用不同制造工艺的散热器。

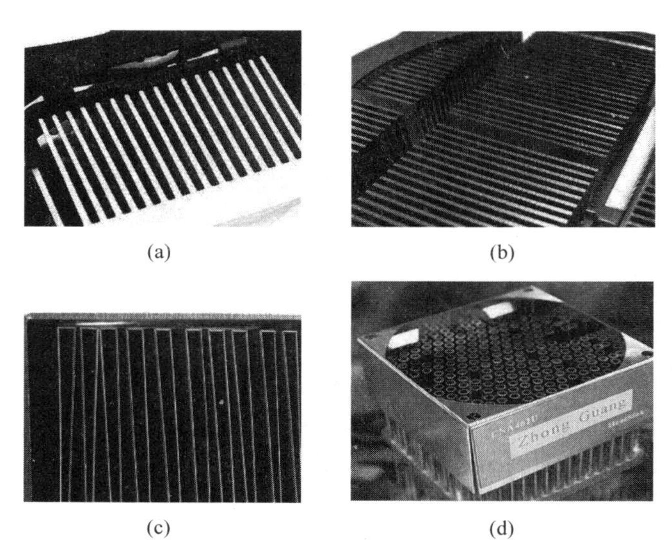

(a) (b) (c) (d)

图 2-13　采用不同制造工艺的散热器

2. 风扇

风扇（见图 2-14）对整个散热效果起到决定性的作用，它的质量好坏往往决定了散热效果、噪声和使用寿命。

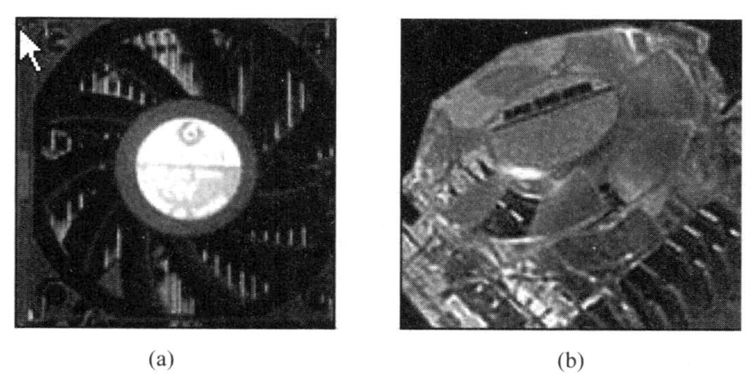
(a) (b)

图 2-14　风扇

风扇的主要参数有5个。

1）叶片数量

CPU风扇的叶片通常在6～12片之间。一般来说，叶片数量较少的容易产生较大的风压，但运转噪音也较大；而叶片数量较多的则恰好相反。

2）叶片形状

叶片形状有镰刀形、梯形和AVC专利的折缘形等。相对来说，镰刀形扇叶运转时比较平稳安静，但所能产生的风压也较小；梯形扇叶容易产生较大风压，但噪音也较大。折缘形是最优秀的设计，在保持低噪音的同时能产生较大的风压，但目前仅用于AVC自己的产品中。目前见得较多的是镰刀形的设计。

设计优秀的扇页，能在不高的风扇转速下产生输出较大的风量和风压，同时也不会产生太大的风噪声。除了形状以外，叶片倾斜的角度也很重要，要配合电机的特性和散热片的需要来设计；否则，单纯追求叶片倾角大，可能会出现风噪大风力小的情况。

3）风扇电机轴承

目前风扇电机采用的轴承主要有油封轴承（Sleeve）、单滚珠轴承（1Ball＋1Sleeve）、双滚珠轴承（2 Ball Bearing）、液压轴承（Hydraulic）、磁悬浮（Magnetic Bearing）、汽化轴承（VAPO Bearing）和流体保护系统轴承（Hypro Bearing）。

它们都有自身的优缺点，当然价格也有较大差异。就日常接触到的油封轴承、单滚珠轴承和双滚珠轴承来比较，从噪音大小来说，双滚珠轴承＞单滚珠轴承＞油封轴承，但使用寿命却恰恰相反。当油封轴承的风扇还挺新的时候，噪音是很小的，只是用久了以后润滑油干涸失效或流失，轴承润滑度下降，转动阻力增大，电机的噪音会渐渐增大，同时转速也会降低。双滚珠轴承的风扇则几乎不变。后面几种轴承都是新近采用的技术，虽然优点相当明显，但制造困难和较高的价格却成为制约它们普及的主要因素。

4）风扇转速

风扇转速指风扇叶片每分钟转动的数量，常见风扇转速是3000～6000rpm（Round Per Minute，转/分钟），有个别静音型的风扇也可能只有2000来转，其通过优秀的叶片设计和配合高效的散热片也能达到相当不错的散热效果。一般来说，扇页设计上相近的风扇，其转速和风扇的噪音几乎是正比的关系，6000rpm以上的风扇产生的噪音往往会非常大。因此，如果是对噪音比较敏感的话，最好购买4500rpm以下的产品。

针对这个问题，一些厂商特意设计出可调节风扇转速的散热器，分手动和自动两种。手动的主要是让用户可以在冬天使用低转速获得低噪音，夏天时使用高转速获得好的散热效果。自动的则更为先进，此类散热器带有温控感应器，能够根据当前的工作温度（如散热片的温度）自动控制风扇的转速，温度高则提高转速，温度低则降低转速，以达到一个动态的平衡，从而让风的噪声与散热效果保持一个最佳的结合点，不过这类产品的价格目前也较高。

5）风扇功率

风扇功率是影响风扇散热效果的一个很重要的条件，功率越大通常风扇的风力也越强劲，散热的效果也越好。而风扇的功率与转速又是直接联系在一起的，也就是说风扇的转速越高，风扇也就越强劲有力。目前一般计算机市场上出售的都是直流12V的，购买时需要根据CPU发热量来选择，理论上是功率略大一些的更好一些，不过，也不能片面地强调高功率，如果功率过大可能会加重计算机电源的工作负荷，从而对整体稳定性产生负面影响。

3. 扣具

扣具是固定散热器与 CPU 的工具,它的好坏直接影响了安装的难易、散热的效果。扣具的设计是随 CPU 而定,不同的 CPU 要选用对应的扣具,如图 2-15 所示。

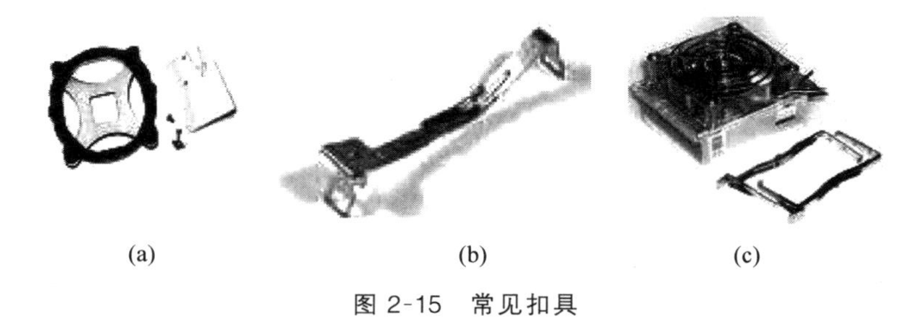

(a) (b) (c)

图 2-15 常见扣具

2.4 本章小结

本章重点是掌握 CPU 的性能指标,性能指标可以衡量一个硬件档次高低,包括后续硬件的性能指标都是要掌握的重点。了解 CPU 的发展史,对更好理解 CPU 性能指标有帮助。此外 CPU 微架构、CPU 封装方式,大家也要有一定的认识。

习题

1. 简述 CPU 的发展历程。
2. 解释主频、外频、倍频三者之间的关系。
3. 解释外频和 FSB 频率之间的关系。
4. CPU 外频与 FSB 频率为什么不一致?
5. 上网查阅目前主流平台前端总线频率。
6. CPU 有哪些封装方式? 目前主流 CPU 采用什么封装方式?
7. CPU 散热风扇有哪些主要参数?
8. 上网查阅当前主流 CPU 的型号、价格等商情。

第3章　主　　板

本章学习目标

- 熟练掌握主板芯片组的相关知识。
- 熟练掌握目前常见 CPU 插槽有哪些。
- 熟练掌握总线相关知识,重点 PCI-E 总线。
- 熟练掌握主板的基本构成。
- 了解主板的分类。

本章首先介绍主板的基本构成,对一些重要主板部件进行详细介绍,包括主板芯片组、总线知识;其次介绍主板的几种分类;最后介绍主板选购。

3.1　主板概述

主板是微机最基本的也是最重要的部件之一,如果把 CPU 比作计算机的"大脑",则主板就是计算机的"躯体",因此主板的性能影响着整个计算机系统的性能。

主板的平面是一块 PCB 印刷电路板,PCB 是英文 Printed Circuit Board 的缩写,中文翻译为印刷电路板。不光是主板,几乎所有的电设备上都有 PCB,其他的电子元器件都是镶嵌在 PCB 上,并通过看不见的线连接起进行工作。PCB 主要由玻璃纤维和树脂构成。玻璃纤维与树脂相结合、硬化,变成了一种隔热、绝缘,且不容易弯曲的板,这就是 PCB 基板。当然,光靠玻璃纤维和树脂结合而成的 PCB 基板是不能传导信号的,所以在 PCB 基板上,生产厂商会在表面覆盖一层铜,因此 PCB 基板也称为覆铜基板。

PCB 的一个重要参数是 PCB 的层数,这个参数也一直是衡量主板优劣的一个标准。什么是 PCB 层数呢? 概括来讲主板的板基是由 4 层或 6 层树脂料黏合在一起的 PCB(印制电路板),其上的电子元件是通过 PCB 内部的迹线(即铜箔线)连接的。一般的主板分为四层,最上面和最下面的两层为"信号层",中间两层分别是"接地层"和"电源层"。将信号层放在电源层和接地层的两侧,既可以防止相互之间的干扰,又便于对信号线进行修正。布线复杂的主板通常会使用 6 层 PCB,这样可使 PCB 具有 3 个或 4 个信号层、一个接地层、一或两个电源层。这样的设计可使信号线相距足够远的距离,减少彼此的干扰,并且有足够电流供应。6 层板和 4 层板示意图如图 3-1 所示。

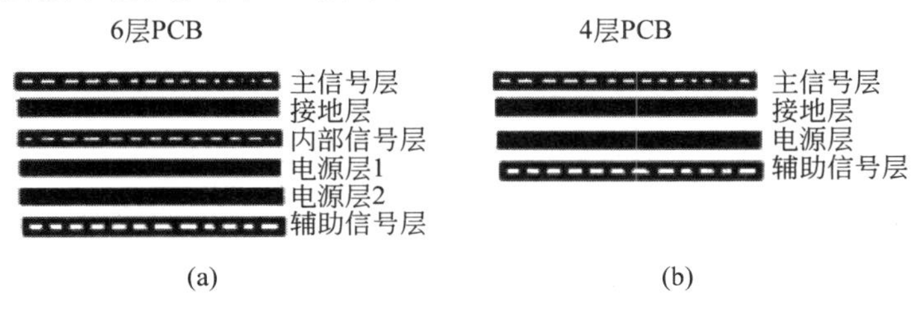

图 3-1　6 层板和 4 层板示意图

3.2 主板的基本构成

虽然主板的品牌很多，布局也不相同，但基本结构和使用的技术基本一致。下面以如图 3-2 所示的主板为例，介绍主板上重要的组成部件。

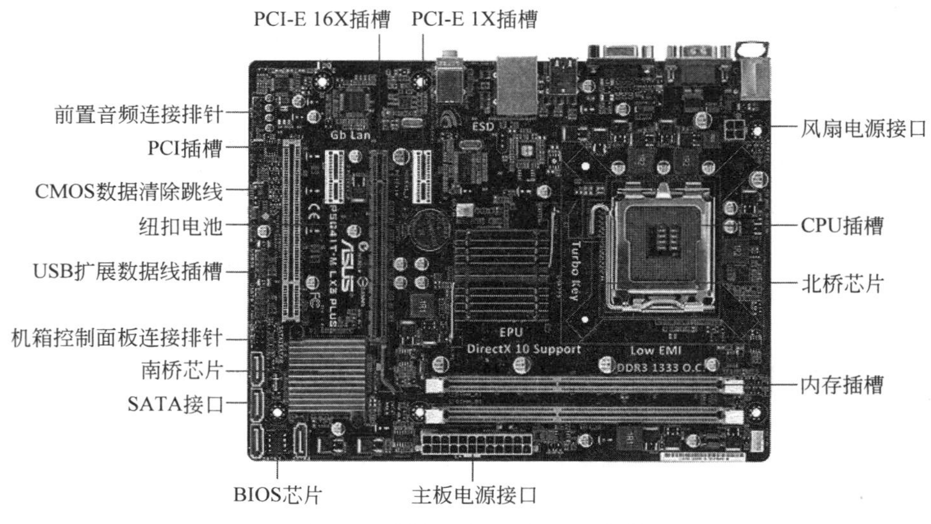

图 3-2 华硕 P5G41T-M LX3 主板

3.2.1 主板芯片组

主板芯片组是与各类 CPU 相配合的系统控制集成电路，它们接受 CPU 的指令，去控制内存、总线、接口等。它是主板的灵魂，决定了主板的等级和性能。目前 CPU 的型号与种类繁多、功能特点不一，如果芯片组不能与 CPU 良好地协同工作，将严重地影响计算机的整体性能甚至不能正常工作。

1. 主板芯片组的组成结构

1）传统的南北桥芯片组

北桥芯片(North Bridge)是主板芯片组中起主导作用的最重要的组成部分，也称为主桥(Host Bridge)。一般来说，芯片组的名称就是以北桥芯片的名称来命名的，例如 Intel 845E 芯片组的北桥芯片是 82845E，875P 芯片组的北桥芯片是 82875P 等。北桥芯片负责与 CPU 的联系并控制内存数据在北桥内部传输，提供对 CPU 的类型和主频、系统的前端总线频率、内存的类型和最大容量、PCIE 插槽、ECC 纠错等支持，整合型芯片组的北桥芯片还集成了显示核心。总之，北桥芯片负责连接高速设备，如图 3-3 所示。

北桥芯片是主板上离 CPU 最近的芯片，这主要是考虑北桥芯片与处理器之间的通信最密切，为了提高通信性能而缩短传输距离。因为北桥芯片的数据处理量非常大，发热量也越来越大，所以现在的北桥芯片都覆盖着散热片用来加强北桥芯片的散热，有些主板的北桥芯片还会配合风扇进行散热。因为北桥芯片的主要功能是控制内存，而内存标准与处理器一样变化比较频繁，所以不同芯片组中北桥芯片是肯定不同的，当然这并不是说所采用的内

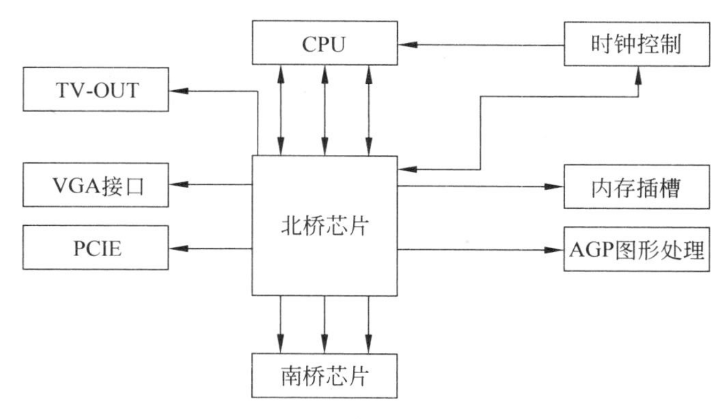

图 3-3　北桥芯片连接框图

存技术就完全不一样，而是不同的芯片组北桥芯片间肯定在一些地方有差别。由于每一款芯片组产品就对应一款相应的北桥芯片，所以北桥芯片的数量非常多。

南桥芯片(South Bridge)负责 I/O 总线之间的通信，如 PCI 总线、USB、LAN、ATA、SATA、音频控制器、键盘控制器、RTC(实时时钟控制器)和 ACPI(高级电源管理)等，如图 3-4 所示。这些技术一般相对来说比较稳定，所以不同芯片组中可能南桥芯片是一样的，不同的只是北桥芯片。所以主板芯片组中北桥芯片的数量要远远多于南桥芯片。

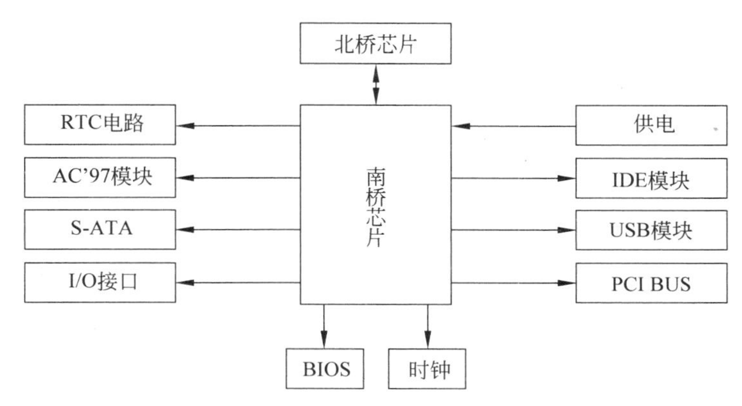

图 3-4　南桥芯片连接框图

南桥芯片一般位于主板上离 CPU 插槽较远的下方，PCI 插槽的附近，这种布局是考虑它所连接的 I/O 总线较多，离处理器远一点有利于布线。

2) Intel 公司的三芯片结构

Intel 公司的加速中心架构(Accelerated Hub Architecture，AHA)首次出现在它的著名整合芯片组 i810 中。在 i810 芯片组中，Intel 公司一改过去经典的南北桥构架，采用了新的加速中心构架。加速中心架构由相当于传统北桥芯片的 GMCH(Graphics & Memory Controller Hub，图形/存储器控制中心)和相当于传统南桥芯片的 I/O 控制中心(I/O Controller Hub，ICH)，以及新增的固件控制器(Firmware Hub，FWH，相当于传统体系结构中的 BIOS ROM)共 3 块芯片构成。这种体系其实跟南北桥架构相差不大，它主要是把 PCI 控制部分从北桥中剥离出来(北桥成为 GMCH)，由 ICH 负责 PCI 以及其他以前南桥负责的功能。所以在很多场合，人们还把 GMCH 看成北桥，把 ICH 看成南桥。

3）早期的单芯片结构

单芯片结构就是将北桥芯片和南桥芯片融合到同一个芯片中。真正推行该技术的是 SiS，著名的 SiS 630 和 SiS 730 都是单芯片产品，这两者在品牌机市场都获得相当程度的应用（尤其是 SiS 630）。但是发展到后期，SiS 也发现单芯片的良品率一直无法有效提升，而且存在设计不便的缺陷，对提升性能也毫无益处，因此果断地放弃了这一发展方向。在此之后，芯片组设计又回到南北桥双芯片的传统方案，尽管后来南北桥总线多次升级，功能也不断进步，但双芯片设计的方案一直没有改变——甚至直到现在，南北桥独立的设计依然还是主流。单芯片设计的短暂辉煌给芯片组的未来发展写下浓重的一笔，北桥与南桥的第一次融合虽然以失败告终，但也指明了芯片组的发展方向，尤其是当 CPU 直接整合内存控制器之后，北桥的功能被显著削弱，单芯片设计也再度流行起来。

4）当前的单芯片结构

首先来了解一下内存控制器（Memory Controller）。内存控制器是计算机系统内部控制内存并且通过内存控制器使内存与 CPU 之间交换数据的重要组成部分。内存控制器决定了计算机系统所能使用的最大内存容量、内存 BANK 数、内存类型和速度、内存颗粒数据深度和数据宽度等重要参数，也就是说，决定了计算机系统的内存性能，从而也对计算机系统的整体性能产生较大影响。

传统的计算机系统其内存控制器位于主板芯片组的北桥芯片内部，CPU 要和内存进行数据交换，需要经过“CPU-北桥-内存-北桥-CPU” 5 个步骤，在此模式下数据经由多级传输，数据延迟显然比较大从而影响计算机系统的整体性能；而 AMD 的 K8 系列 CPU（包括 Socket 754/939/940 等接口的各种处理器）内部则整合了内存控制器，CPU 与内存之间的数据交换过程就简化为“CPU-内存-CPU” 3 个步骤，省略了两个步骤，与传统的内存控制器方案相比显然具有更低的数据延迟，这有助于提高计算机系统的整体性能。

由于 CPU 将内存控制器集成在了 CPU 内部，于是北桥芯片变得简化多了，采用单芯片芯片组结构就成为可能。在 K8 时代，nVIDIA 推出了单芯片设计的 nForce 4 系列主板，其先进的设计和优异的性能得到用户的首肯。随着自身 CPU 架构的改变，Intel 从 5 系列的主板芯片组开始也采用单芯片设计。随着 CPU 集成了很多的原属北桥芯片的功能，单芯片结构变得越来越简单。

特别强调，即使北桥、南桥芯片功能都集成到 CPU，主板仍然围绕芯片组进行设计，只不过芯片组不在主板上而已。换句话说，芯片组决定了主板的功能。

2. 主板芯片组厂商

到目前为止，能够生产芯片组的厂家有 Intel、AMD、Server Works、nVIDIA、VIA 和 SiS 等几家，其中以 Intel、AMD 公司最为常见。

台式机方面，Intel 平台，Intel 公司的芯片组占有最大的市场份额，而且产品线齐全，高、中、低端以及整合型产品都有，VIA、SiS 等几家加起来都只能占有比较小的市场份额，而且主要是在中低端和整合领域。AMD 平台，AMD 公司也占有很大的市场份额，nVIDIA、VIA 和 SiS 基本退出了主板芯片组市场。

笔记本方面，Intel 平台具有绝对的优势，所以 Intel 公司的笔记本芯片组也占据了最大的市场份额，其他厂家都只能扮演配角以及为市场份额较小的 AMD 平台设计产品。

服务器/工作站方面，Intel平台更是占有绝对的优势地位，Intel公司的服务器芯片组产品占据着绝大多数中、低端市场，而Server Works由于获得了Intel的授权，在中高端领域占有最大的市场份额，甚至Intel原厂服务器主板也有采用Server Works芯片组的产品，在服务器/工作站芯片组领域，Server Works芯片组意味着高性能产品；而AMD服务器/工作站平台由于市场份额较小，主要都是采用AMD公司的芯片组产品。

3. Intel 芯片组介绍

Intel芯片组型号往往分系列，大多数芯片组型号在3系列芯片组之前的命名用数字加字母后缀，如845E、915PL、945G等，3系列之后的芯片组，字母为前缀，后面跟数字，如G41、H57等。

1）i8xx系列芯片组

PE是主流版本，无集成显卡，支持当时主流的FSB和内存，支持AGP插槽。例如，865PE支持800MHz FSB，双通道DDR400内存，支持AGP8X显卡接口，搭配ICH5系列南桥。

E并非简化版本，而应该是进化版本，比较特殊的是，带E后缀的只有845E这一款。其相对于845D是增加了533MHz FSB支持，而相对于845G之类则是增加了对ECC内存的支持，所以845E常用于入门级服务器。

G是集成显卡的芯片组，而且支持AGP插槽，其余参数与PE类似。例如，865G集成芯片组，支持800MHz FSB，双通道DDR400内存，集成Intel Extreme Graphics 2显示核心，支持AGP8X显卡接口，搭配ICH5系列南桥。

GV和GL是集成显卡的简化版芯片组，并不支持AGP插槽，其余参数GV则与G相同，GL则有所缩减。

GE相对于G则是集成显卡的进化版芯片组，同样支持AGP插槽。

P有两种情况，一种是增强版，例如875P，代号为Canterwood，与865系列芯片组一同推出的面向工作站和高端PC的高阶版本，规格和865PE基本相同，但是支持一项名为PAT的内存加速技术，通过对内存指令的调整，可对系统内存性能和整体性能有较明显的提升，此技术对内存体质和平台稳定性要求较高；另外因为面向工作站用户，所以支持ECC Unbuffered内存。另一种则是简化版，例如865P，支持533MHz FSB，双通道DDR333内存，支持AGP8X显卡接口，搭配ICH5南桥。

2）i9xx系列芯片组

P是主流版本，无集成显卡，支持当时主流的FSB和内存，支持PCI-E X16插槽。例如，915P支持800MHz FSB，支持双通道DDR400/双通道DDR2 533两种内存规格，支持PCI-E X16显卡接口，搭配ICH6系列南桥。

PL相对于P则是简化版本，在支持的FSB和内存上有所缩减，无集成显卡，但同样支持PCI-E X16。如915PL，支持800MHz FSB，支持最多4个物理bank的双通道DDR400内存(通常主板只提供两根内存槽)，不支持DDR2内存，支持PCI-E X16显卡接口，搭配ICH6南桥，915P的规格缩减版。

G是主流的集成显卡芯片组，而且支持PCI-E X16插槽，其余参数与P类似。

GV和GL则是集成显卡的简化版芯片组，并不支持PCI-E X16插槽，其余参数GV则与G相同，GL则有所缩减。

X 和 XE 相对于 P 则是增强版本，无集成显卡，支持 PCI-E X16 插槽。

3）3 系列、4 系列芯片组

Intel 进入 3 系列芯片组以后，命名更加规范。

G 代表集成显卡的低端芯片组主板，如 G31、G41 等。

P 代表主流芯片组，无集成显卡，如 P35、P45 等。

X 代表高端芯片组，无集成显卡，但参数更高支持更多功能，如 X38、X48。

字母后的第一个数字代表芯片组代数，如 G31 中 3 表示 3 系列芯片组；第二个数字越大一般型号越高，如 G41 中 1 是集成显卡的整合芯片组，5 一般是主流芯片组，8 是高端芯片组。但是也有一些，如 G33、G35、G43、G45 等参数稍高的集成显卡的整合芯片组，又如 P31、P41、P43 等参数稍低的非主流芯片组。

4）5 系列芯片组

5 系列芯片组的代表性型号有 X58、P57、P55、H57、H55 等，专门搭配第一代酷睿 i 系列 CPU。

X58 是 5 系列的旗舰芯片组，是上一代 X48 的替代品，X58 芯片组主板支持 Intel LGA 1366 接口的 Nehalem 与 Westmere 处理器 Core i7，发布时间是 2008 年 11 月。由于处理器已整合传统北桥中的内存控制器，所以原来的北桥 GMCH 更名为 IOH。由于 PCI-E 控制器未被整合，所以通过全新设计的一条高速 QPI 总线来连接处理器中的内存控制器。与其搭配的为 ICH10 南桥，IOH 仍通过 DMI 总线来连接南桥。支持最大 24GB 的三通道 DDR3 800/1066 内存。

随着 Intel 基于 Lynnfield 和 Clarkdale 核心的处理器（Core i7/i5/i3）发布，2009 年 9 月 P57/P55 发布，2009 年 12 月 H57/H55 发布。

由于在 Lynnfield 和 Clarkdale 的 CPU 中整合了 PCI-E 2.0 控制单元和 GFX 图形单元，相当于将原来北桥（GMCH，图形/存储器控制器中心，俗称为"北桥"）的大部分功能转移到了 CPU 中，因此 Intel 公司抛弃了过去 GMCH＋ICH 结构，采用新的单芯片结构 PCH（Platform Controller Hub）。新的 PCH 芯片除了包含有原来南桥（ICH）的 I/O 功能外，以前北桥中的 Display 单元、管理引擎（Management Engine，ME）单元也集成到了 PCH 中，另外 NVM 控制单元和 Clock Buffers 也整合进去了，也就是说，PCH 并不等于以前的南桥，它比以前南桥的功能要复杂得多。

5）6 系列芯片组

6 系列芯片组代表型号有 H61、H67、P67、Z68，专门搭配第二代酷睿 i 系列 CPU，1155 接口。P67 和 H67 在 2011 年 1 月和 Sandy Bridge 处理器一同发布，代替 P55 和 H57、H55 的位置，而在 2011 年第二季度发布入门级产品 H61 代替 G41。

Intel 6 系列与 5 系列主板最大的区别在于：①对 SATA 3 的原生支持，P67 和 H67 都有两个原生的 SATA 3 接口；②6 系列芯片组中放弃了对 PCI 总线的支持，P67、H67 主板上的 PCI 插槽都是通过第三方芯片由 PCI-E 通道桥接而来的；③支持 DDR3 系列内存。可惜的是仍然不支持 USB 3.0 技术。

6）7 系列芯片组

7 系列芯片组代表型号有 B75、H77、Z75、Z77，专门搭配第三代酷睿 i 系列 CPU，1155 接口。相对 6 系列主要是升级了原生 USB 3.0 和快速启动等软件技术。另外，原本商用的

B75 转成消费者可选的产品，取代 H61 成为入门级的 7 系列主板。

7）8 系列芯片组

8 系列芯片组代表型号有 B85、H87、H81、Z87，专门搭配第四代酷睿 i 系列 CPU，1150 接口。

4. AMD 芯片组介绍

纵观 AMD 芯片组这些年的发展，可以看出 AMD 公司在收购 ATI 之前对芯片组市场并不热情，在 K7 时代曾经推出过 AMD 750 芯片组，不过对市场的指导意义多于销售的实质意义。随后又推出支持 DDR 内存的 AMD 760 芯片组，此款芯片组的发布也使 DDR 内存开始普及。可惜 AMD 在推出 AMD 760 芯片组后就宣布退出桌面芯片组市场，主要研发团队留在服务器主板市场。AMD 公司早期退出桌面芯片组市场将精力用在 CPU 开发上，而市场上 VIA 和 nVIDIA 也为 AMD 公司提供不少出色的芯片组，几乎占领 A 系全部主板市场。

在 K7 时代，当时 AMD 公司并没有针对民用市场推出芯片组，市场上支持 AMD 的芯片组厂商有 VIA、SiS 和 nVIDIA 三家。VIA 在 nVIDIA 进入芯片组市场之前占有非常大的市场，大部分使用 AMD 处理器的主板都是采用 VIA 的芯片组，直至 nVIDIA 进入主板芯片组市场，VIA 的份额逐渐被 nVIDIA 蚕食。AMD 公司于 2006 年成功收购 ATI 后，将 ATI 的芯片组业务发扬光大，ATI 芯片组更名为 AMD 芯片组，在 K10 处理器发布后推出了 AMD 7 系列芯片组，配合 AMD 公司力推的 3A 平台概念，对 nVIDIA 与 VIA 主板业务不断压缩，最终使得 AMD 公司自有芯片组迅速占领市场。

1）AMD 6 系列芯片组

AMD 690G 芯片组（代号 RS690）是由 ATI 设计的 AMD 平台整合型芯片组。它是 AMD 公司收购 ATI 后所推出的第一个芯片组，内建 Radeon X1250 显示核心，该显示核心基于 Radeon X700 设计，但只有 4 条像素流水线。影像方面，它支持 AVIVO 优化视频播放，它是业界首款同时支持 HDCP 和 HDMI 影像输出的芯片组。

AMD 6 系列芯片组有三员大将，分别为 690，没有整合任何显示核心；690G，整合了 Radeon X1250 显示核心，并支持 HDMI 显示输出和 AVIVO；690V，只整合 Radeon X1200 显示核心，不支持 HDMI 显示输出和 AVIVO。AMD 690G 在当时是一款非常强悍的集成芯片组，在同类产品中几乎没有任何敌手，加上巨大的中低端用户群体，这款芯片组一经推出就在市场上引起巨大的反响，最后获得巨大的成功。

2）AMD 7 系列芯片组

AMD 7 系列芯片组在 2007 年 11 月 19 日发布，同时推出的还有 AMD Phenom 处理器和 Radeon HD 3000 系列显卡。三款新的产品被 AMD 公司合称为蜘蛛（Spider）平台，也就是广大玩家熟悉的第一代 3A 平台。这个平台包括基于 K10 架构的 Phenom 处理器、AMD 7 系列主板芯片组产品以及 Radeon HD 3800 系列显卡。与 Intel 的“迅驰”平台所不同的是，AMD“蜘蛛”平台面向桌面市场，其目的是要带给游戏发烧友一体化的高性能平台解决方案，配合 AMD 推出的超频软件，蜘蛛平台的整体性能表现出色，作为 AMD 公司收购 ATI 以后一个里程碑式的平台方案，“蜘蛛”平台打开了 AMD 3A 平台历史的新篇章。

AMD 7 系列芯片组包含 790FX、790X、790GX、780G、785G、780V、770、760G 以及 740G，其中 790GX、780G、785G、780V、760G 和 740G 都是集成 GPU 的，其他为非集成芯片组。就连南桥也有 4 个版本——SB600、SB700、SB710 和 SB750。

3）AMD 8 系列芯片组

AMD 8 系列芯片组主要包括 AMD 870、AMD 880G、AMD 890GX、AMD 890FX。AMD 870 和 AMD 890FX 是独立芯片组，AMD 880G、AMD 890GX 是集成显卡芯片组。支持 Athlon、Athlon Ⅱ、Phenom 和 Phenom Ⅱ处理器。

AMD 880G 集成 ATI Radeon 4250 显示芯片卡，支持 Microsoft DirectX 10.1，显卡响应更快，通过 ATI Stream 技术加速并增强数字媒体，使安装 Windows 7 的计算机操作更流畅、响应更快。

AMD 890GX 集成 ATI Radeon 4290 显示芯片，支持双独立显卡＋集成显卡组建混合交火模式，硬盘接口标准为 SATA 3.0，南桥芯片为 AMD SB850。

4）AMD 9 系列芯片组

AMD 9 系列芯片组是为了迎接“推土机”新架构的 AM3＋接口 FX 系列处理器，AMD 公司发布 9 系列芯片组，既支持 AM3＋接口的 CPU，也支持 AM3 的 CPU，共同组建“天蝎”平台，定位中高端用户。与 AMD 8 系列相比，最大的亮点是增加了对 IOMMU（输入输出内存管理单元）技术、Turbo Core 2.0 技术的支持。8 系列芯片组全面覆盖高中低端用户，而 9 系列主要是针对高中端用户，低端的用户主要由 AMD 的 A 平台来接替。9 系列主要包括 970、980G、990X、990FX，也分为独立和整合芯片组。980G 是集成显卡芯片组，其余三款是独立芯片组。南桥芯片组升级为 SB950，但是与上一代的 SB850 差别不大，主要是 PCI-E 的数量升级到 4 个。980G 的北桥与 880G 是一个代号，性能几乎没有什么提升。该系列仍然不支持原生的 USB 3.0。

5）AMD A55（FM1）、A75（FM1）系列芯片组

A75 与 A55 都是 AMD 公司于 2011 年 6 月所发表研发代号为 Llano 的新处理器所使用的芯片组。A75 原生支持 4 个 USB 3.0 接口和 10 个 USB 2.0 接口，而 A55 支持的是 14 个 USB 2.0 接口。另外，A75 支持 FIS（帧信息结构切换）技术，而 A55 则不支持。A75 还原生支持 6 个 SATA 3.0 接口，而 A55 为 6 个 SATA 2.0 接口。

6）AMD A55（FM2）、A75（FM2）、A85、A88 系列芯片组

A75 与 A55 仅仅只是因为 CPU 接口不同导致无法适用于二代 APU 处理器，因此推出了改进型 A75 与 A55，将之前的 FM1 接口升级到了 FM2，因此采用 FM2 接口的 A55 与 A75 主板已经适用于二代 APU 处理器了，并且价格方面更具有优势。

A85 和 A75 最大的区别是 A75 支持 FM1 接口，而 A85 支持 FM2 接口，另外，A85 比 A75 的扩展接口更多。A75 拥有 USB 3.0 与 SATA 3.0 接口，但数量上不多，而 A85 则增加了此类接口。

A88 和 A85 区别不大，A85 设计时支持 FM2 接口，而 A88 支持 FM2＋接口。A88 芯片组支持 PCI-E 3.0，这也是 AMD 平台第一款支持 PCI-E 3.0 标准的芯片组。

3.2.2 CPU 插槽

早期的 CPU 是直接焊接在主板上的，为了使用户能够灵活地安装与升级 CPU，从 486 开始主板采用了 CPU 插槽的形式来替代以前的焊接方法。

由于 CPU 的结构和形状、针脚数以及各个针脚的功能定义都不相同，因此，不同 CPU 使用不同的插槽。通常 CPU 插槽名称和 CPU 接口型号一致。下面介绍几种 CPU 插槽。

1. Socket 7

Socket 7 是白色平板，近似于正方形，有 321 个插孔，中间的方形空槽是芯片反面核心硅片的散热空间，CPU 引脚插孔排列在空槽的四周，如图 3-5(a)所示。可以插接 Pentium、AMD K6-2 等处理器。它是 AMD 公司大力倡导的插槽类型，曾经推出升级版本 Super 7，但随着 Socket A 的推出，被淘汰出市场。

2. Slot 1

Slot 1 是黑色条形插槽，有 242 个触点，是单边接触(S. E. C.)直插式，如图 3-5(b)所示。可以插接 Pentium Ⅱ、Celeron Ⅰ和第一代 Pentium Ⅲ等处理器。

(a)

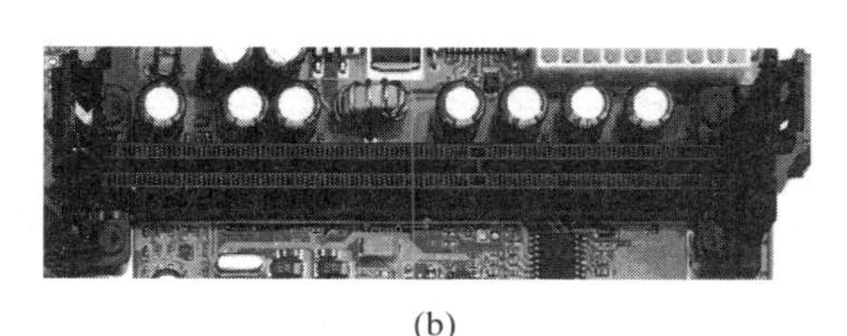

(b)

图 3-5 Socket 7 和 Slot 1 插槽

3. Slot A

用于连接 AMD 公司的 K7 系列处理器，包括 Athlon、Duron 等，其外形与 Slot 1 相似，但结构规格不同。

4. Socket 370

可以插接 Pentium Ⅲ、Celeron Ⅱ、Celeron Ⅲ等 CPU。是 Intel 公司配合 Celeron 进攻低端市场采用的插槽类型，随着新 Pentium Ⅲ的推出它逐渐成为主流的 CPU 接口。不过在 Pentium 4 及 Celeron 4 占据主流情况下，Socket 370(见图 3-6(a))也退出市场。

5. Socket A

Socket A 接口具有 462 插孔，也称为 Socket 462(见图 3-6(b))，外观与 Socket 478 相似。Duron、第二代 Athlon 与第三代 Athlon(即为 Athlon XP)处理器使用 Socket A 插槽。AMD 公司凭第二代 Athlon 处理器曾一度超过 Intel 公司，AMD 公司在 CPU 市场地位直逼 Intel 公司，Socket A 插槽功劳很大。

6. Socket 423/478

第一代 Pentium 4 处理器使用 Socket 423 插槽，但并不受欢迎，第二代 Pentium 4 处理器转为使用更多针脚的 Socket 478 插槽。

7. Socket T

采用此种插槽的有 LGA775 封装的单核心的 Pentium 4、Pentium 4 EE、Celeron D 以及双核心的 Pentium D 和 Pentium EE 等 CPU，Core 架构的 Cornoe 核心处理器也继续采用 Socket 775 插槽。Socket 775 插槽与 Socket 478 插槽明显不同，没有 Socket 478 插槽那样的 CPU 针脚插孔，取而代之的是 775 根有弹性的触须状针脚(其实是非常纤细的弯曲的

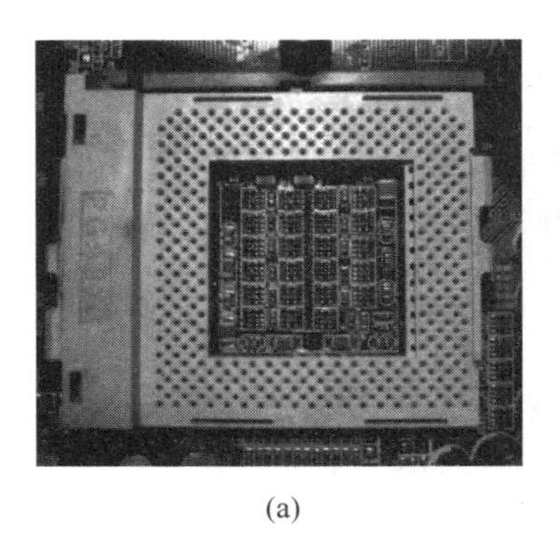

(a)

(b)

图 3-6　Socket 370 和 Socket 462 插槽

弹性金属丝)，通过与 CPU 底部对应的触点接触而获得信号。因为触点有 775 个，比以前的 Socket 478 的 478 Pin 增加不少，封装的尺寸也有所增大。另外，与以前的 Socket 478/423/370 等插槽采用工程塑料制造不同，Socket 775 插槽为全金属制造，原因在于这种新的 CPU 的固定方式对插槽的强度有较高的要求，并且新的 Prescott 核心的 CPU 的功率增加很多，CPU 的表面温度也提高不少，金属材质的插槽比较耐得住高温。在插槽的盖子上还卡着一块保护盖。

Socket T 和 Socket 478 插槽如图 3-7 所示。

(a)

(b)

图 3-7　Socket T 和 Socket 478 插槽

8. Socket 754/940/939

Socket 754/940/939 是为支持 AMD 新一代 64 位处理器 Athlon 64 而推出的接口标准。随着 AMD 从 2006 年开始全面转向支持 DDR2 内存，Socket 754/940/939 在短短几年时间内逐渐被 Socket S1、Socket AM2、Socket F 所取代，完成自己的历史使命从而被淘汰，Socket 940 插槽如图 3-8 所示。

图 3-8　Socket 940 插槽

9. Socket S1/Socket AM2/Socket F

Socket S1 是 AMD 公司于 2006 年 5 月月底发布的支持 DDR2 内存的 AMD 64 位移动 CPU 的接口标准，具有 638 根

CPU 针脚,支持双通道 DDR2 内存,这是与只支持单通道 DDR 内存的移动平台原有的 Socket 754 接口的最大区别。

Socket AM2 是 AMD 公司于 2006 年 5 月月底发布的支持 DDR2 内存的 AMD 64 位桌面 CPU 的接口标准,具有 940 根 CPU 针脚,支持双通道 DDR2 内存。虽然同样都具有 940 根 CPU 针脚,但 Socket AM2 与原有的 Socket 940 在针脚定义以及针脚排列方面都不相同,并不能互相兼容。

Socket F 是 AMD 公司于 2006 年第三季度发布的支持 DDR2 内存的 AMD 服务器/工作站 CPU 的接口标准,首先采用此接口的是 Santa Rosa 核心的 LGA 封装的 Opteron。Socket F 与 Intel 的 Socket 775 和 Socket 771 基本类似。Socket F 接口 CPU 的底部没有传统的针脚,而代之以 1207 个触点,即并非针脚式而是触点式。Socket F 接口的 Opteron 也是 AMD 公司首次采用 LGA 封装,支持 ECC DDR2 内存。

Socket F 和 Socket AM2 插槽如图 3-9 所示。

图 3-9 Socket F 和 Socket AM2 插槽

10. LGA 1366

LGA 1366 也称为 Socket B,是 Intel 公司继 LGA 775 后的 CPU 插槽。它也是 Intel Core i7 9 系列处理器(Nehalem 系列)的插座,读取速度比 LGA 775 高。LGA 1366 插槽如图 3-10 所示。

图 3-10 LGA 1366 插槽

11. Socket AM3

相对于 AM2 插槽,Socket AM3 处理器插槽打开了插槽边角的一个接口,实际上没有用到它,所以较 AM2 的针脚数多了一个,为 941,不过支持 AM3 插槽的 CPU 的针脚数为 938,即 AM3 CPU 的针脚为 938 根,而 AM3 插槽针孔为 941 个。AM3 插槽只能支持 AM3

接口处理器，AM2 和 AM2＋的处理器是无法在 AM3 插槽上使用的，但反过来可以。支持 AM3 平台的芯片组有 AMD 890FX、AMD 890GX、AMD 880G、AMD 870 等。支持 AM3 插槽的典型 CPU 有 Athlon Ⅱ、Phenom Ⅱ、Sempron 系列。

AM2 和 AM3 插槽一角如图 3-11 所示。

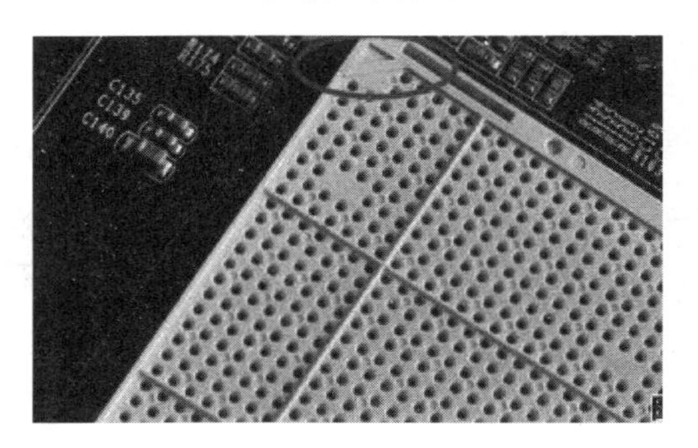

图 3-11　AM2 和 AM3 插槽一角

12. Socket AM3＋

AM3＋也称为 AM3b，于 2011 年发布，取代上一代 Socket AM3 并支持 AMD 新一代 32nm 处理器 AMD FX，是 AM3 的升级接口。AM3＋主板使用的主要是 AMD 9 系列芯片组，包括 AMD 990FX、AMD 990X 芯片组、AMD 980G 芯片组、AMD 970 芯片组。AM3＋支持最高 DDR3-2133 内存，向下兼容 AM3。AM3＋接口在 AM3 接口的基础上又打开了一个针脚，但是针脚的布置（除了被打开的一个针脚）相对于旧有的 AM3 处理器接口是没有发生任何改变的，变成了 942 针。为了更直观区分 AM3＋和 AM3，AMD 统一将 AM3＋插槽（见图 3-12）做成黑色，区别于 AM3 常见的白色。

13. LGA 2011

LGA 2011 又称为 Socket R，是 Intel Sandy Bridge-E 和 Ivy Bridge-E 架构 CPU 所使用的 CPU 插槽。此插槽将取代 LGA 1366 供 Intel 高端桌上型 CPU 使用，芯片组 Intel X79 支持该插槽，如图 3-13 所示。

图 3-12　Socket AM3+ 插槽

图 3-13　LGA 2011 插槽

14. LGA 1156

LGA 1156（见图 3-14）又称为 Socket H，是 Intel 继 LGA 1366 后的 CPU 插槽。它也是

Intel Core i3/i5/i7 处理器(Nehalem 系列)的插槽,读取速度比 LGA 775 高。支持该插槽的芯片组有 Intel P55、Intel H55、Intel H57。

图 3-14　LGA 1156 插槽

15. LGA 1155

LGA 1155(见图 3-15)又称为 Socket H2,是 Intel 公司于 2011 年所推出 Sandy Bridge 微架构的新款 Core i3、Core i5 及 Core i7 处理器所用的 CPU 插槽,此插槽将取代 LGA 1156,两者并不兼容,因此新旧款 CPU 无法互通使用。支持该插槽的芯片组有 Intel P67、Intel H67、Intel Q67、Intel Q65、Intel B65、Intel H61、Intel Z68。

16. Socket FM1

Socket FM1(见图 3-16)只在第一代 A 系列 Llano APU 上用过,第二代的 Trinity 就换成了 Socket FM2,互不兼容,而后者会在 Richland、Kaveri 这至少两代未来产品上继续使用,因此注定了 Socket FM1 就是个“短命鬼”。

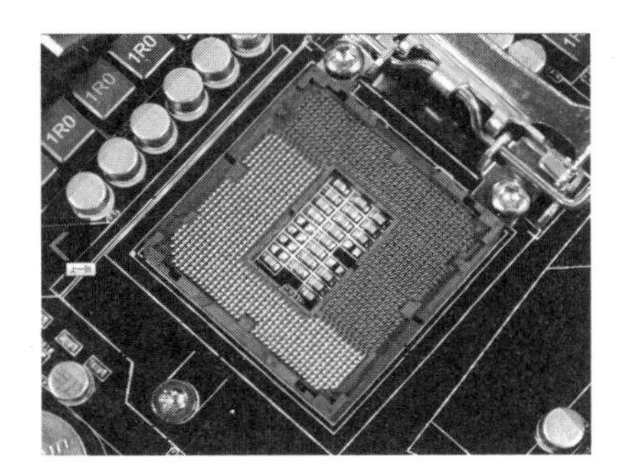

图 3-15　LGA 1155 插槽

图 3-16　Socket FM1 插槽

17. Socket FM2

Socket FM2(见图 3-17)接口主要用于 AMD 的 Trinity APU,如 A10 6800K,与之对应的主板则为 A85,不过使用 FM2 接口的 A75、A55 主板也是可以兼容的。另外,核心代号为 Trinity 的 Athlon Ⅱ X4 740、Athlon Ⅱ X4 740K 等用的也是 FM2 接口,同时 FM2 向下兼容 FM1。

18. LGA 1150

LGA 1150(见图 3-18)又称为 Socket H3,是 Intel 公司于 2013 年推出的桌面型 CPU 插槽,供基于 Haswell 微架构的处理器使用。LGA 1150 以后将取代 LGA 1155(Socket H2)。LGA 1150 的插座上有 1150 个突出的金属接触位,处理器上则与之对应有 1150

个金属触点。和 LGA 1156 过渡至 LGA 1155 一样，LGA 1150 和 LGA 1155 的 CPU 互不兼容。

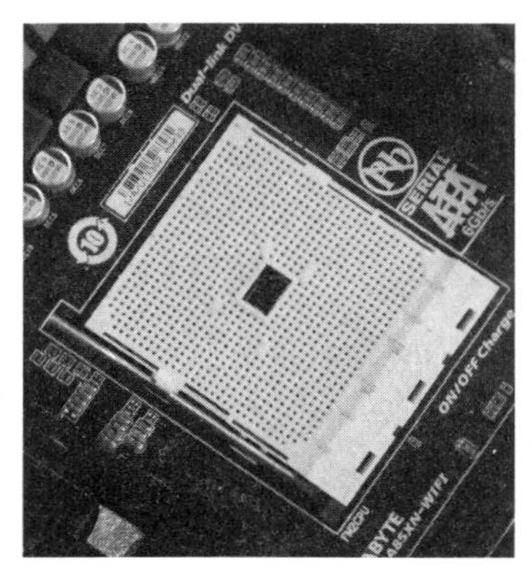

图 3-17　Socket FM2 插槽

图 3-18　LGA 1150 插槽

3.2.3　主板电源插座、供电电路

主板的 ATX 电源插座(ATX POWER)，连接 ATX 电源部件，提供主板所需的 3.3V、5V 和 12V 直流电压，还有其他电源控制信号，它是一个 20 针的插座。新的 LGA 775 接口处理器，需要在主板上用 24 针的 ATX 电源，不过依然可以沿用 20 针的旧式电源，如图 3-19 所示。

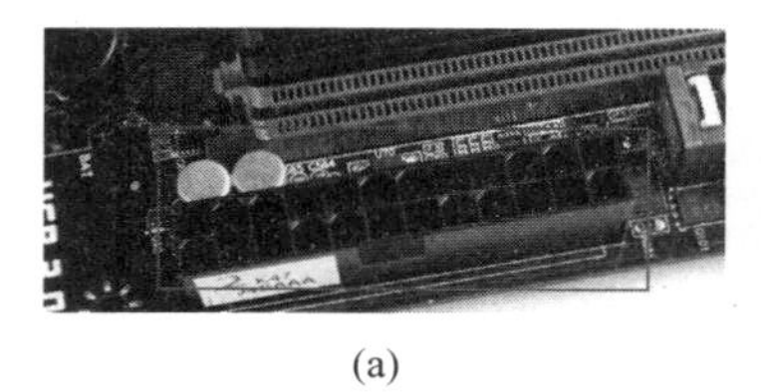

(a)

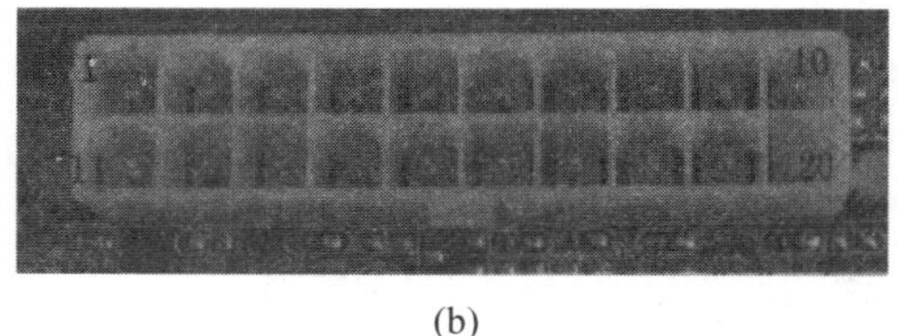

(b)

图 3-19　24 针和 20 针主板电源插座

在主板电源插口和 CPU 插座附近有一些大容量电解电容、大功率稳压管、滤波线圈和稳压集成块等，共同组成主板的电源部分。其性能好坏影响主板工作的稳定性，如图 3-20 所示。

图 3-20　主板供电电路

3.2.4 内存插槽

内存插槽的作用是安装内存条。由于内存技术不断更新，支持内存条的内存插槽也在不断变化。主板上内存插槽主要有 SIMM、DIMM、RIMM 三大系列，每个系列又有不同种类，其中 SIMM 已经淘汰，RIMM 已很少见到。

1. 单列直插存储器模块(Single In line Memory Module，SIMM)

内存插槽内有导线，俗称金手指，内存条也带有金手指，内存条通过金手指与主板连接。金手指可以在两面提供不同的信号，也可以提供相同的信号。SIMM 就是一种两侧金手指都提供相同信号的内存结构，它多用于早期的 FPM 和 EDO DRAM，最初一次只能传输 8b 数据，后来逐渐发展出 16b、32b 的 SIMM 模组，其中 8b 和 16b SIMM 使用 30Pin 接口(30 条金手指)，32b 的则使用 72Pin 接口。在内存发展进入 SDRAM 时代后，SIMM 逐渐被 DIMM 技术取代。

2. 双列直插存储器模块(Double In line Memory Module，DIMM)

DIMM 与 SIMM 类似，不同的只是 DIMM 的金手指两端不像 SIMM 那样是互通的，它们各自独立传输信号，因此可以满足更多数据信号的传送需要。同样采用 DIMM，SDRAM 的接口与 DDR 内存的接口也略有不同，SDRAM DIMM 为 168Pin DIMM 结构，金手指每面为 84Pin，金手指上有两个卡口，用来避免插入插槽时，错误将内存反向插入而导致烧毁；DDR DIMM 则采用 184Pin DIMM 结构，金手指每面有 92Pin，金手指上只有一个卡口。卡口数量的不同，是两者最为明显的区别。DDR2、DDR3 DIMM 为 240Pin DIMM 结构，金手指每面有 120Pin，与 DDR DIMM 一样金手指上也只有一个卡口，但是卡口的位置与 DDR DIMM 稍微有一些不同，因此 DDR 内存是插不进 DDR2 或 DDR3 DIMM 的，同理 DDR2 或 DDR3 内存也是插不进 DDR DIMM 的，因此在一些同时具有 DDR DIMM 和 DDR2 DIMM 的主板上，不会出现将内存插错插槽的问题。DIMM 内存插槽如图 3-21 所示。

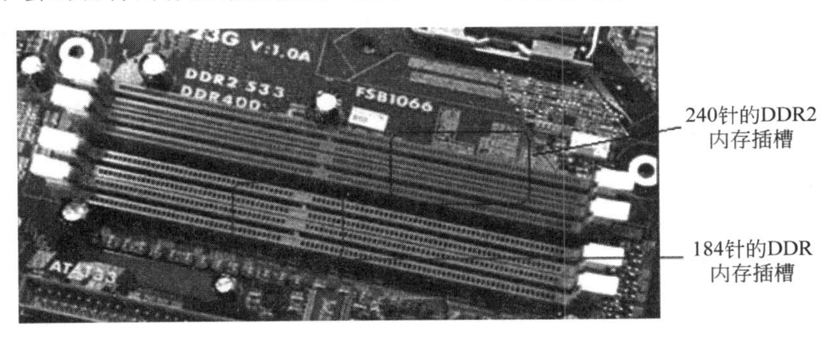

图 3-21 DIMM 内存插槽

3. RIMM(Rambus Inline Memory Module)

RIMM 是 Rambus 公司生产的 RDRAM 内存所采用的内存插槽，RIMM 与 DIMM 的外形尺寸差不多，金手指同样也是双面的。RIMM 有也 184Pin 的金手指，在金手指的中间部分有两个靠得很近的卡口。由于 RDRAM 内存的价格较高，此类内存在 DIY 市场很少见到，RIMM 插槽也就难得一见了。

3.2.5 总线扩展槽

总线是计算机部件之间传输数据、地址和控制信息的公共通路，也是主板上各部件之间数据交换、流通的通道。主板上的总线可以形象地看成身体上的血管。

总线大致可以分为四类。

(1) 片内总线。片内总线也称为 CPU 总线。它位于 CPU 处理器内部，是 CPU 内部各功能单元之间的连线，片内总线通过 CPU 的引脚延伸到外部与系统相连。

(2) 片间总线。片间总线是主板上 CPU 与其他一些部件间直接连接的总线。

(3) 系统总线。系统总线也称为系统输入输出总线(System I/O Bus)。它是系统各个部件连接的主要通道，它还具有不同标准的总线扩展插槽对外部开放，以便各种系统功能扩展卡插入相应的总线插槽与系统连接。

(4) 外部总线。外部总线也称为通信总线。它是计算机与计算机之间的数据通信的连线，如网络线、电话线等。外部总线通常是借用其他电子工业已有的标准，如 RS-232C、IE1364 标准等。

这里主要介绍主板的系统 I/O 总线和相应的总线扩展插槽。

PC 主板上采用最多的系统 I/O 总线标准有 ISA、VESA、PCI、AGP 和 PCI-E 等，目前已淘汰 ISA 和 AGP 总线，基本淘汰 PCI 总线，PCI-E 总线将成为系统 I/O 总线统一标准。

1. 预备知识

(1) 单位换算。数据存储最小单位为位(b)，基本单位为字节(B)，理论上 1B=8b，1GB=8Gb，1GB/s=8Gb/s，还有一个单位是 Transfer/s(缩写 T/s)，这是一个速率单位，1T/s 与 1b/s 可以看作是等价的，即 1B/s=8b/s=8T/s。

需要注意的是，在一些新的技术标准中，为了防止数据在高速传输中出错而加入了校验码，例如 PCI-E 2.0、USB 3.0 和 SATA 3.0 中采用的是 8/10 编码，每 10 位编码中只有 8 位是真实数据，这时单位换算就不再是 1∶8 而是 1∶10 了，USB 3.0 的 5Gb/s 速度实际上是 500MB/s 而非 625MB/s，SATA 6Gb/s 的速度则是 600MB/s 而非 750MB/s。PCE-E 3.0 的编码方式改成了 128b/130b，每 130 个编码中只有两个无用的，利用率大大提高。

(2) 串行总线和并行总线。按照工作模式不同，总线可分为两种类型，一种是并行总线，它在同一时刻可以传输多位数据，好比是一条允许多辆车并排开的宽敞道路，而且它还有双向单向之分；另一种为串行总线，它在同一时刻只能传输一个数据，好比只允许一辆车行走的狭窄道路，数据必须一个接一个传输，看起来仿佛一个长长的数据串，故称为“串行”。

(3) 总线带宽计算。总线的带宽指的是这条总线在单位时间内可以传输的数据总量，它等于总线位宽与工作频率的乘积。例如，对于 64 位、800MHz 的前端总线，它的带宽就等于 64b×800MHz÷8(B)=6.4GB/s；32 位、33MHz 的 PCI 总线的带宽就是 32b×33MHz÷8=133MB/s，这项法则可以用于所有并行总线上面。

对串行总线来说，带宽和工作频率的概念与并行总线完全相同，只是它改变了传统意义上的总线位宽的概念。在频率相同的情况下，并行总线比串行总线快得多，但它存在并行传输信号间的干扰现象，频率越高、位宽越大，干扰就越严重，因此要大幅提高现有并行总线的带宽是非常困难的；而串行总线不存在这个问题，总线频率可以大幅向上提升，这样串行总线就可以凭借高频率的优势获得高带宽。而为了弥补一次只能传送一位数据的不足，串行总线常常采用多条通道的做法实现更高的速度——通道之间各自独立,多条通道组成一条总线系统,从表面看来它和并行总线很类似,但在内部它是以串行原理运作的。因此串行总线带宽(B/s)=工作频率×每周期数据位(b)×总线通道数×编码方式÷8。

以最常见的PCI-E 2.0 x16插槽为例,其时钟频率为5GHz,每周期可传输2b数据,16条通道,8/10编码,其传输总带宽=5000×2×16×(8/10)÷8=16(GB/s)。

2. ISA总线

ISA(Industry Standard Architecture)即工业标准结构总线,也称AT总线。ISA是针对Intel 80286 CPU设计的,因此是16位总线,数据线16位和地址线24位,即直接内存寻址为16MB。它的工作时钟是8MHz,带宽为16MB/s。如图3-22所示,左边3个插槽为ISA总线扩展槽,用来连接ISA总线扩展卡。

3. PCI总线

PCI(Peripheral Component Interconnect)即外部设备互连总线,顾名思义,它的初衷就是使外设主芯片能快捷地连入系统。PCI是32位总线,工作时钟是33MHz,带宽为133MB/s。如图3-23所示为PCI总线扩展槽,用来连接PCI总线扩展卡。插槽每边62线,共124线。

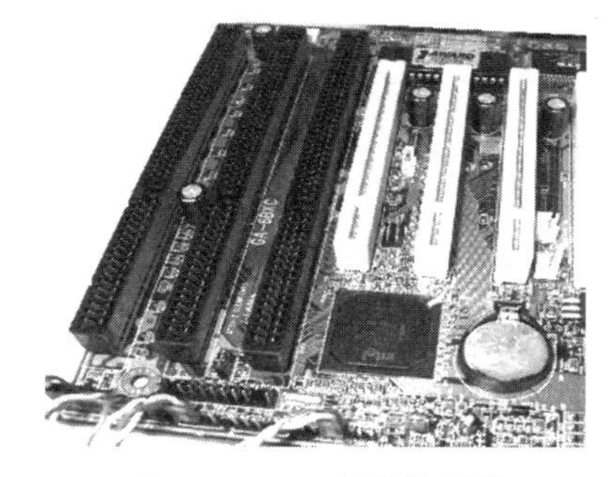

图3-22 ISA总线扩展槽

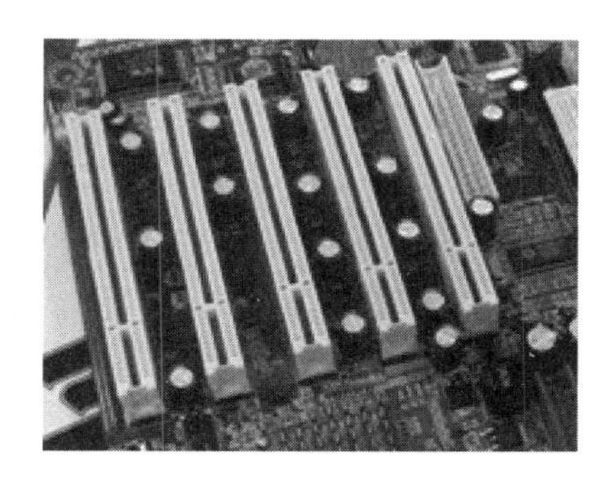

图3-23 PCI总线扩展槽

PCI总线有以下几种。

(1) PCI:数据位宽为32位,工作频率为33MHz,带宽为127.2MB/s。

(2) PCI 2.1:数据位宽为64位,工作频率为66MHz,带宽为508.6MB/s。

(3) PCI-X:数据位宽为64位,工作频率为133MHz,带宽为1017.2MB/s。

4. 加速图形端口(Accelerated Graphics Port,AGP)

随着图形技术的发展,到1996年人们对计算机的3D图形处理能力提出了更高的要求,尤其对游戏产业而言,当时的PCI总线已经无法满足3D游戏引擎对图形的处理和数据的传输要求。计算机在处理3D图形时需要与CPU和系统内存进行大量的数据交换,例如,在处理1024×768分辨率的画面时,显示芯片与系统之间的数据传输率可达533MB/s,而实际上PCI总线只能保证133MB/s的理论极限带宽。而且这可怜的133MB/s带宽还要分给网卡、PCI声卡、SCSI设备等使用。不仅如此,3D游戏中的3D建模物体还需要大量的各种纹理贴图或渲染,而且纹理的尺寸越大,图形就越逼真,这些纹理数据不仅需要传输,还须借助显存进行保存。在当时即便是最高级的"3D加速卡"(如Diamond Viper330、3dfx的Voodoo2等)也只有4~6MB显存。对于这些显卡来说,要让3D游戏以800×600以上的分辨率运行是不可能的。

为了解决 PCI 总线数据传输率低、显存容量不足的瓶颈，Intel 公司在 1996 年提出了 AGP 规范，到 1997 年随着 Intel 公司的 440LX 主板芯片组问世，AGP 开始了真正的商业应用。AGP 是 Accelerated Graphics Port（加速图形接口）的缩写，它是在 PCI 2.1 的标准上建立起来的。与 PCI 总线不同，AGP 是点对点连接，即只连接控制芯片和 AGP 显卡，是一种局部总线。

AGP 规范为解决计算机图形瓶颈问题采取了多种技术措施，其中最主要的两点是：①建立显示控制单元（显卡）与系统之间的专用信息高速传输通道；②通过直接内存映射操作（Direct Memory Execution，DME）技术将系统内存虚拟显存，以扩大显存容量，如图 3-24 所示。

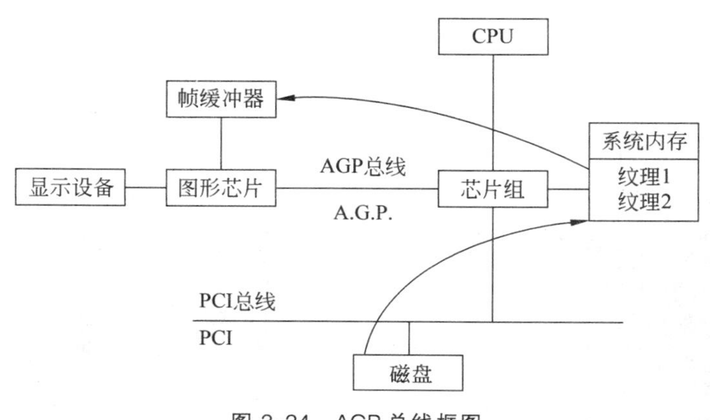

图 3-24　AGP 总线框图

AGP 总线扩展槽为褐色插槽，位于 PCI 插槽和北桥芯片组之间，是显卡专用插槽。目前 AGP 插槽已经在主板上消失，被 PCI-E 总线扩展槽取代。

AGP 总线有以下几种。

(1) AGP：数据位宽为 32 位，工作频率为 66MHz，带宽为 254.3MB/s。

(2) AGP 2x：数据位宽为 32 位，工作频率为 66MHz×2，带宽为 508.6MB/s。

(3) AGP 4x：数据位宽为 32 位，工作频率为 66MHz×4，带宽为 1017.3MB/s。

(4) AGP 8x：数据位宽为 32 位，工作频率为 66MHz×8，带宽为 2034.6MB/s。

5. PCI Express 总线

PCI Express（简称 PCI-E）是新一代的总线接口。早在 2001 年的春季，Intel 公司就提出了要用新一代的技术取代 PCI 总线和多种芯片的内部连接，并称为第三代 I/O 总线技术。随后在 2001 年年底，包括 Intel、AMD、DELL、IBM 在内的 20 多家业界主导公司开始起草新技术的规范，并在 2002 年完成，对其正式命名为 PCI Express。它采用了目前业内流行的点对点串行连接，比起 PCI 以及更早期的计算机总线的共享并行架构，每个设备都有自己的专用连接，不需要向整个总线请求带宽，而且可以把数据传输率提高到一个很高的频率，达到 PCI 所不能提供的高带宽。

PCI Express 的接口根据总线位宽不同而有所差异，包括 1X、4X、8X 以及 16X（2X 模式将用于内部接口而非插槽模式）。较短的 PCI Express 卡可以插入较长的 PCI Express 插槽中使用。PCI Express 接口能够支持热插拔，PCI Express 规格从 1 条通道连接到 32 条通道连接，有非常强的伸缩性，以满足不同系统设备对数据传输带宽不同的需求。例如，PCI Express 1X 规格支持双向数据传输，每向数据传输带宽 250MB/s，PCI Express 1X 已经可以满足主流声卡芯片、网卡芯片和存储设备对数据传输带宽的需求，但是远远无法满足图形芯片对数据传输带宽的需求。因此，必须采用 PCI Express 16X，即 16 条点对点数据传输通道连接来取代传统的 AGP 总线。PCI Express 16X 也支持双向数据传输，每向数据传输带宽高达 4GB/s，双向数据传输带宽有 8GB/s 之多，相比之下，广泛采用的 AGP 8X 数据传输只提供 2.1GB/s 的数据传输带宽。

PCI Express 采用串行方式传输数据，和原有的 ISA、PCI 和 AGP 总线不同。这种传输方式，不必因为某个硬件的频率而影响整个系统性能的发挥。当然，整个系统依然是一个整体，但是可以方便地提高某一频率低的硬件的频率，以便系统在没有瓶颈的环境下使用。以串行方式提升频率增进效能，关键的限制在于采用什么样的物理传输介质。人们普遍采用铜线路，而理论上铜这个材质可以提供的传输极限是 10Gb/s。这也就是为什么 PCI Express 的极限传输速度的答案。

尽管 PCI Express 技术规格允许实现 1X(250MB/s)、2X、4X、8X、12X、16X 和 32X 通道规格，目前来看，PCI Express 1X 和 PCI Express 16X 成为 PCI Express 主流规格，同时芯片组厂商将在南桥芯片当中添加对 PCI Express 1X 的支持，在北桥芯片当中添加对 PCI Express 16X 的支持。

PCI Express 2.0 是 PCI Express 总线家族中的第二代版本。其中第一代的 PCI Express 1.0 于 2002 年正式发布，它采用高速串行工作原理，接口传输速率达到 2.5Gb/s，而 PCI Express 2.0 则在 1.0 版本基础上更进了一步，将接口速率提升到了 5Gb/s，传输性能也翻了一番。新一代芯片组产品均可支持 PCI Express 2.0 总线技术，1X 模式的扩展口带宽总和可达到 1GB/s，16X 图形接口更可以达到 16GB/s 的惊人带宽值。2011 年 11 月 PCI-E 3.0 的最终规范发布，新一代规范依然围绕提速进行，目标是在 PCI-E 2.0 的基础上再次提高一倍。PCI-E 3.0 方案采用的是提高频率和改变编码这两种方式来进一步提高带宽的。128b/130b 的编码利用率为 98.5%，时钟频率从 5GHz 提高到了 8GHz，这样 16X 通道的带宽=8000×2×16×(128/130)/8=31.5(GB/s)，相比 PCI-E 2.0 的 16GB/s 几近翻倍。2012 年 1 月 9 日，世界上首块 PCI-E 3.0 显卡 Radeon HD 7970 问世。

PCI-E 4X、PCI-E 16X、PCI-E 1X 插槽如图 3-25 所示。

图 3-25　从上到下依次为 PCI-E 4X、PCI-E 16X、PCI-E 1X 插槽

3.2.6 BIOS 芯片

基本输入输出系统(Basic Input Output System,BIOS)是被固化在主板上一块 ROM 中的一组程序,为计算机提供最原始、最低级、最直接的硬件控制。负责开机时对系统的各项硬件的初始化设置和测试。若硬件不正常则立即停止工作,并把出错的设备信息反馈给用户。

BIOS 程序要写入 BIOS 芯片,BIOS 芯片是一块 ROM 芯片。ROM 主要有 PROM、EPROM、Flash ROM,关于 ROM 知识在第 4 章会详细介绍。目前,新主板 BIOS 不再使用传统 BIOS,而是使用 UEFI BIOS。UEFI BIOS 将在第 10 章介绍。

BIOS 芯片大多采用 DIP(双列直插)形式的封装。有的为节省空间,采用了 PLCC (Plastic Leaded Chip Carrier)形式的封装,如图 3-26 所示。笔记本电脑上的 BIOS 大多采用 SOJ(Small Out-Line J-Lead)封装。早期 BIOS 芯片有焊接在主板上,现在 BIOS 大多可以拆下,方便更换 BIOS 芯片。

主板 BIOS 一般位于主板的南桥附近,旁边有个纽扣电池,主板上也会标示有 BIOS 字样或者是标签之类。如图 3-27 所示,有两个 BIOS,一个主 BIOS,一个备用 BIOS。

(a)

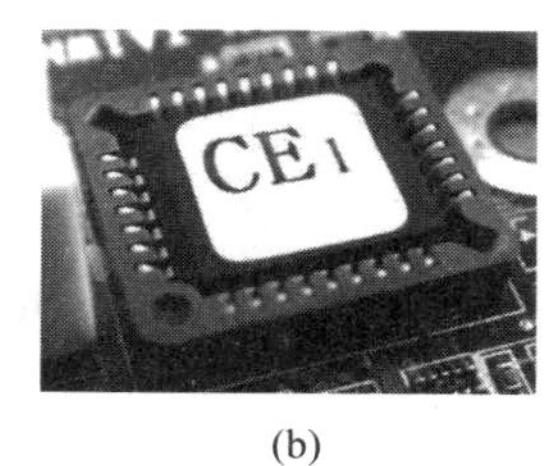

(b)

图 3-26 DIP 和 PLCC 封装芯片

图 3-27 BIOS 芯片

不光主板上有 BIOS,其他设备上如网卡、显卡、Modem、硬盘等也有 BIOS。显卡 BIOS 用来完成显卡和主板之间的通信,硬盘的启动和使用也需要 HDD BIOS 来完成。这些外部设备上的 BIOS 也和主板的 BIOS 一样,采用 Flash ROM 作为 BIOS ROM 芯片,同样也可以通过升级芯片里的程序以修改其缺陷及增强其兼容性。

生产 BIOS 芯片的厂家主要有 Winbond(华邦)、Intel、ATMEL、SST 和 MXIC 等。由于 Winbond 生产 BIOS ROM 芯片的时间较早,与主板的原始设计相兼容,因而市场占用量较大。Intel 公司则在 Flash ROM 市场始终占领着领导者的地位。

3.2.7 跳线

跳线(Jumper Pin)主要有 3 类,分别是键帽式跳线、DIP 式跳线和软跳线。现在主板为免跳线主板,基本看不到 DIP 式跳线,还有少量的键帽式跳线,需要用户设置的软跳线也越来越少。

1. 键帽式跳线

键帽式跳线由两部分组成:底座部分和键帽部分(见图 3-28(b))。前者是向上直立的两根或三根不连通的针，相邻的两根针决定一种开关功能。对跳线的操作只有短接和断开两种。当使用某个跳线时，即短接某个跳线时，就将一个能让两根针连通的键帽给它俩带上，这样两根针就连通了，对应该跳线的功能就有了；否则，可以将键帽只呆在一根针上，键帽的另一根管空着。这样，因为两根针没有连通，对应的功能就被禁止了，而且键帽就不会丢失。因为带键帽只表示接通，所以没有插反的问题。键帽式的跳线分两针的和三针的，两针的使用比较方便，短接就表示具有某个功能，断开就表示禁止某个功能；三针的比较复杂些，例如有针 1、针 2、针 3，那么短接针 1、针 2 表示一种功能，而短接针 2、针 3 表示另外一种功能。

(a)

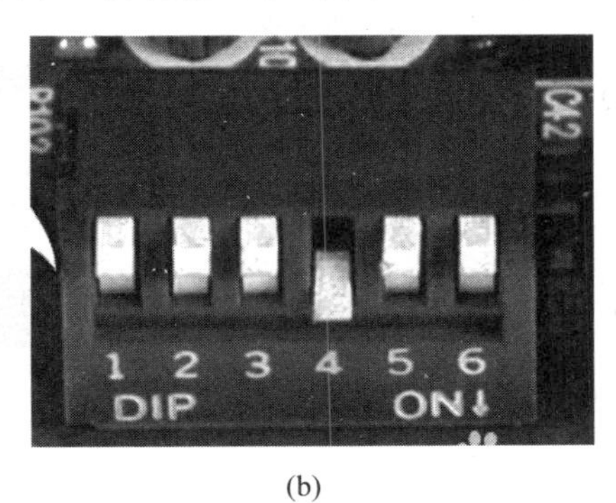

(b)

图 3-28　键帽式跳线和 DIP 式跳线

2. DIP 式跳线

DIP 式跳线也称为 DIP 组合开关，DIP 开关不仅可以单独使用一个按钮开关表示一种功能，更可以组合几个 DIP 开关来表示更多的状态，更多的功能。如图 3-28(b)所示，DIP 开关的一个可以两边扳动的按钮就决定了两种开关状态，一面表示开(ON)；另一面表示关(OFF)。对于组合状态的使用，有多少 DIP 开关就能表示 2 的多少次幂的状态，就有多少个数值可以选择，因此，进入 DIP 开关时必须对照主板说明书中的表格设置数值，否则根本搞不清楚这么多的状态。

3. 软跳线

软跳线并没有实质的跳线，也就是对 CPU 相关的设置不再使用硬件跳线，而是通过 BIOS Setup 程序进行设置，根本不需要再打开机箱，非常方便。

主板上硬件跳线不多了，最常见的是 CMOS 配置数据清除跳线，此外有的主板还有键盘电源跳线，USB 设备唤醒跳线等，不同主板存在的跳线不一样，可以查阅主板说明书。图 3-29 为本书介绍主板 CMOS 配置数据清除跳线示意图，该跳线为 3 针键帽式跳线，如图 3-28(a)所示。

3.2.8　主板后沿安装的设备通信接口

ATX 主板的后沿有许多外围设备接口，如图 3-30 所示。有键盘和鼠标接口(2 个 PS/2)、串行接口(COM 接口)、通用串行总线接口(USB 接口)、显卡接口、音频插孔和网络接口(RJ-45 接口)等。

(1) 两个 PS/2 接口。如图 3-30 所示，下面的接键盘，上面的接鼠标，鼠标的接口为绿色，键盘的接口为紫色，两者不能混用。现在主板 PS/2 鼠标接口已经消失，有的主板也去

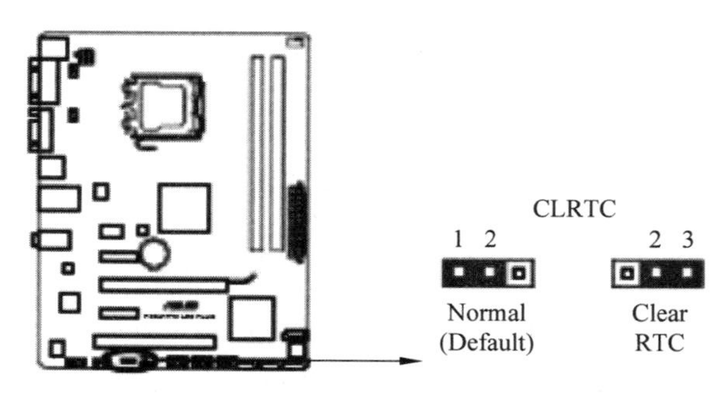

图 3-29 CMOS 配置数据清除跳线示意图

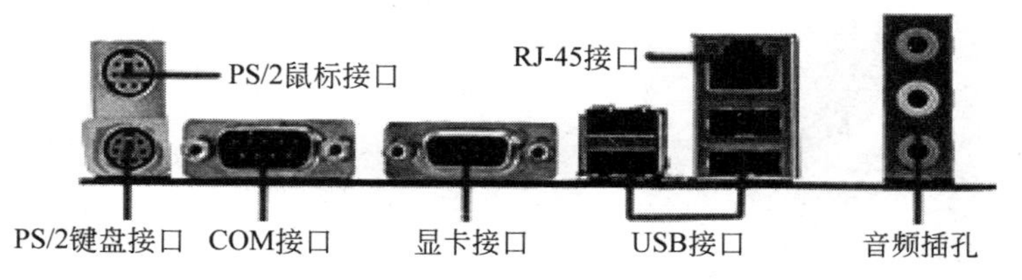

图 3-30 ATX 主板后沿的通信接口插座

掉 PS/2 键盘接口，只支持 USB 接口的鼠标或键盘。

(2) 网络接口。通常为 RJ-45 双绞线接口，用来连接网络。

(3) USB 接口。D 型 4 针接口，主板后面板一般提供 2～4 个 USB 接口，主板上还提供几个可扩展的 USB 插槽，通过机箱提供 USB 扩展连线，可以连接到机箱的前面板上，称为前端 USB 接口。

(4) 并行接口(LPT 接口)。D 型 25 针孔接口，通常连接并行设备，如针式打印机。此接口在大多数主板上已消失。

(5) 串行接口(COM 接口)。D 型 9 针接口，用来连接串行设备。

(6) 音频插孔。3 个 3.5mm 立体声耳机插孔，分别是线路输出(Line Out)、线路输入(Line In)和麦克风输入(MIC In)。

(7) 显卡接口。如图 3-30 所示显卡接口为 VGA 接口，D 型 15 针孔接口，用来连接显示器。如果在主板后沿出现此类接口，表明该主板带有集成显卡，否则需要安装独立显卡来连接显示器。

3.2.9 硬盘、光驱接口

硬盘、光驱接口在第 5 章会详细介绍。现在主板硬盘、光驱接口为 SATA 接口，早期的主板通过 IDE 接口连接硬盘、光驱。

1. IDE 接口

早期主板通常有两个 IDE 接口，每个 IDE 接口可以连接主(Master)从(Slave)两个 IDE 设备(硬盘、光驱)。IDE 接口为 40 针双排针插座，第一个 IDE 接口标注为 IDE1 或 Prinary IDE，第二个 IDE 接口标注为 IDE2 或 Secondary IDE，最多可连接 4 个 IDE 设备。如果只有硬盘和光驱两个 IDE 设备，通常是用 IDE1(Primary IDE)连接硬盘，用 IDE2(Secondary IDE)连接光盘驱动器。为了区分两个 IDE 接口，其插槽的颜色不同，蓝色或红色插槽为

IDE1，黑色或白色插槽为 IDE2，如图 3-31(a)所示。

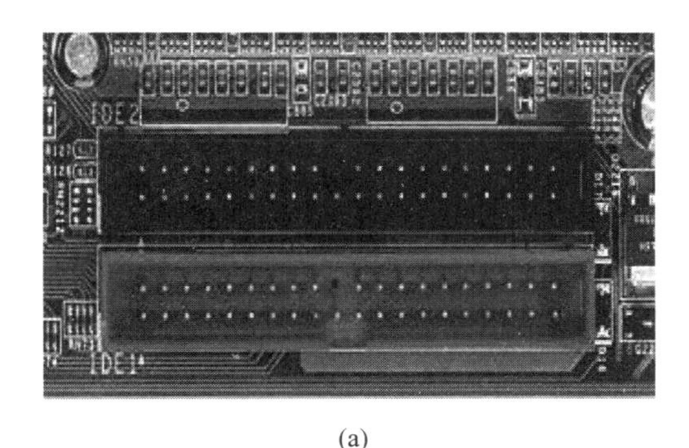

(a)

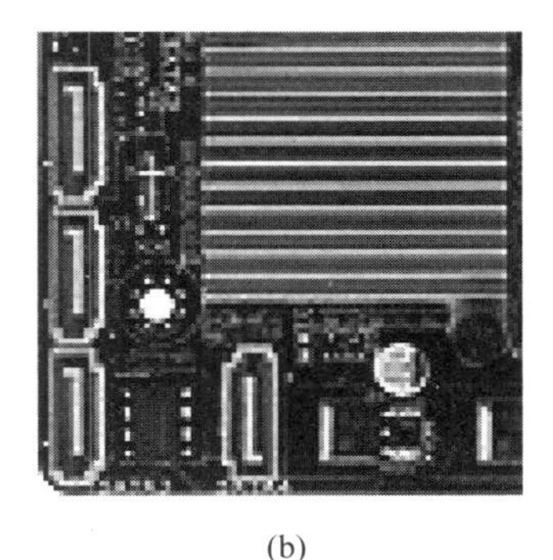

(b)

图 3-31　主板上 IDE 和 SATA 接口

2. SATA 接口

随着 Serial ATA(简称 SATA)硬盘、光驱的普及，新的主板淘汰 IDE 接口。SATA 接口设备与 IDE 设备不同，没有主从之分。每个 SATA 接口可连接一个 SATA 接口的硬盘、光驱。SATA 1.0 定义的数据传输率可达 150MB/s，SATA 2.0 的数据传输率达到 300MB/s，SATA 3.0 数据传输率为 600MB/s，如图 3-31(b)所示。

3.2.10　机箱面板指示灯及控制按钮插针

主板上有一组插针，机箱面板上的电源开关、复位开关、电源指示灯、硬盘指示灯连线，通过连线连接到相应插针上。图 3-32 为主板上的排针和机箱面板连线及标识含义。

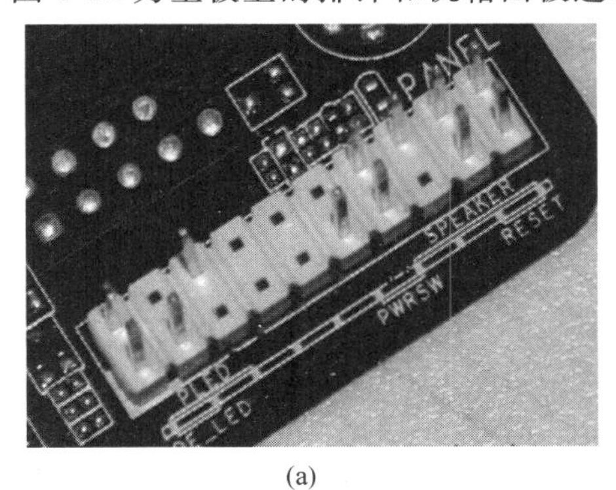

(a)

(b)

标　　注	含　　义
RESET SW	复位开关
POWER SW	ATX电源开关
POWER LED	电源指示灯
H.D.D. LED	硬盘(读写)指示灯
SPEAKER	机箱喇叭

(c)

图 3-32　主板控制面板连接排针和机箱前面板连线

3.3 主板的分类

常见的 PC 主板的分类方式有以下几种。

1. 按 CPU 插槽类型分类

根据主板上 CPU 的插槽类型，有 Socket 7 主板、Socket 478 主板、Socket 462 主板、Socket AM2 主板、LGA 1155 主板、LGA 1150 主板、Socket FM2 主板等。具体详见前面关于 CPU 插槽的介绍。

2. 按主板芯片组分类

根据主板芯片组，主要北桥芯片型号，有 845 主板、915 主板、G31 主板、G41 主板、P41 主板、H55 主板、H61 主板、H67 主板、B75 主板、X58 主板、B85 主板、770 主板、780G 主板，785G 主板、790GX 主板、890GX 主板、990X 主板、A75 主板、A85 主板等，具体详见前面关于主板芯片组的介绍。

3. 按主板结构分类

按照主板结构可以划分为 AT 主板、ATX 主板和 BTX 主板。

586 以前的主板多为 AT(Advanced Technology)主板，以及 AT 主板的改进型 Baby-AT，如图 3-33 所示，现已淘汰。

图 3-33　Baby-AT 主板

1995 年，Intel 公司推出了 ATX(Advanced Technology Extended)规格。同 AT 主板相比，ATX 主板集成度提高了，将集成在主板上的串并接口、USB 接口和 PS/2 键盘鼠标接口都直接固定安装在主板的后缘；采用新型的 ATX 电源，实现了低电压、自动开关机和睡眠等功能；逐步取消 ISA 总线插槽，采用小型的 AMR 和 CNR 升级插槽；要求接口插座使用彩色；使用免跳线技术；直接在主板上安装蜂鸣器代替 PC 喇叭等。从 1995 年 ATX 标准出台后，时至今日，ATX 成为称霸 PC DIY 的主板板型标准。

ATX 主板又分很多种类，根据尺寸来分，可分为 4 种。

(1) 大板：标准 ATX、Mini ATX、XL-ATX 和非标准 E-ATX。

(2) 小板：MATX、μATX 和 FlexATX。

(3) 迷你板：ITX(包括 Thin-ITX)。

(4) 超大板：标准 E-ATX、EE-ATX、HPTX 和 WTX。

图 3-34 为大板标准 ATX。图 3-35 为 4 种不同尺寸主板在机箱中所占尺寸对比。

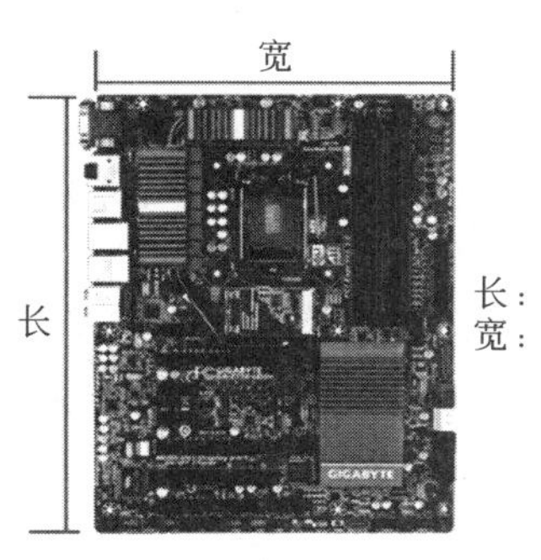

图 3-34　标准 ATX 主板尺寸

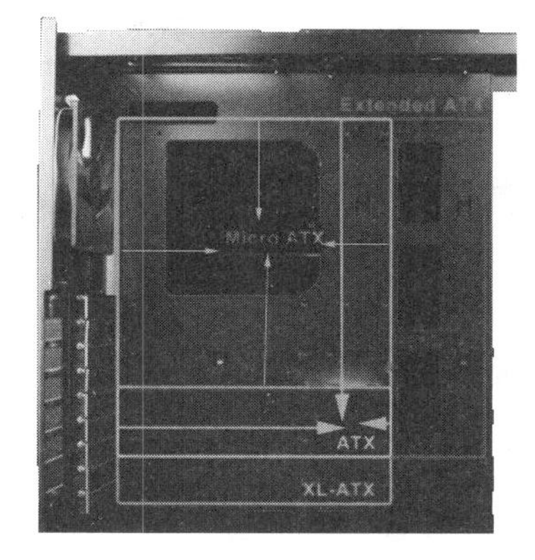

图 3-35　4 种不同主板在机箱中所占尺寸对比

2003 年，Intel 公司提出了全新的主板规范——BTX(Balanced Technology Extended)。与 ATX 规范相比，BTX 规范的改革在于不失去平台性能的前提下做到小巧的体积，而在走线、噪音及散热等方面都有不小的革新，而 Intel 公司也有意让 BTX 慢慢取代 ATX，就像 ATX 取代 Baby-AT 那样。从目前来看，ATX 主板仍为市场霸主。图 3-36 为 ATX 规范与 BTX 规范布局对比。

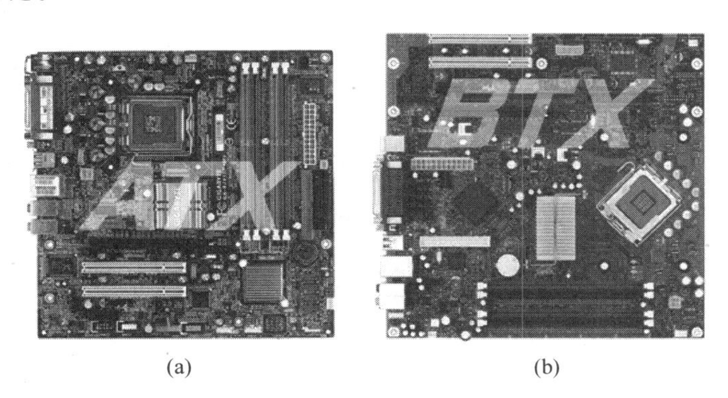

(a)　　(b)

图 3-36　ATX 规范与 BTX 规范布局对比

4. 按生产主板的厂商分类

市场上常见的主板品牌有华硕(ASUS)、微星(MSI)、技嘉(GIGABYTE)、升技(ABIT)、磐正(EPOX)、双敏(UNIKA)、英特尔(Intel)、富士康(FOXCONN)、精英(ECS)、映泰(BIOSTAR)、佰钰(ACROP)、华擎(ASROCK)、捷波(JETWAY)、硕泰克(SOLTEK)和翔升(ASZ)等。

3.4　主板的选购

1. 选择主板必须关注的因素

(1) 与 CPU 配套。不同架构的 CPU 应该配备不同类型的主板。

(2) 兼容性与计算机升级能力。兼容性是指系统在使用不同配件、运行不同软件时能否稳定运行。兼容性好的主板便于升级。

(3) 功能和可扩展性。购买时一定要注意主板功能。除了常用功能、技术参数、价格及售后服务等项目外，对其一些特色功能要留意，尽可能地发挥其特色性能，以免造成资源浪费。

2. 主板芯片组

主板芯片组是主板的精髓。采用同样芯片组的主板一般来说功能都差不多，所以选择主板的重点就是选择芯片组，应采用主流芯片组。

3. 主板布局

选购主板时，要看主板上的电子元器件布局是否合理，安装显示卡和内存时是否存在相互干扰，也就是主板的设计工艺是否合理。在这方面，要考虑以下几点。

(1) CPU 插槽的周围是否有足够空间，如果周围的电容太密，就会影响 CPU 的拆装、CPU 的散热。

(2) CPU 风扇是否对主板主芯片的散热有积极影响；CPU 插槽旁边没有密集的电容，对 CPU 和桥芯片散热十分有利。

(3) 主芯片组与 CPU、内存和 AGP 部分的走线安排是否合适。一块将 CPU、内存和 AGP 设计在离北桥芯片组的越近的位置的主板，就越能提高 CPU 与内存和 AGP 通过北桥芯片组进行数据交换的速度。

(4) 各种插槽的位置是否合理，特别注意 AGP 和内存的位置，因为如果设置不合理可能会导致一方无法安装。要注意电源、IDE、USB、软磁盘等的接口位置，要考虑设备的插拔是否方便。

(5) 检查电容质量，电容是保证主板质量的关键，也是衡量主板做工的重点。电容在主板中的作用主要是用于保证电压和电流的稳定起到储能、滤波、延迟等，并要保证相关信号的稳定性，此外还有信号的时序性的完整。

(6) 检查插槽与接口，对于插槽，主要关注用料是不是名牌、高品质的广为用户认可的厂家的产品。主要检查 CPU 插槽、显示卡插槽、PCI 插槽、内存插槽以及 IDE 设备的接口等。对于接口，主要是观察位置是否合适，是否会影响 IDE 设备的连接；仔细地观察接口是否有裂缝，针脚是否弯曲，针脚的金属颜色是否光鲜等。另外，还要注意一下主板的外设接口的数量有多少等。

4. 主板的稳定性

一块性能不稳定的主板，会给用户带来无穷的麻烦。影响主板稳定性的主要因素有整体电路设计水平及用料和做工。建议购买品牌厂商生产的主板。

3.5 本章小结

本章对计算机另一重要组成部件进行介绍。重点要掌握主板的基本构成，如主板芯片组、CPU 插槽、总线等知识。掌握主板基本构成，实际上就掌握了主板性能指标。最新主板芯片组在本章没有介绍，大家可上网查阅相关资料。

习题

1. 上网检索当前流行的几款主板,列出其重要组成。
2. 阅读主板说明书,并能根据说明书设置主板。
3. 对照主板,指出主板上各主要部件。
4. 主板上的南桥和北桥指的是什么?各有什么功能?
5. CPU 使用的各种插槽有哪些?举例说明。
6. 主板分类方法有哪些?
7. 主板选购要考虑哪些因素?

第4章　内存储器

本章学习目标

- 熟练掌握 DRAM 的种类及其特点。
- 熟练掌握内存的性能指标。
- 熟练掌握内存的分类。

本章主要介绍内存的分类、内存的性能指标以及选购等方面的知识。

4.1　内存储器概述

存储器(Memory)是计算机系统中的记忆设备,用来存放程序和数据。计算机中的全部信息,包括输入的原始数据、计算机程序、中间运行结果和最终运行结果都保存在存储器中。它根据控制器指定的位置存入和取出信息。

存储器分为内存储器(或称为主存储器)与外存储器(或称为辅助存储器),内存储器简称为内存(或简称为主存),外存储器简称为外存(或简称为辅存)。

内存是 CPU 可以直接访问的存储器,程序和数据只有存放在内存中,才能为 CPU 所用,内存是主机的组成部分;外存是 CPU 不能直接访问的存储器,存放 CPU 暂时不用但将来可能要用的程序和数据,外存属于外部设备。也就是说,CPU 不能像访问内存那样,直接访问外存,外存要向 CPU 或 I/O 设备传送数据,必须通过辅助硬件或辅助软件(如操作系统)的作用将外内中的数据调入内存才能进行;反之,CPU 或 I/O 设备要向外存传送数据,也必须借助于辅助硬件或辅助软件(如操作系统)的作用才能进行。内存在计算机中作用示意图如图 4-1 所示。

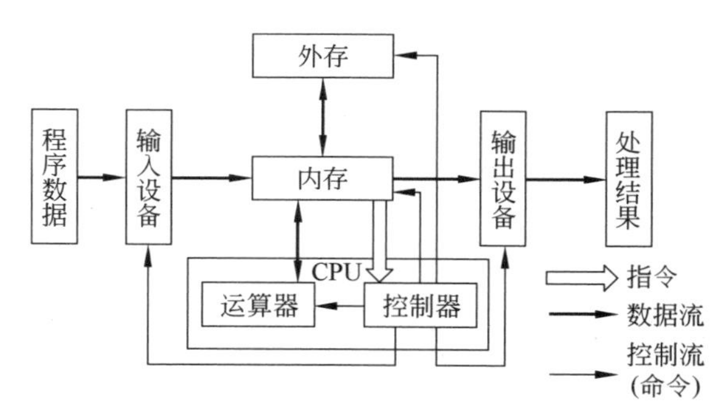

图 4-1　内存在计算机中作用示意图

如果按内存所在的位置分,又可分为系统内存、显示内存等。这里所要讨论的内存,主要指的是系统内存,即插在主板上内存插槽中的内存条。至于另一种非常重要的显存,则在其他章节中讲述。下面先认识一下 DDR3 内存条,如图 4-2 所示。

内存条主要由 PCB(印刷电路板)、内存颗粒、SPD 芯片和金手指等组成。

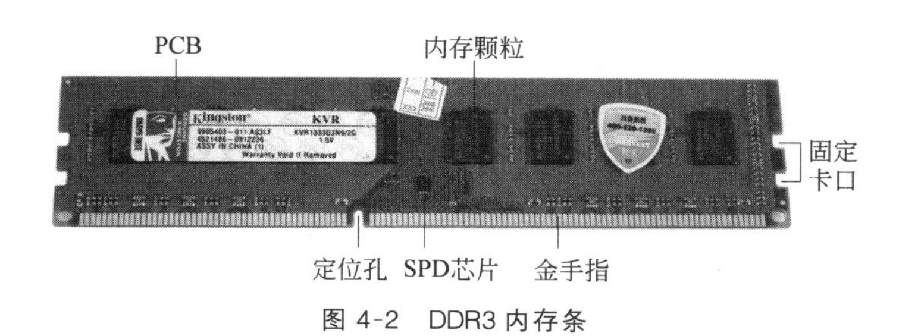

图 4-2　DDR3 内存条

1. 印刷电路板

一般内存 PCB 板都是六层，高品质的内存采用 8 层 PCB 甚至更多层。在内存工作过程中，随着高频率的数据交换造成很强的电子流动，在线路间形成电子干扰。如果 PCB 层数多，则相应的电磁屏蔽效果就会更加明显，也就进一步加强了稳定性。

2. 内存颗粒

内存颗粒是内存条的灵魂，决定着内存的性能、速度、容量等，内存颗粒也称为内存芯片。市场上内存条的品牌很多，但内存颗粒的型号却并不多。不同品牌的内存颗粒，速度、性能不尽相同。

3. SPD 芯片

8 脚的 SOIC 封装(3mm×4mm)256B 的 EEPROM 芯片，保存着内存生产厂家在内存出厂时所设定的有关内存的相关资料，通常有内存条的容量、芯片模块的生产厂商、标称运行频率、是否具备 ECC 校验等基本信息。主板芯片组通过识别 SPD 内的信息，判断内存的相关性能并完成 BIOS 中内存的设定。SPD 方便了系统对内存的检测，确保内存处于正常的工作状态。

4. 金手指

金手指(Connecting Finger)是内存条上与内存插槽之间的连接部件，所有的信号都是通过金手指进行传送的。因为它的颜色是金黄色的，所以称为金手指。其实，金手指是在覆铜板上通过特殊工艺再覆上一层金，因为金的抗氧化性极强，而且传导性也很强。不过因为金价昂贵，目前较多的内存都采用镀锡来代替，金手指上的导电触片也习惯称为针脚(Pin)。

4.2　内存储器的分类

4.2.1　按工作原理分类

按内存的工作原理分类，内存储器可以分为只读存储器(ROM)和随机存储器(RAM)。

4.2.1.1　只读存储器

只读存储器的特点是存储的数据掉电后不丢失，且只可读取不可写入。用于存放计算机中最基本的程序和硬件参数，比如 BIOS 芯片就是只读存储器。只读存储器又包括 3 种。

1. PROM

PROM(Programmable ROM)即可编程 ROM。它允许用户根据自己的需要，利用专门的写 ROM 设备写入内容，但只允许写一次，使用起来仍然不方便。

2. EPROM

EPROM(Erasable Programmable ROM)即可擦除可编程 ROM。它允许用户根据自己的需要,利用专门的 EPROM 写入器改写其内容,可以多次改写,更新程序比较方便。因此在早期的 PC 中都使用 EPROM 作为 BIOS 程序的存储器。它可以用紫外线照射擦除存储数据,用 EPROM 编程器进行程序编写和输入。EPROM BIOS 如图 4-3(a)所示。

3. EEPROM

EEPROM 或 E2PROM(Electrical EPROM)即电可擦除可编程 ROM。EEPROM 的特点是程序改写、升级方便,只需在机器运行的正常情况下使用专门的应用程序,将来自厂家或网站上的最新版本的 BIOS 写入即可。EEPROM 的擦除条件是加上 12V 电压,这可以在主板上用跳线设置成高电压的擦除写入状态。

早期的计算机的 BIOS 程序是“烧入”存储器的,如果需要修改程序,则只能更换 BIOS 芯片。但后来人们用 EPROM 和 EEPROM 来存储 BIOS 程序。EEPROM 可以以字节为单位重复写入,而 EPROM 必须将数据全部冲掉才能写入。

现在,BIOS 所用的 ROM 一般是 Flash ROM,它可以看成是 EEPROM 的一种,两者的界限并不很明确。修改 Flash ROM 中的数据同样需要执行专门的烧录程序,但是擦除时以扇区为单位,写入时才以字节为单位。其存储容量普遍大于 EEPROM,在 512KB～8MB 之间,所以成为主板厂商存放 BIOS 的最佳选择。严格来说,既然现在存放 BIOS 的存储器已经是“可擦除”的了,那么就不应再称为 ROM。但由于在计算机正常使用时 BIOS 的存储器的内容是只读的,与 RAM 有本质的区别,所以长期以来人们仍将这些在一定条件下可改写的但在计算机正常使用时又不可改写的存储器称为只读存储器 ROM。

显然闪存 BIOS 也有致命弱点,它很容易被 CIH 类的病毒改写破坏,致使主板瘫痪。为此,在主板上采取了硬件跳线禁止写闪存 BIOS、软件 COMS 设置禁止写闪存 BIOS 和双 BIOS 闪存芯片等保护性措施。

EEPROM BIOS 如图 4-3(b)所示。

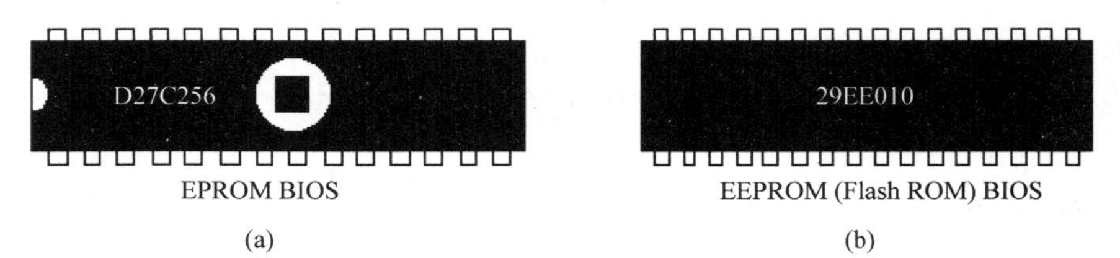

图 4-3　BIOS 芯片

4.2.1.2　随机存取存储器

随机存取存储器的特点是数据可读、可写,但掉电以后存储的数据会丢失。RAM 主要有 DRAM 和 SRAM。

1. DRAM

DRAM(Dynamic RAM)即动态 RAM,DRAM 用金属-氧化物-半导体场效应晶体管(MOS 管)的栅极与沟道间的极间电容的有电和无电两种状态存放二进制数字信息 0 和 1,在保存信息时并不耗电,只在改变信息时才耗电,因此 DRAM 发热量小、集成度高、价格低廉。于是

DRAM 就成为计算机系统内存的最佳选择。但由于 DRAM 用 MOS 管的电容存储信息，电容器充满了电放在那儿过一会，其中的电就会经其介质泄放电阻放掉，因此用 MOS 管的电容存储信息有一个致命的缺点，就是其中的信息只能保存 2～4ms(毫秒)的时间，过了这段时间，如果不重新充电(使原信息再生，这过程称刷新)，那么原来的数据就会消失。所以在 DRAM 中必须有一套专用的刷新电路，每隔 1～3ms 使保存在 MOS 管电容中的信息再生一次。所谓刷新，就好比先把这些数据读出，然后再写入一样，因为常常要进行这个额外的动作，所以速度就会受影响。尽管 DRAM 有经常需要定时刷新导致速度稍低的缺点，但从发热量、集成度、价格 3 个方面综合起来考虑，目前人们仍然常选用 DRAM 作为系统内存。

DRAM 又分好多种类，按照访问方式 DRAM 可以分为如下几种。

1）PM DRAM、FPM DRAM

PM DRAM(Page Mode DRAM)称为页面式动态随机存储器，它对数据的访问是以页面为单位的。随着内存技术的飞速发展，随后发展了一种称为快速页面模式(Fast Page Mode)的 DRAM 技术，称为 FPM DRAM。FPM 每当读取数据时，如果预测到下一次读取数据的位置是相邻位置时，读取数据的速度就可以加快。第一次读数据时，内存的读周期从 DRAM 阵列中某一行的触发开始，然后移至内存地址所指位置的第一列并触发，该位置即包含所需要的数据。第一条信息需要被证实是否有效，然后还需要将数据存至系统。一旦发现第一条正确信息，该列即被变为非触发状态，并为下一个周期做好准备。这样就引入了“等待状态”，因为在该列为非触发状态时不会发生任何事情(CPU 必须等待内存完成一个周期)。直到下一周期开始或下一条信息被请求时，数据输出缓冲区才被关闭。在快页模式中，当预测到所需下一条数据所放位置相邻时，就触发数据所在行的下一列，而不需要再触发相应的行了。下一列的触发只有在内存中给定行上进行顺序读操作时才有良好的效果。

从 70ns(纳秒)FPM 内存中进行读操作，理想化的情形是一个以 6-3-3-3 形式安排的突发式周期，即 6 个时钟周期用于读取第一个数据元素，接下来的每 3 个时钟周期用于读取后面 3 个数据元素。第一个阶段包含用于读取触发行列所需要的额外时钟周期。一旦行列被触发后，内存就可以用每条数据周期的速度传送数据了。PM DRAM、FPM DRAM 是早期的 386、486 计算机中普遍使用的内存芯片。但是随着性能/价格比更高的 EDO DRAM 的投入市场，PM DRAM 和 FPM DRAM 逐渐被淘汰。FPM DRAM 内存条如图 4-4 所示。

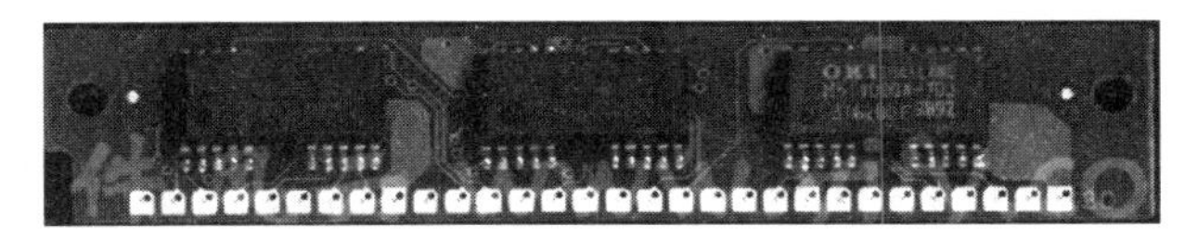

图 4-4 FPM DRAM 内存

2）EDO DRAM

EDO DRAM(Extended Data Output DRAM)是美国 Micron(美光)公司开发研制的一种内存芯片。它是继 FPM DRAM 之后问世的一种存储器。其存取速度比 FPM DRAM 快 15%，价格高 5%，因此性能/价格比更高。EDO 的工作方式颇类似于 FPM DRAM：先触发内存中的一行，然后触发所需的那一列。但是当找到所需的那条信息时，EDP DRAM 不是将该列变为非触发状态并关闭输出缓冲区(这是 FPM DRAM 采取的方式)，而是将输出数据缓冲区保持开放，直到下一列存取或下一读周期开始。由于缓冲区保持开放，因而

EDO 消除了等待状态，且突发式传送更加迅速。

EDO 还具有比 FPM DRAM 的 6-3-3-3 更快的理想化突发式读周期时钟安排，即 6-2-2-2。这使得在 66MHz 总线上从 DRAM 中读取一组由 4 个元素组成的数据块时能节省 3 个时钟周期。EDO 易于实现，而且在价格上相差无几，所以 EDO 成为中档以下的 Pentium 计算机的标准内存。普遍使用的 EDO DRAM 的时钟周期为 70ns、60ns。但因 Intel 公司在 Pentium Ⅱ主板芯片组 440LX/BX 上已不提供支持 EDO DRAM 内存，其已慢慢退出市场，如图 4-5 所示。

图 4-5　EDO DRAM 内存

3）SDRAM

SDRAM(Synchronous DRAM)即同步动态内存，它与系统时钟同步。随着 CPU 的主频超过 200MHz，为优化处理器运行效能，总线时钟频率至少要达到 66MHz 以上。多媒体应用程序以及 Windows 95 和 Windows NT 操作系统对内存的要求也越来越高，为缓解瓶颈，只有采用新的内存结构，以支持高速总线时钟频率。这样，为适应下一代主流 CPU 的需要，在理论上速度可与 CPU 频率同步，与 CPU 共享一个时钟周期的同步 DRAM 即 SDRAM 应运而生。与其他内存结构相比，SDRAM 的性能/价格比很高。

SDRAM 基于双存储体结构，内含两个交错的存储阵列，当 CPU 从一个存储体或阵列访问数据的同时，另一个已准备好读写数据。通过两个存储阵列的紧密切换，读取效率得到成倍提高。存储时间可以缩短到 6～10ns(而 EDO DRAM 却长达 60～70ns)，可将 Pentium 系统性能提高 140%。因此，SDRAM 成为 EDO DRAM 之后的主流内存，如图 4-6 所示。

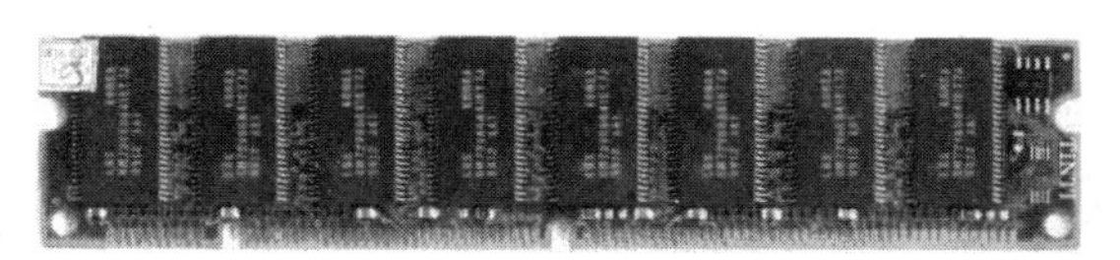

图 4-6　SDRAM 内存

SDRAM 存储器按系统总线(FSB)的时钟分为 66MHz、100MHz 和 133MHz 等多种。SDRAM 芯片的读写速度可达 10ns，甚至 7ns，主要用于 Pentium Ⅱ、Pentium Ⅲ主板上。随着 DDR 内存的普及，SDRAM 也已经被市场淘汰。

4）RDRAM

RDRAM 是 Rambus 公司开发的具有系统带宽的新型 DRAM，是一种未来型内存，具有极高的访问速度。

美国 Rambus 公司位于加州，是一家专门研究芯片间高速通信的公司。Rambus 只从事设计工作，20 世纪 80 年代末就开始研制高速 DRAM 技术，20 世纪 90 年代就提出 Rambus DRAM 技术，1996 年底曾获得 Intel 公司的认可和支持，所以严格来说 RDRAM 并不是新东西。

RDRAM 在 1995 年首次用于图形工作站，能在常规系统上达到令人咋舌的 600MHz

或 800MHz 的传输频率，因此曾经得到 Intel 公司的大力支持。Intel 公司曾经很想淘汰 SDRAM 而改用 RDRAM，这样内存又可以接近 CPU 主频了，可大大提高系统的性能。不过，RDRAM 的制造非常困难，因此成本高昂，随着成本的降低，RDRAM 虽有可能成为市场的新宠，但由于 DDR SDRAM、DDR2 SDRAM 的异军突起，最终使 Intel 公司从对 RDRAM 的力挺转向支持 DDR1 和 DDR2。这使得本来有非常好市场前景的 RDRAM 走向了步履艰难的历程。如图 4-7 所示为 RDRAM 内存。

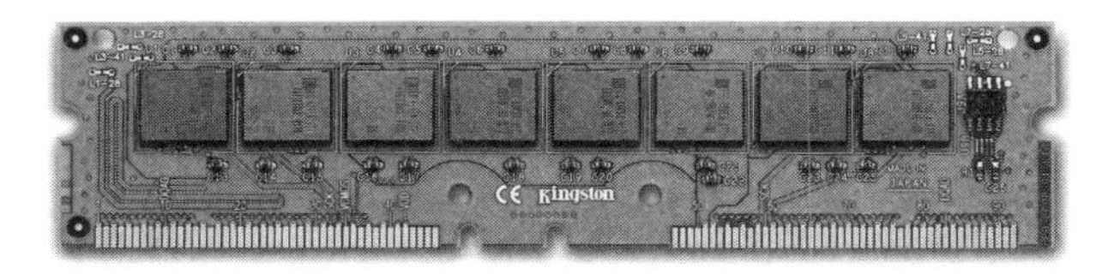

图 4-7 RDRAM

5）DDR SDRAM

DDR SDRAM 是 Double Data Rate SDRAM（双数据率同步动态随机存储器）的简称，它是由 VIA 等公司为了与 RDRAM 相抗衡而提出的内存标准。DDR SDRAM 是 SDRAM 的更新换代产品，TSOP-Ⅱ封装，采用 2.5V 工作电压，它允许在时钟脉冲的上升沿和下降沿传输数据，这样不需要提高时钟的频率就能加倍提高 SDRAM 的速度，并具有比 SDRAM 多一倍的传输速率和内存带宽，例如 DDR 266 与 PC 133 SDRAM 相比，工作频率同样是 133MHz，但内存带宽达到了 2.12GB/s，比 PC 133 SDRAM 高一倍。随着 DDR2 内存的普及，现在很少能够看到使用 DDR 内存的计算机，DDR SDRAM 如图 4-8 所示。

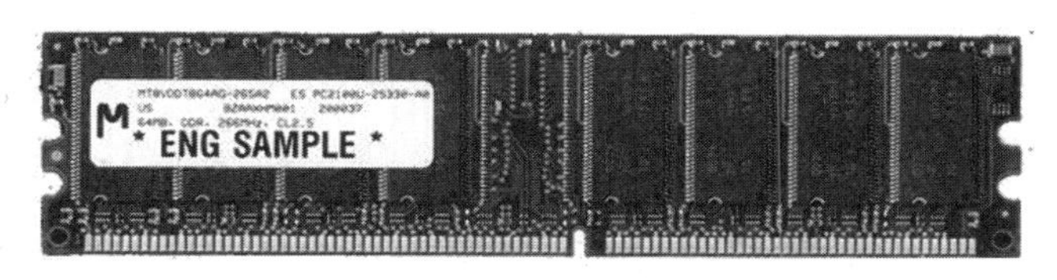

图 4-8 DDR SDRAM

6）DDR2 SDRAM

DDR2 SDRAM（Double Data Rate 2 SDRAM）是由 JEDEC（电子设备工程联合委员会）进行开发的内存技术标准，FBGA 封装，它与上一代 DDR 内存技术标准最大的不同是，虽然同是采用了在时钟的上升/下降中同时进行数据传输的基本方式，但 DDR2 内存却拥有两倍于上一代 DDR 内存预读取能力。换句话说，DDR2 内存每个时钟能够以 4 倍外部总线的速度读/写数据，并且能够以内部控制总线 4 倍的速度运行。因此，理论上 DDR2 内存能够提供比传统 SDRAM 内存快 4 倍，比 DDR 内存快两倍的数据传输率，DDR2 SDRAM 如图 4-9 所示。DDR2 内存已经被 DDR3 内存慢慢取代，退出主流市场。

图 4-9 DDR2 SDRAM

7）DDR3 SDRAM

DDR3 SDRAM(Double Data Rate 3 SDRAM)是目前主流内存。与上一代 DDR2 内存相比，拥有 8b 预读取能力，而 DDR2 为 4b 预读取，采用点对点的拓扑架构，以减轻地址/命令与控制总线的负担，采用 100nm 以下的生产工艺，将工作电压从 1.8V 降至 1.5V，DDR3 SDRAM 如图 4-10 所示。

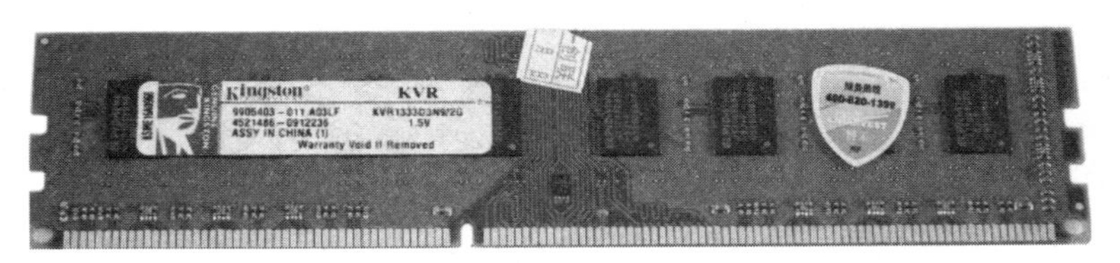

图 4-10　DDR3 SDRAM

目前，新配置的计算机使用 DDR3 内存，还有大量计算机仍在使用 DDR2 内存，很少计算机使用 DDR 内存，下面从外观上区分台式机 DDR、DDR2 和 DDR3 内存条。

（1）定位孔位置。

DDR、DDR2 和 DDR3 内存条金手指位置有一个缺口，这个缺口称为定位孔。通过内存条定位孔和内存插槽卡口进行定位，起到防插错作用。早期 SDRAM 内存条金手指上有两个定位孔，而 DDR、DDR2、DDR3 内存条金手指上只有一个定位孔。虽然 DDR、DDR2 和 DDR3 内存条只有一个定位孔，但位置不同，如图 4-11 所示。从这一方面可以看出，3 种内存条互不兼容。

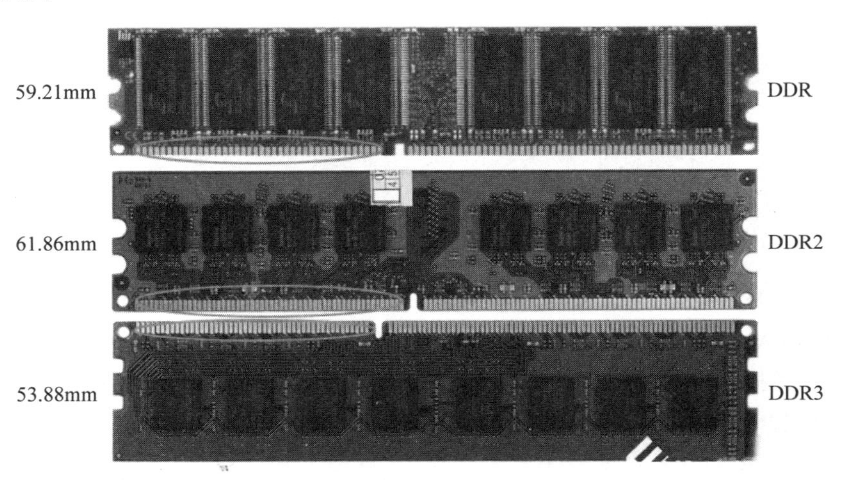

图 4-11　DDR、DDR2 和 DDR3 内存条对比

（2）金手指数目。

虽然 3 种内存条长度相同，但内存条金手指数目却不相同。早期 SDRAM 内存条为 168 线，DDR 内存条为 184 线，而 DDR2 和 DDR3 内存条为 240 线。DDR 内存单面金手指数量为 92 个(双面 184 个)，长边为 52 个，短边为 40 个；DDR2 内存单面金手指 120 个(双面 240 个)，长边为 64 个，短边为 56 个；DDR3 内存单面金手指也是 120 个(双面 240 个)，长边为 72 个，短边为 48 个。

(3) 固定卡口形状。

DDR 和 DDR2 固定卡扣形状为圆形，而 DDR3 固定卡扣形状为方形，如图 4-11 所示。

2. SRAM

SRAM(Static RAM)即静态 RAM。SRAM 用半导体管导通和截止的两种状态(即双稳态电路的两个稳态)存放二进制数字信息 0 和 1，它是一种具有静止存取功能的内存，不需要刷新电路即能保存它内部存储的数据。不像 DRAM 内存那样需要刷新电路，每隔一段时间，固定要对 DRAM 刷新充电一次，否则内部的数据即会消失，因此 SRAM 访问速度非常快。SRAM 也有它的缺点，相同容量的 DRAM 内存可以设计为较小的体积，但是 SRAM 却需要很大的体积，即它的集成度较低，此外 SRAM 发热量大，制造成本高。因此 SRAM 主要适用于容量小而存取速度要求快的场合，高速缓存 Cache 常选用 SRAM。

4.2.2 按用途分类

根据内存的用途可以分为 5 种。

1. 主存储器

用于临时存放正在运行的程序及参数和数据、运算结果等。存储容量大，体积小。通常使用 DRAM 芯片，体现为内存条。

2. Cache

Cache 实现高速 CPU 与低速内存之间的数据缓冲，减少 CPU 等待时间。Cache 又细分为 L1 Cache、L2 Cache 和 L3 Cache。通常使用 SRAM 芯片。

3. BIOS

BIOS 即基本输入输出系统，负责实现设备的基本输入和输出控制，提供系统信息。通常使用 Flash Rom 芯片。

4. CMOS

存放少量既需经常改变又需关机后保持的数据，计算机掉电后需电池供电维持数据存储。因此 CMOS 本质上属于 RAM。

5. 显存

显存是显示卡的处理器的内存的简称。其主要功能是暂时将储存显示芯片要处理的数据和处理完毕的数据。本质上也属于 RAM。

4.3 内存的性能指标

内存的性能指标包括内存容量、数据传输频率、内存存取时间、CAS 延迟时间等，下面一一介绍。

1. 内存容量

内存容量是指内存的存储单元的数量，是用户考察内存最先考虑的指标，因为它代表内存存储数据的多少，单位是千兆字节(GB)。目前系统内存通常为 2GB、4GB 甚至更高。

2. 内存工作频率和数据传输率

内存是一个数字逻辑芯片，它本身并不会产生频率，频率是主板上的频率发生器外加给它的。主板上产生的这个频率称为时钟频率，是 I/O 控制器的频率。每一款芯片都有自己的频率极限，这个极限频率就是内存的核心频率(Core Frequency)或者工作频率，是内存正常工作的真实频率。数据传输率也称为内存的等效频率，指的是内存与系统交换数据的频率，数据传输率越高，相应数据交换速度就越快。

无论 DDR、DDR2 还是 DDR3，其工作频率主要有 100MHz、133MHz、167MHz 和 200MHz 几种。DDR 内存的工作频率和时钟频率相同，但在传输数据的时候在脉冲的上升边和下降边都传输一次，所以数据传输率就是工作频率的两倍。为了直观，以等效的方式命名，因此命名为 DDR 200、266、333、400。DDR2 尽管工作频率没有变化，但 DDR2 利用并行存取技术(即利用时钟延迟，在一个总线上运行两个正弦波，这相当于时钟频率比内存的工作频率增大了一倍)，可以在每次存取中处理 4 个数据而不是 2 个数据，从而实现了在每个时钟周期处理 4b 的数据，比传统 DDR 内存可以处理的数据又高出了一倍。因此也用等效频率命名，分别为 DDR2 400、533、667、800。DDR3 内存也没有增加工作频率，但时钟频率是工作频率的 4 倍，继续提升数据传输位宽变为 8b，同时间传输数据是 DDR2 的两倍，因此也在同样工作频率下达到更高带宽，用等效方式命名 DDR3 800、1066、1333、1600。反过来，也就知道 DDR2 800 内存，数据传输率为 800MHz，其核心频率是 200MHz，时钟频率是 400MHz。

3. 内存的延时和时序

内存是 CPU 暂存数据的地方，当 CPU 需要从内存提取或保存数据时，不是随取随得的，从发出命令到取得数据，需要耽搁一定时间，人们把拖延的这个时间称为延时(Delay)，有时也称为潜伏(Latency)。两者在概念上有一些差别，不必深究。

CPU 通过内存控制器读写内存数据时，会送出一个内存地址，里面有行和列的地址信息，内存的行和列也各有一个地址译码器，CPU 送来的地址会把它拆成行和列，各自送到行与列的译码器，由译码器按行号和列号负责读出数据或写入数据。

查找时，首先发出行寻址命令，再发出列寻址命令，行和列都锁定以后，要被提取或保存数据的单元(Cell)也就锁定了。

如果程序很大，一行的数据不够用时，待本行各列的数据都取(或存)完毕之后，就关闭这一行，换另一行。如此反复直至取(或存)完为止。

可见，存取内存数据也要按一定顺序，而且中间会有延时。把几个重要的延时按重要性排列起来，就称为时序(Memory Timing)。例如“DDR2 800、6-6-6-18”，这个 6-6-6-18 就是时序。这些数字对应的时序延时是 tCAS-tRCD-tRP-tRAS。

CAS Latency(Column Address Strobe Latency，列地址选通脉冲时间延迟，简称 CL 或 CAS)是指内存接收到一条数据读取指令后要等待多少个时钟周期才实际执行该指令，也就是内存存取数据所需要的延迟时间。CL 是最重要的内存延迟参数，也是在一定频率下衡量支持不同规范的内存的重要标志之一。例如，SDRAM 能够运行在 CAS 反应时间 CL＝2 或 3 模式，也就是说，它们读取数据所延迟的时间既可以是两个时钟周期，也可以是 3 个时钟周期。可以把这个性能写入 SPD 芯片中，这样 BIOS 会检查此项内容，并且以 CL＝2 模式这一较快的速度运行。

tRCD(RAS to CAS Delay)是 RAS(行地址控制器)到 CAS(列地址控制器)的延时。因为 CPU 发出数据请求后，首先被激发的是 RAS(开始寻行)，直到寻到列(CAS)，才开始读或写。tRCD 的数值就表示在一个 RAS 与一个 CAS 之间所花掉的时间周期。所以，也称为初始化延时或“行寻址至列寻址延迟时间”，也经常称它为“行选通周期”。在 DDR 中，它经常被设定为 2 或 3；在 DDR2 中，则经常被设定为 6 或 5。数值越小，性能越好。但如果该值设置太低，同样会导致系统不稳定。

tRP(RAS Precharge Time)称为“行预充电时间”。因为当结束在当前行读取数据后，拟转向另一行前，必须对存储单元进行预充电，然后才能关闭当前的行，再对其他的行进行寻址。tRP 就代表从关闭当前的行到打开下一个行的时间间隔。如果一个文件比较小，只需在一个行提取就够了，不必转到下一行时，这个延时就是不存在的了。这个值越小越好。在 DDR 中，它经常被设定为 2 或 3；在 DDR2 中，则经常被设定为 6 或 5。但是，如果设置得过小，可能会造成行激活之前的数据丢失，内存控制器不能顺利地完成读写操作。

tRAS(Row Address Strobe 或 Active to Precharge Delay)称为“行地址信号”或“预充电最短周期”，它表示行地址控制器激活时间，即启动一行需要的时间。如果超过这个时间，当前工作行的数据将可能丢失。tRAS 表示行有效至行预充电的时间间隔。在 DDR 中，tRAS 不少于 5，最长时间则因不同的内存类型而异。这个参数要根据实际情况而定，并不是说越大或越小就越好。

4. 内存存取时间

内存在存取数据时，必须在规定时间内送出 4 种信号，即列位址选择信号、方位址选择信号、读出或写入信号、读出或写入数据，完成这 4 个动作所需的时间即内存的存取时间。存取时间、CAS 延迟时间等性能指标是互相制约的。换句话说，当有较快的存取时间，就必须失去 CAS 反应时间的性能。因此，评估和比较内存的性能时，必须综合考虑以上指标。

5. ECC

ECC(Error Check and Correct)即错误检测与纠正，它是一种内存数据检验和纠错技术。ECC 是对 8b 数据用 4b 来进行校验和纠错。带 ECC 的内存稳定可靠，一般用于服务器。如果内存条上内存颗粒的数目是 3 的倍数，则此内存支持 ECC 技术。

4.4 内存储器的选购

内存作为计算机硬件的必要组成部分之一，内存的容量与性能已成为决定计算机整体性能的一个决定性因素，因此为了提高计算机的整体性能，给计算机配上足够的内存就成为问题关键之所在。内存是否正常，关系计算机系统的稳定性。选择不当的内存容易造成计算机系统不稳定或死机现象。一般来说，ROM 是故障较少的内存储器，而故障较多的是 RAM。如果在选购前能多了解一些关于内存方面的知识，无论是在选购还是在使用中就都能够有的放矢了。

1. 内存颗粒

在选择内存时，应注意内存颗粒的品牌，市场上品牌内存条在选用内存颗粒时一般都会采用 HY(现代)、SEC(三星)、Micron(美凯龙)、Infineon(原西门子)、Toshiba(东芝)、ESMT(晶豪)、Etron Tech(钰创)和 Winbond(华邦)等厂家的颗粒，而且这些厂家本身也出品内存条，可优先选用。

2. 内存条的品牌

市场上的内存条分为有品牌和无品牌两种。品牌内存条质量信得过,都有外包装。无品牌的内存条,多为散装,这些内存条只依内存上的内存颗粒的品牌命名,但并不是内存颗粒品牌厂商生产的。常见的正规品牌的内存有 Hynix(现代)、Samsung(三星)、Kingstone(金士顿)、TwinMOS(勤茂)、Kingmax(胜创)、Corsair(海岛旗)、Apacer(宇瞻)、Geil(金邦)和 ADATA(威刚)等。

个人用户正越来越重视内存条的品质,购买散装内存条的用户已越来越少,品牌内存逐渐成为了购买的主流,毕竟其品质、做工、性能和稳定性消费者是有目共睹的,不少还提供长达三年的保修期,终身保固,售后服务更是散装条子难以匹敌的。注意不要把品牌内存与市场上那些"三星"、"现代"内存混淆,那些只是采用 SEC 或 HY 的内存颗粒而已,条子则是由一些小作坊组装的,质量无法保证。

3. 频率要搭配

应根据 CPU 的前端总线频率来选择内存的工作速度或工作频率,宁大勿小,以免造成内存瓶颈。如果选购的是 333MHz FSB 的 Athlon XP,那么在选择内存时至少要买 DDR 333 规格的内存;如果是 800MHz FSB 的 Pentium 4,那么 800MHz/2=400MHz,至少要买 DDR 400 规格的内存。

4. 内存的做工

内存做工的好坏直接影响计算机性能和稳定性。

1) PCB 板材

目测内存条,首先要看的是 PCB 板的大小、颜色以及板材的厚度等。板材的厚度(即内存条是采用四层板、六层板还是八层板)对其性能起着重要的作用。一般来说,如果内存条使用四层板,那么其 VCC、Ground(接地线)和正常的信号线就得布置在一起,这样内存条在工作过程中由于信号干扰所产生的杂波就会很大,有时会产生不稳定现象。而使用六层板或者八层板设计的内存条 VCC 线和 Ground 线可以各自独占一层,相应的干扰就会小得多。其次注意内存 PCB 基板重量是否有一种沉甸甸的感觉,并且感觉质量均匀,表面是否整洁,PCB 板边缘打磨得比较光滑。内存电路板面应该光洁且色泽均匀,元件之间的焊点整齐,内存芯片同 PCB 板相连的引脚应该是紧密且整齐。

2) 金手指

金手指的主要作用是传送内存与主板之间的所有信号。它一般都是由铜组成,并用特殊工艺覆盖一层金,以保证不受氧化,保持良好的通透性。因为金的抗氧化性极强,而且传导性也很强,所以金手指上镀金的厚度越大,内存的性能就越出色。

另外,内存都难免被用户多次插拔,这些操作都会对"金手指"造成损耗,久而久之就会影响内存使用寿命,所以金手指厚度大在耐久和防损上有较大的优势,所以用户在挑选内存是可以稍微关注一下金手指的色泽与厚度。

5. 价格

由于内存价格都是非常透明的,在各大媒体网站上都有相应内存品牌的报价,相差只是 20~30 元,购买时不要为了这点钱而和商家斤斤计较,碰到特别便宜的内存条,要特别小心是否是返修货,因为这些返修的产品通常都可以正常使用一段时间,过了保修期或者超频的时候就会出现问题,频频死机也是十分正常的事情。

4.5 本章小结

本章介绍内存相关知识，重点掌握 DRAM 内存种类及特点和内存的性能指标。注意本章内存条针对台式机内存进行介绍，笔记本内存条略有差别。比如如何从外观区分 DDR、DDR2 SDRAM、DDR3 SDRAM 内存条，对笔记本内存条就不适用。有关笔记本内存条知识大家网上查阅相关资料。

习题

1. DRAM 有哪些种类？
2. 如何区分 DDR、DDR2 SDRAM、DDR3 SDRAM 内存条？
3. 目前内存的封装方式有哪些？
4. 上网查阅当前市场上内存条的型号和价格。
5. 内存根据用途可以分为哪几类？

第5章 外存储器

本章学习目标

- 熟练掌握硬盘的结构及性能指标。
- 了解 DVD 光驱的相关知识。
- 了解移动存储设备有哪些种类及其特点。

外存储器是 CPU 不能直接访问的存储器，它需要经过内存与 CPU 及 I/O 设备交换信息，用于长久地存放大量的包括暂不使用的程序和数据。外存储器有磁盘、光盘和移动存储设备等。本章首先介绍硬盘，包括硬盘结构、硬盘接口、硬盘性能指标；其次介绍光驱的有关知识；最后介绍常用移动存储设备。

5.1 硬盘

硬盘(Hard Disk)一般固定在机箱内部，是计算机中速度最快、容量最大、最重要的外部存储设备。硬盘是计算机系统的数据存储中心，计算机运行时使用的程序和数据绝大部分都存储在硬盘上。无论 CPU 和内存的速度有多快，如果硬盘的速度不够快，硬盘就会成为制约整机速度的瓶颈。因此拥有一块高品质、大容量、高转速的硬盘是一台高性能计算机不可或缺的。

5.1.1 硬盘的结构

硬盘主要包括硬盘片和硬盘驱动器两部分。硬盘片一般是硬质合金的，用来存放大量程序和数据；硬盘驱动器(HDD)是硬盘存储系统的驱动装置，硬盘片通常密封在硬盘驱动器中。人们通常所说的硬盘是硬盘片和硬盘驱动器的统一体，固定安装在机箱内部，所以也称为固定盘。常见的硬盘直径有 3.5 英寸和 2.5 英寸。其中 3.5 英寸的硬盘常用于台式机中，2.5 英寸的硬盘常用于笔记本电脑。

5.1.1.1 硬盘的内部结构

硬盘内部结构由固定面板、控制电路板、头盘组件、接口及附件等部分组成，而 HDA (Head Disk Assembly)是构成硬盘的核心，封装在硬盘的净化腔体内，包括浮动磁头组件、磁头驱动机构、盘片及主轴驱动机构、前置读写控制电路等，硬盘的结构和内部结构示意图如图 5-1 和图 5-2 所示。

硬盘架构多采用曼彻斯特架构，“曼彻斯特”技术指具有密封、固定并高速旋转的镀磁盘片，磁头沿盘片径向移动，而磁头悬浮在高速转动的盘片上方，而不与盘片直接接触的技术。磁头是硬盘技术中最重要、最关键的一环，它类似于“笔尖”。硬盘磁头采用非接触式头、盘结构，它的磁头是悬在盘片上方的，加电后可在高速旋转的盘片表面移动，与盘片的间隙只有 0.08～0.3μm。硬盘磁头其实是集成工艺制造的多个磁头的组合，每张盘片的上、下方都各有一个磁头。磁头不能接触高速旋转的硬盘片，否则会破坏盘片表面的磁性介质而导

图 5-1 硬盘的结构

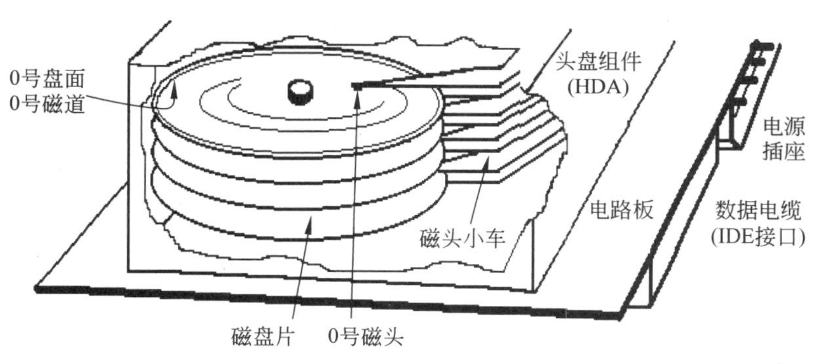

图 5-2 硬盘的内部结构示意图

致硬盘数据丢失和磁头损坏,因此硬盘工作时不要搬运主机。

一个硬盘可由多个盘片组成,多个盘片叠装在一起,而盘片又有如下物理参数。

(1) 磁面(Side)。每个盘片都有上、下两个磁面,自上向下从 0 开始编号,0 面、1 面、2 面、3 面……

(2) 磁道(Track)。硬盘在格式化时盘片每个磁面会被划成许多同心圆,这些同心圆轨迹称为磁道。磁道从外向内从 0 开始顺次编号,0 道、1 道、2 道……每个磁道的容量是相同的。

(3) 扇区(Sector)。硬盘的磁面称为在存储数据时又被逻辑划分为许多扇形的区域,即每个磁道又被划分成若干段,每个区域称为一个扇区。对 DOS 系统而言,每个小区域包含 512B。

(4) 柱面(Cylinder)。所有盘面上的同一编号的磁道构成一个圆柱,称为柱面,每个柱面上从外向内以 0 开始编号,0 柱面、1 柱面、2 柱面……

硬盘片示意图如图 5-3 所示。

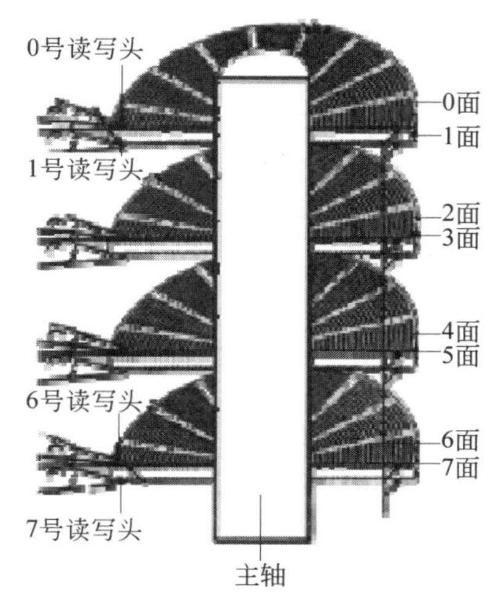

图 5-3 硬盘片示意图

硬盘装好后还要做两件事：首先要进入 BIOS Setup 设置硬盘类型(HDD Type)，即设置硬盘的柱面数、磁头数和扇区数，称为硬盘的物理结构参数，常常以 C/H/S 标注在硬盘的盘面上；其次要对硬盘进行分区和格式化，具体操作在后面有关章节介绍。

柱面数指每个盘面上的磁道数；磁头数是硬盘的读写磁头总数，因为每个盘片的上、下两面各有一个磁头，所以也是硬盘的盘面总数；扇区数指每个磁道上划分的记录数据的基本区域的数目。这 3 个参数为 BIOS Setup 中设置硬盘类型的关键参数。

5.1.1.2 硬盘的外部结构

从外观上看，硬盘由电源接口、数据接口、控制电路板、固定盖板、安装螺孔等组成，相同类型的硬盘结构都是相似的，IDE 接口和 SATA 接口的硬盘如图 5-4 所示。目前 IDE 硬盘已经被淘汰。

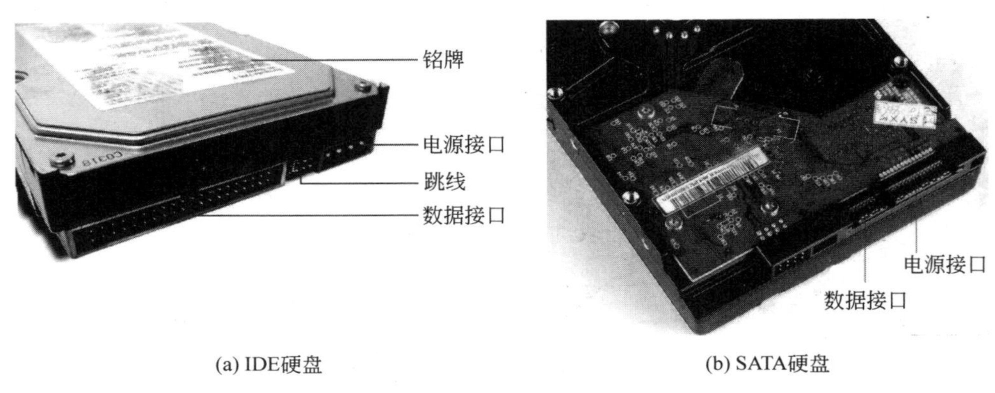

(a) IDE硬盘　　(b) SATA硬盘

图 5-4　IDE 接口和 SATA 接口硬盘

1. 数据接口

(1) IDE 接口。IDE 本意是指把“硬盘控制器”与“盘体”集成在一起的硬盘驱动器，也称为电子集成驱动器。IDE 接口的硬盘具有价格低廉、兼容性好、性价比高的优点。IDE 接口使用 40 芯或 80 芯的扁平电缆(见图 5-5(a))。

(2) SATA 接口。SATA 接口即串行 ATA 接口(Serial ATA)，它一改以往 IDE 接口并行传输数据的方式，而采用连续串行的方式传送数据。SATA 接口相对于 IDE 接口起点更高，发展潜力更大。SATA 接口使用 7 芯的扁平电缆(见图 5-5(b))。

(3) SCSI 接口。SCSI 接口即 Small Computer System Interface(小型计算机系统接口)，它具有应用范围广、多任务、宽带宽、CPU 占用率低以及支持热插拔等优点，但价格较高。SCSI 接口使用 50 芯的扁平电缆。IDE、SATA、SCSI 接口如图 5-6(a)～图 5-6(c)所示。

(4) SAS 接口。SAS 是新一代的 SCSI 技术，与现在流行的 Serial ATA(SATA)硬盘相同，都是采用串行技术以获得更高的传输速度，并通过缩短连接线改善内部空间等。SAS 是并行 SCSI 接口之后开发出的全新接口。此接口的设计是为了改善存储系统的效能、可用性和扩充性，提供与串行 ATA(Serial ATA，SATA)硬盘的兼容性。

(5) IEEE 1394 接口。IEEE 1394 的前身称为 FireWire(火线)规范，它有两个版本，IEEE 1394a 和 IEEE 1394b，支持热插拔、驱动程序安装简易、数据传输速度快、具备通用

I/O 连接头、点对点的通信架构等特点，同时 IEEE 1394 接口也具有使用费用昂贵的致命缺点。

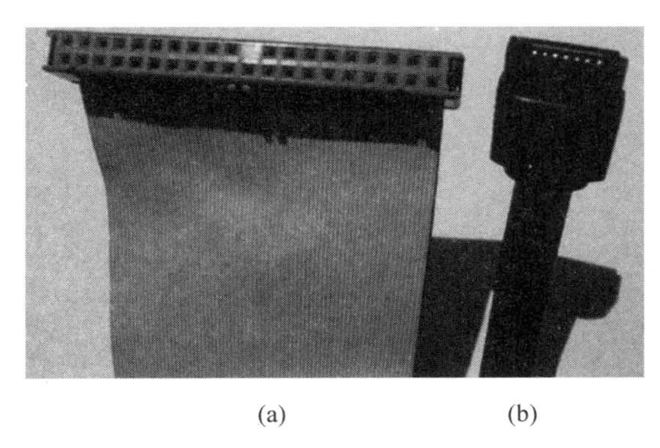
(a) (b)

图 5-5 80 芯 IDE 和 7 芯 SATA 数据线

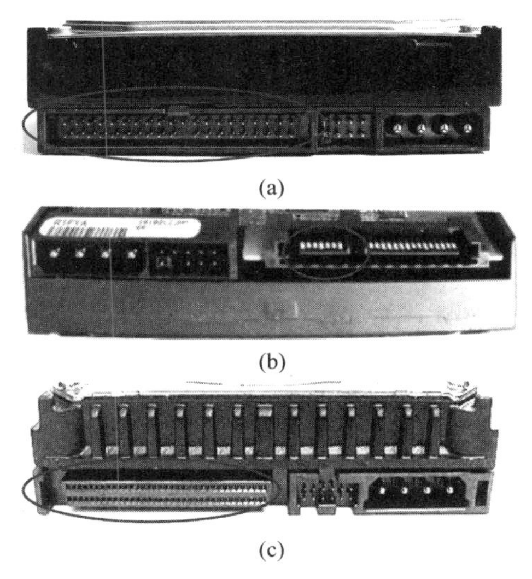
(a)
(b)
(c)

图 5-6 IDE、SATA、SCSI 接口

(6) USB 接口。USB 接口也称为通用串行总线接口，是目前应用最普遍的设备接口，USB 接口具有价格低廉、连接简单快捷、兼容性强、有很好的扩展性、支持即插即用、支持热插拔、支持高传输速率等诸多优点。

2. 电源接口

硬盘的电源接口是给硬盘提供电源支持的通道。

IDE 硬盘电源接口有 4 根插针，采用“D 型头”设计，防插错设计。插在电源接口上的电源插头为 4 线，分别为＋12V(黄色)、地(黑色两根)和＋5V(红色)，12V 供给马达，5V 供给电路元件。

SATA 硬盘的标准电源接口是长扁的，防插错设计。旧的 SATA 一代硬盘为了适应旧电源，同时有新的长扁接口和标准 D 型四针接口存在，根据电源的插头可以任选其一连接。SATA 二代、三代硬盘一般只有 SATA 硬盘的长扁接口，旧的 D 型四针接口被取消了，但是有转接线，所以不必担心无法连接硬盘电源，如图 5-7 所示。

5.1.2 硬盘的性能指标

1. 容量

容量是硬盘最主要的参数。硬盘容量以 GB 或 TB 为单位，1TB＝1024GB，1GB＝1024MB。但硬盘厂商在标称硬盘容量是通常以 1000 为单位换算，而不是 1024，如 1GB＝1000MB，因此在 BIOS 中或在格式化硬盘时看到的容量会比厂家的标称值要小。

硬盘的容量指标还包括硬盘的单碟容量。单碟容量是指硬盘单片盘片的容量。单碟容量越大，单位成本越低，平均访问时间也越短。

2. 转速

硬盘的转速是指硬盘主轴马达也就是盘片的转速，单位是 RPM(Round Per Minute)，

(a)

(b)

图 5-7　硬盘电源接口

即每分钟圈数。硬盘的主轴马达带动盘片高速旋转，产生浮力使磁头漂浮在盘片上方。要将所要存取数据的扇区带到磁头下方，转速越快，等待时间越短。因此转速在很大程度上决定了硬盘的速度。SATA 接口硬盘常见转速为 5400rpm 和 7200rpm。高低转速硬盘性能差距比较明显，在预算允许的情况下，建议选择高速硬盘。

3. 平均存取时间

平均存取时间(Average Access Time)是指磁头从起始位置到达目标磁道位置，并且从目标磁道找到要读写的数据扇区所需要的时间。反映硬盘数据操作速度，单位是毫秒(ms)。它包括 3 个时间段：平均寻道时间(Seek Time)、平均定位时间(Setting Time)和转动延迟(Rotational Latency)。

4. 缓存容量

缓存容量(Cache Size)是指硬盘内部数据的高速缓冲存储器的大小，它的用途主要是提高硬盘与外部数据的传输速度。它的大小与硬盘速度也有一定关系，也是越大越好。

5. 平均故障间隔时间

平均故障间隔时间(Mean Time Between Failures，MTBF)是指硬盘操作时发生故障的时间间隔的平均数。平均故障间隔时间越长，意味着发生故障的几率越小。

6. 数据传输速率

硬盘的数据传输率是指硬盘读写数据的速度，单位为 MB/s。硬盘数据传输率包括内部数据传输率和外部数据传输率。

计算机通过接口将数据交给硬盘的速度与硬盘将数据记录在盘片上的速度相比，前者比后者要快很多。前者是外部数据传输率，后者是内部数据传输率，两者之间有一块缓冲区以缓减速度差距。采用新的 SATA Ⅲ技术后，外部传输率瞬间可达 600MB/s。而硬盘的内部传输率小很多，如拥有 8MB 缓存的 WD1200JB 内部传输速度为 65.6MB/s。因此提高硬盘的内部数据传输率对系统的整体性能有最直接、最明显的提升。

5.1.3 硬盘的选购

选购硬盘时，除参考前面介绍的硬盘技术指标外，还应注意以下 4 个问题。

1. 谨防水货硬盘

虽然水货硬盘与正品硬盘质量上没什么差别，并且还有价格方面的优势。但由于水货硬盘普遍包装简陋，对盘体保护不周，在运输时极易造成损坏，开箱即损率比行货硬盘高出几倍甚至几十倍，而且有些水货硬盘在运输过程中所出现的“内伤”往往不容易被用户察觉到，有的甚至能潜伏一年以上的时间，对于用户来说是冒了很大风险的。水货硬盘与正品行货硬盘最主要的区别要看保修和售后服务，正品行货有保修，可以返回厂家维修。

2. 谨防返修硬盘

因为硬盘的技术含量比较高，所以在保修期内的硬盘，都是返回到原厂家去修理，而厂家在维修硬盘之后，会在盘面上进行相应的标识，这成了区别返修硬盘的重要标志，不过因为是用英语书写的，如果不注意可能会忽略过去。通常可以看到浅蓝色的 REFURBISHED（整修）字样，大家在硬盘上看到这样的标记，就不要购买了。另外，如果硬盘的价格比别处商家便宜很多，也有可能是返修硬盘，还是不要贪便宜。

3. 按需所求

在没有足够经济实力支持下，以“够用”为原则。在购买硬盘时以主流产品为主。

4. 关注硬盘品牌

目前市面上硬盘的主流品牌为希捷（Seagate）、西部数据（Westdata）、日立（原为 IBM 硬盘，后被收购）、迈拓（Maxtor）和昆腾（Quantum），此外还有三星、富士通、易拓等。

5.2 光存储系统

虽然硬盘的出现能基本满足用户对存储容量的要求，但是硬盘是磁存储设备，具有体积大、携带不方便、难以批量存储数据等缺点。于是光存储设备应运而生，光盘具有价格低、容量大、携带方便、兼容性好、支持大批量生产等优点。支持光盘的驱动器（简称光驱）可分为 CD-ROM 光驱、刻录光驱、DVD 光驱（DVD-ROM）和康宝光驱（COMBO）等。

5.2.1 CD-ROM 光驱

CD-ROM（只读光盘）的格式由 Philips 和 Sony 公司制定。CD-ROM 可以将音频和图形、图像等作为文件存入，平时所说的光盘一般是指 CD-ROM，CD-ROM 光盘具有容量大（一般为 650MB 每张）、成本低、可靠性高、易于长期保存等优点。

驱动和读 CD-ROM 的设备称为 CD-ROM 驱动器，简称为光驱。1985 年由 Sony 和 Philips 公司联合推出了第一代 PC 的光驱，它的数据传输率为 150KB/s。光驱的数据传输率不断提高，先后有 2 倍速、4 倍速直到 52 倍速的产品推出，它们的数据传输率分别达到 300KB/s、600KB/s 直到 7.6MB/s。目前，CD-ROM 光驱已经退出市场。

5.2.1.1 CD-ROM 光驱的结构

如图 5-8 所示，CD-ROM 驱动器从前面板上看，主要由以下 7 部分构成。

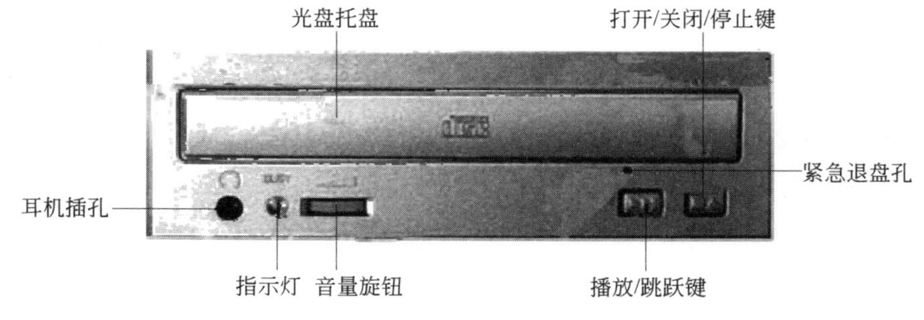

图 5-8 CD-ROM 光驱前面板

(1) 光盘托盘：用于放置光盘。
(2) 耳机插孔：用来连接耳机和音箱，可以直接输出 CD 立体声音乐。
(3) 音量旋钮：用来调整输出的 CD 音乐的音量大小。
(4) 指示灯：用来显示光驱的运行状态，读取光盘时灯不时闪亮。
(5) 播放/跳跃键：用来直接控制播放 Audio CD 播放或者跳跃到下一曲目。
(6) 打开/关闭/停止键：用来停止播放或者打开光驱托盘。
(7) 紧急退盘孔：用于断电或其他非正常状态下打开光盘托架。

5.2.1.2 CD-ROM 的存储原理

CD-ROM 光盘是用特殊的透明塑料或有机玻璃制成，上面附着一层金属薄膜用来记录信息。光盘的数据存储不是杂乱无章的，而是记录在数据轨道中。数据轨道的形状为阿基米得螺旋线。当高能量激光光束照射到光盘表面时，会使照射处的金属膜熔化而形成一个凹坑(沟)，没有照射到的地方相对于凹坑来说就是凸起(岸)。光盘表面金属膜的岸沟两种状态的交替变化就记录了二进制的 0 和 1，由沟到岸或由岸到沟的跳变处记录数据 1，沟内或岸上处记录数据 0。光盘表面金属膜上的这种凹凸不平的小坑是一种不易改变的物理状态，它记录的信息是永久的，不能改变。

5.2.1.3 CD-ROM 光驱的性能指标

1. 倍速与数据传输率

倍速是指光驱读盘的最大速度，用多少倍的方式来标称。光驱倍速从早期的单倍速发展到了今天的 48 倍速、52 倍速(通常记作 48X、52X)，光驱倍速衡量的是光驱在 1s 时间内所能传输的最大数据量。单倍速光驱数据传输率为 150KB/s，两倍速光驱数据传输率为 300KB/s，以此类推。

2. 缓存大小

光驱内部带有缓存，安装于驱动器的电路板上，用于存储将要发送给计算机的数据。缓存实际上也是实现“预处理”操作的一种存储器，提前为下一步操作准备好数据，以提高光驱的读取速度。现在的 CD-ROM 驱动器的缓存一般是 256KB 或者 512KB，当然缓存容量越大越好。

3. 平均查找时间

平均查找时间又称为平均访问时间或平均寻道时间，是指光驱的激光头从原来的位置移动到指定将要读取的数据区后，开始读取数据到将数据传输至缓存所用的时间，单位为毫秒(ms)。

4. 接口方式

CD-ROM 驱动器的接口是驱动器与主机的连接口，是从驱动器到计算机的数据传输途径，不同的接口方式也会影响光驱的传输速度。常用的 CD-ROM 驱动器接口有 IDE 接口和 SCSI 接口，但是大多数主板只集成了 IDE 接口，SCSI 接口卡要另外购买。

5. CPU 占有率

CPU 占有率也称为 CPU 占用时间，是指光驱在保持一定的转速和数据传输率时所占用 CPU 的时间。如果想节约 CPU 的宝贵时间，必须选购那些读盘能力较强和 CPU 占有率低的 CD-ROM 驱动器。

5.2.2 CD-R/CD-RW 刻录机

CD-R(CD Recorder)刻录机是一种可单次写入、多次读取(Write Once，Read Multiple)的驱动器，每张 CD-R 盘片只能刻写一次，其数据格式与 CD-ROM 相同。CD-RW(CD ReWritable)刻录机能够反复地对 CD-RW 光盘进行刻写，可以把上面的信息抹掉后再次地写入新信息。随着 Combo 驱动器和 DVD 刻录机的普及，CD-R/CD-RW 驱动器逐步退出市场。

5.2.2.1 CD-R/CD-RW 的工作原理

1. CD-R 的工作原理

CD-R 盘片是在聚碳酸酯制成的片基上喷涂一层染料层。在刻录 CD-R 盘片时，利用大功率激光束的热效应使激光束焦点照射的盘区处产生不可逆变的物理化学变化，形成具有与 CD-ROM 光盘片凹坑(沟)相同光学反射特性的信息凹坑，凹坑与平面交错表示 0 和 1。光驱读取这些平面和凹坑时自动将其转换为 0 和 1。这种热效应产生的变化(凹坑变化)是一次性的，一旦形成凹坑就不能再恢复到原来的状态，所以 CD-R 只支持一次写入，不能重复写入。

2. CD-RW 的工作原理

与 CD-R 的工作原理相类似，CD-RW 也是采用“相变”技术，即利用激光束的热效应使盘片发生变化。不同之处在于，CD-RW 的盘片上镀的是特殊的相变材料，主要分为银、铟、硒和碲等稀有金属。这些混合物在不同的温度下能够呈现出结晶和非结晶两种状态，等同于 CD-R 盘片的平面和凹坑。当刻录和复写时，CD-RW 驱动器通过发射不同强度的激光，让晶体混合物在这两种状态之间相互转换，达到重复刻写的目的。由于 CD-RW 盘片具有这种热转换性，因此可以反复改变记录层晶体状态，达到多次重写的目的。

5.2.2.2 CD-R/CD-RW 刻录机的性能指标

1. 读写速度

刻录机共有 3 个速度指标，即刻录(写)速度、复写(擦)速度和读取速度，其中前两项速度指标是衡量刻录机的主要性能指标。刻录速度是指刻录机向 CD-R 写入数据时所能达到的最大倍速，目前市场上常见的刻录机主要是48倍速和52倍速。复写（先擦后写）速度是指刻录机向CD-RW上写入数据时所能达到的最大倍速，目前市场上常见的刻录机主要是24倍速和32倍速。读取速度就是作为CD-ROM驱动器使用的速度。一般刻录机的面板上都标注有这3项指标，如52×24×52的字样，表示这个刻录机的刻录速度（CD-R）、复写速度（CD-RW）和读取速度（CD-ROM）。

2. 缓存容量

为了保证刻录的质量，在高速刻录时除了要求使用优质的CD-R、CD-RW盘外，缓存容量也十分重要。在刻录光盘时，系统会把需要刻录的数据预先读取到缓存中，然后再从缓存读取数据进行刻录，缓存就是数据和刻录盘之间的桥梁。系统在传输数据到缓存的过程中，不可避免地会发生传输的停顿，如在刻录大量小容量文件时，硬盘读取的速度很可能会跟不上刻录的速度，就会造成缓存内的数据输入输出不成比例，如果这种状态持续一段时间，就会导致缓存内的数据被全部输出，而得不到输入，此时就会造成缓存欠载错误，这样就会导致刻录光盘失败。因此刻录机都会采用较大容量的缓存容量，再配合防刻死技术，就能把刻坏盘的几率降到最低。同时缓存还能协调数据传输速度，保证数据传输的稳定性和可靠性。

3. 防止缓存欠载技术

一般情况下缓冲存储器容量是2～4MB。当驱动器刻录所需数据小于缓冲区大小时就不会发生刻录缓冲错误；而当驱动器刻录所需数据大于缓冲区大小时，驱动器开始刻录后就需要不断从系统获得数据。因此，当数据的传输由于某些原因发生延迟时，驱动器没有了足够的数据，将无法继续维持正常的刻录过程，因此这种错误就是“缓存欠载”。

著名的防止缓存欠载技术有日本Sanyo（三洋）公司开发Burn-Proof、理光（Ricoh）公司开发的Just Link、飞利浦（Philips）公司所开发的Seamless Link、Oak Technology公司研制开发的Exact link和Super Link技术。

4. 写入方式

目前较常用的写入方式主要有一次写盘（Disk At Once，DAO）和轨道写入（Track At Once，TAO）两种。此外还有多区段写入（Multi Session）、数据包写入（Packet Writing）和飞速写入（On The Fly）等方式。

一次写盘是单次的写入方式，引导区、数据磁道以及导出区都是一次性写入，一次写完之后光盘就关闭，即便此次写入没有写满整个刻录盘，也无法再写入其他数据。当引导区写入到光盘上时，并没有在该引导区标示出下一个可用的地址，因此光盘就被视为关闭，再也无法写入更多的数据。这种写入模式主要用于光盘的复制，一次完成整张光盘的刻录。其特点是能使复制出来的光盘与源盘毫无二致。DAO写入方式可以轻松完成对于音乐CD、混合或特殊类型CD-ROM等数据轨之间存在间隙的光盘的复制，且可以确保数据结构与间隙长度都完全相同。值得一提的是，由于DAO写入方式把整张光盘当作一个区段来处理，一些小的失误都有可能导致整张光盘彻底报废，所以它对数据传送的稳定性和驱动器的性能有较高的要求。

轨道写入方式与DAO的单次写入不同，TAO是种多次写入的方式。TAO是以轨为单位的写入方式，在一个写入过程中逐个写入所有轨道，如果多于一个轨道，则在上一轨道写入结束后再写下一轨道，且上一轨道写入结束后不关闭区段。因为是用这种方式刻录各个轨道，也就是说刻录前一轨道结束后，激光头要关闭，刻录下一轨道时再将其打开。因此，以TAO方式刻录的轨道之间有间隔缝隙。如果是数据轨道和音轨之间，则间隔为2～3s；如果是音轨之间则间隔为2s。这一点对于刻录数据光盘没有影响。以TAO方式写入时，可以选择不关闭区段，以后还可以添加轨道到光盘的这一区段，一般用于音乐CD的刻录，而对数据光盘无效。没有关闭区段的音乐CD不能在CD或VCD播放机上播放，没有关闭的区段可以在刻录软件中进行关闭，关闭后就可以在CD或VCD播放机上播放了。TAO模式主要应用于制作音乐光盘或混合、特殊类型的光盘。

5. 兼容性

首先看盘片的兼容性。盘片是刻录数据的载体，包括CD-R/RW盘片。根据盘片介质层不同可分为金盘、绿盘和蓝盘3种。好的刻录机对各种盘片都应有好的兼容性。

其次看刻录方式的兼容性，比如是否支持Audio CD、Photo CD等多种光盘格式，是否支持DAO、TAO、Packet Writing等多种写入方式。

最后看格式兼容性。目前刻录机一般都支持CD-ROM、CD-R/RW、Audio CD、Video CD、Photo CD等多种数据格式。刻录的光盘也能被大多数CD-ROM、CD-R/RW、DVD-ROM驱动器，甚至家用VCD/DVD机读取，具有较好的数据兼容性。

5.2.3 DVD-ROM光驱

DVD是Digital Versatile Disc的简写，即数字通用光盘，是由Philips和Sony公司与松下和时代华纳两大DVD阵营制定的新一代数据存储标准。DVD集计算机技术、光学记录技术和影视技术等为一体，具有大容量、高画质、高音质和高兼容性等特点。DVD光盘与CD光盘直径均为12cm，从表面上看两者很相似，但实质上有着本质的区别。CD盘容量为650MB左右，而单面单层的DVD光盘容量为4.7GB(约为CD光盘容量的7倍)，双面双层DVD光盘的容量更是高达17GB(约为CD光盘容量的26倍)。

DVD-ROM光驱是播放DVD的驱动装置，还可向下兼容CD、VCD和CD-ROM，如图5-9所示。

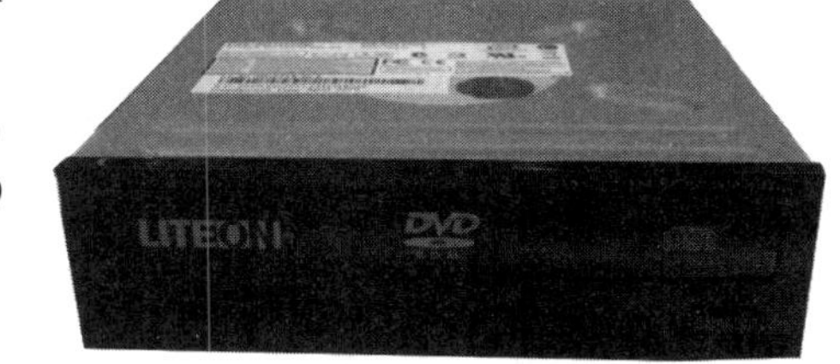

图5-9 DVD-ROM光驱

5.2.3.1 DVD光盘盘片规格

DVD盘片与CD盘片一样，也是用高能量、强聚集的激光束，以写激光脉冲把数据以调制形式写到光敏材料上。但是DVD的密度比CD更高。

DVD最初的格式是只读类型，即数据信息只能在工厂里记录一次，包括3种格式。

(1) DVD-ROM：用于记录数据，包括计算机应用的多媒体数据，用途类似CD-ROM。

(2) DVD-Video：用于记录家庭影音设备或者DVD-ROM驱动器播放的视频信息，用途类似LD或Video CD。这种格式具有版权保护功能。

(3) DVD-Audio：用于记录高品质的多音轨音频，用途类似Audio CD。

后来增加了写入或多次擦写格式。但各厂商出于自身利益的考虑，到现在为止，还没有达成统一的刻录型格式，从而出现了互不兼容的DVD格式——DVD-RAM、DVD-RW、

DVD＋RW 等。

5.2.3.2 DVD-ROM 驱动器的主要参数

1. DVD-ROM 驱动器的速度

DVD-ROM 驱动器与 CD-ROM 驱动器对于读盘速度的定义有所不同，单倍速 DVD-ROM 驱动器数据读取速度为 1.38MB/s，而单倍速 CD-ROM 驱动器为 150KB/s。由于 DVD-ROM 驱动器可以根据盘片的不同而产生不同的激光波长，所以 DVD-ROM 驱动器可以兼容 CD-ROM。

2. 区域代码问题

由于 DVD 硬件技术掌握在日本人手中，而软件（包括电影版权）及计算机技术则是美国占主导地位。因此，这"硬"和"软"两大阵营，从各自的利益出发，明争暗斗，都企图多分一杯羹。1996 年 2 月，美国电影协会与电子产品制造商又向日本 DVD 硬件制造商提出了强硬的要求，要求在 DVD 的软件和硬件中加入"DVD 防止复制管制系统"和"DVD 区域代码(LOCALE)"。"防止复制管制系统"即所有 DVD 影碟机和 DVD-ROM 驱动器均必须加装防止复制电路，以避免直接进行复制而侵犯知识产权；"DVD 区域代码"则是在 DVD 影碟机和影碟上编注 6 个不同的区域代码。区域代码的地区范围划分如下。

第一区：加拿大和美国。

第二区：日本、欧洲、中东、埃及和南非。

第三区：东南亚、东亚（中国香港地区、中国台湾地区、韩国、泰国和印尼）。

第四区：澳大利亚、新西兰、南太平洋群岛、中美洲、墨西哥和南美洲。

第五区：非洲、印度、中亚、蒙古、俄罗斯和朝鲜。

第六区：中国。

由于 DVD 区域代码将全球划成 6 个区，跨区看 DVD 影片时就会涉及变更区域代码的问题。目前，新推出的 DVD-ROM 驱动器基本都加上了区域代码保护，一般只允许用户变更 5 次。当次数变更完后须交由厂家处理，或者固定在最后一次变更的区域码上。

3. DVD 的兼容性

所有 DVD-ROM 驱动器都可以读取 Audio CD 和 CD-ROM 数据盘。DVD-ROM 驱动器支持的格式包括 CD-Audio、CD-ROM、CD-I、CD-R/RW、Video CD、DVD Video、DVD-ROM（单、双层）和 DVD-R 等。

4. 接口方式

DVD-ROM 驱动器的接口新增 SATA 接口。同 SATA 硬盘接口一样，取代 IDE 接口。

5. 其他技术参数

有些技术参数是所有光盘驱动器都具有的，如读盘方式、CPU 占用率、缓存容量、平均寻道时间和传输模式等，其概念与 CD-ROM 驱动器相同。

5.2.4 DVD 刻录机

5.2.4.1 几种规格的 DVD 刻录机

1. DVD-RW 规格

DVD-RW 标准是由 Pioneer（先锋）公司于 1998 年提出的，并得到了 DVD 论坛的大力支持，其成员包括苹果、日立、NEC、三星和松下等厂商，并于2000年中完成1.1版本的正式标准。DVD-RW产品最初定位于消费类电子产品，主要提供类似VHS录像带的功能，可为消费者记录高品质多媒体视频信息。然而随着技术的发展，DVD-RW的功能也慢慢扩充到了计算机领域。DVD-RW刻录原理和普通CD-RW刻录类似，也采用相位变化的读写技术，同样是固定线性速度CLV的刻录方式。

DVD-RW的优点是兼容性好，而且能够以DVD视频格式来保存数据，因此可以在影碟机上进行播放。但是，它的一个很大的缺点就是格式化需要花费一个半小时的时间。另外，DVD-RW提供了两种记录模式：一种称为视频录制模式；另一种称为DVD视频模式。前一种模式功能较丰富，但与DVD影碟机不兼容。用户需要在这两种格式中做选择，使用不方便。

2. DVD-RAM规格

DVD-RAM是一种由先锋、日立以及东芝公司联合推出的可写DVD标准，它使用类似于CD-RW的技术。但由于在介制反射率和数据格式上的差异，多数标准的DVD-ROM光驱都不能读取DVD-RAM盘。可以读取DVD-RAM盘的DVD-ROM光驱最早于1999年初被推出，符合MultiRead2标准的DVD-ROM和DVD播放器都可以读取DVD-RAM盘。

第一个DVD-RAM驱动器于1998年春推出，容量为2.6GB(单面)和5.2GB(双面)。容量为4.7GB的于1999年末问世，双面的9.4GB盘在2000年才被投放市场。DVD-RAM驱动器可以读取DVD视频、DVD-ROM和CD。

DVD-RAM的优点是格式化时间很短，不足1min，格式化好的光盘不需特殊的软件就可进行写入和擦写，也就是说可以像软盘一样轻松使用，而且价格便宜，但只供有相关驱动器的计算机专用。从这一点看，与其他DVD刻录机相比，DVD-RAM更像MO一类的专用、高性能产品。

3. DVD+RW规格

DVD+RW是目前最易用、与现有格式兼容性最好的DVD刻录标准，而且也便宜。DVD+RW标准由Ricoh(理光)、Philips(飞利浦)、Sony(索尼)、Yamaha(雅马哈)等公司联合开发，这些公司成立了一个DVD+RW联盟(DVD+RW Alliance)的工业组织。DVD+RW是目前唯一与现有的DVD播放器、DVD驱动器全部兼容，也就是在计算机和娱乐应用领域的实时视频刻录和随即数据存储方面完全兼容的可重写格式。DVD+RW不仅仅可以作为PC的数据存储，还可以直接以DVD视频的格式刻录视频信息，这在DVD工业上是一大突破。随着DVD+RW的发展和普及，DVD+RW已经成为将DVD视频和PC上DVD刻录机紧密结合在一起的可重写式DVD标准。

4. DVD-Multi

由于DVD-RAM、DVD-RW和DVD-RW 3种DVD刻录规格互不兼容，用户使用时常受到DVD相关软、硬件的设计和兼容性问题的困扰。人们急需一个统一的DVD刻录标准，但始终无法建立起统一的规格，3种规格之间的DVD刻录标准之争还在延续。为了能在一定程度上解决兼容性的问题，松下公司在1999年9月"DVD论坛"上提出了DVD-Multi的构想，希望解决DVD规格混乱的情况，并于2001年9月确定了主要规格。DVD-Multi技术以DVD-RAM为主要架构，兼容DVD-RAM、DVD-R、DVD-RW和CD-R/CD-RW等。严格地说，DVD-Multi并不是一项技术，而是"DVD论坛"的影音与刻录规范进行结合后的设计规范，是前两种 DVD 刻录规格组合而衍生出来的产物。DVD-Multi 在媒体格式上它支持 DVD-Video、DVD-ROM、DVD-Audio、DVD-R/RW、DVD-RW、DVD-RAM 和 DVD-VR，当然也包括对 CD-R/RW 的支持。由于 DVD-RAM 与 DVD-R/RW 是两种互补性非常强的标准，所以将它们结合在一起，显得非常有生命力。所以得到众多顶级厂商的支持，其中包括日立、松下、三菱电机、Intel、LG、NEC、先锋、三星、夏普等。

5. DVD-Dual

DVD-Dual 规范又称为 DVD-Dual RW 标准，是索尼公司设计并率先推行。包括 Sony、NEC 等在内的厂商针对 DVD-R/RW 与 DVD＋R/RW 不兼容的问题，提出了 DVD-Dual 这项新规格，也就是 DVD±R/RW 的设计。DVD-Dual 并没有 DVD-Multi 那样统一的规范，可以让厂商们自由发挥。DVD±RW 刻录机可以同时兼容 DVD-/RW 和 DVD＋RW 这两种规格，使用者就不用担心 DVD 刻录盘搭配的问题。

不过 DVD-Dual 刻录机也个小缺点，就是需要缴纳两份专利费，生产成本会增加一些，价格自然也要贵一点。相比之下，由于 DVD-RAM 与 DVD-R/RW 同属 DVD 官方论坛，所以在这(授权费用)方面要占有优势。

5.2.4.2 DVD 刻录机的主要参数

DVD 刻录机的主要技术参数为写入速度、读取速度、缓存容量、随机寻道时间、写入模式、支持光盘格式和使用接口等，其概念与 DVD-ROM 和 CD-RW 驱动器的基本相同。

5.2.5 Combo 光驱

康宝(Combo)原意为结合物，联合体，社团，小型爵士乐团。因有一种光驱，既具有 DVD 光驱的读取 DVD 的功能，又具有 CD 刻录机刻录 CD 的功能，因此取名为 Combo，俗称康宝。Combo 光驱＝CD-RW＋DVD-ROM 已经成为了它最著名的公式。

如今的计算机以整合为美，这就是在主板市场上为什么集成显卡、声卡的中低档主板销量最大的原因所在。IT 市场已经从感性消费到了理性消费，家用计算机已经不再是家庭高档的装饰品，够用就行已经逐步渗透到了消费者的心目中，消费者已经不再盲目追求高效能，试想一个普通家庭用户，也可能一个月就刻录 3～10 张盘，如果单独购买一个 CD-RW，多数时间处于“休息”状态。再说看 DVD，一个家庭在电视上看 DVD 的次数要远远大于在计算机上看 DVD 的次数，康宝的出现，正好迎合了这些客户的需求，导致了康宝市场迅速地成长起来，同时也给 CD-RW 及 DVD 市场带来了冲击。

5.2.6 BD、BD 光驱和 BD 刻录机

DVD 标准的混乱局面不可避免地影响 DVD 的下一代标准。新一代 DVD 标准一直是世界家电业和 IT 业共同关注的焦点。新一代 DVD 标准竞争主要围绕以下 3 个标准展开。

(1) 以日立、LG、松下、三菱、先锋、飞利浦、三星、夏普、索尼、惠普、戴尔及 Thomson 公司为代表的 Blu-ray 标准(蓝光 DVD)。

(2) 由东芝和 NEC 公司联合开发的 HD DVD(开发代号 AOD，Advanced Optical Disk)。2003 年 12 月，HD DVD 已取得 DVD 论坛支持，被确定为新一代 DVD 标准。HD DVD 可记录 20GB 的内容，相当于 DVD 容量的 5 倍。

(3) 中国台湾地区的工研院光电所提出了 HD-DVD 标准，其目的在于躲避 AOD 和 Blu-ray 的高额专利费。

2002 年 2 月 19 日，以索尼、飞利浦、松下为核心，联合日立、先锋、三星、LG、夏普和汤姆逊公司共同发布了 0.9 版的 Blu-ray Disc(简称 BD)技术标准。Blu-ray 是 Blue Ray(蓝光)的意思，因此 2002 年 2 月 19 日也正式表明下一代 DVD 候选人——蓝光光盘的诞生。

蓝光光盘(Blu-ray Disc，BD)的命名是由于其采用波长 405nm(纳米)的蓝色激光光束来进行读写操作(DVD 采用 650nm 波长的红光读写器，CD 则是采用 780nm 波长)。一个单层的蓝光光盘的容量为 25GB 或 27GB，足够录制一个长达 4 小时的高解析影片。双层的蓝光光盘容量可达到 46GB 或 54GB，足够烧录一个长达 8 小时的高解析影片。而容量为 100GB、200GB 和 400GB 的蓝光光盘，分别是 4 层及 8 层与 16 层。

虽然 BD 与 HDVD 谁将作为下一代的蓝光存储标准这一争议一直存在，但这也促使两家不断推陈出新，进行技术改革。2003 年，蓝光激光头达到投产水平，但是适合投放市场的蓝光产品在 2006 年才开始出现。

2006 年，索尼、先锋、华硕、三星等公司都发布了其蓝光技术与蓝光产品，并且都提出了自己的蓝光计划。在中国市场，2006 年 7 月 19 日，明基第一个推出了其成型的蓝光产品。可以说，2006 年，是真正意义上的“蓝光元年”。

2008 年 2 月 19 日，随着 HD DVD 领导者东芝宣布将在 3 月底结束所有 HD DVD 相关业务，持续多年的下一代光盘格式之争正式画上句号，最终由 Sony 主导的蓝光光盘胜出。

普通 CD 或 DVD 光驱不能读取蓝光光盘，需要蓝光光驱支持。蓝光光驱向下兼容，能读蓝光光盘、DVD、VCD、CD 等。蓝光光盘也只能由蓝光刻录机刻录。

5.3 移动存储系统

移动存储系统是指重量轻、体积小、容量大和使用方便的存储系统。过去的存储设备大都使用 SCSI 和 IDE 接口，使用时必须拆开机箱安装，很不方便。随着 USB 接口的诞生，移动存储设备几乎都使用 USB 接口，达到即插即用。常见的移动存储设备有移动光驱(外置)、移动硬盘、USB 闪存盘和存储卡等。

5.3.1 移动硬盘

移动硬盘顾名思义是以硬盘为存储介制，强调便携性的存储产品。

5.3.1.1 移动硬盘的特点

1. 容量大

移动硬盘可以提供相当大的存储容量，是种较具性价比的移动存储产品。目前市场中的移动硬盘能提供 500GB、640GB、1TB 和 4TB 等容量，在一定程度上满足了用户的需求。

2. 传输速度

移动硬盘大多采用 USB 接口，能提供较高的数据传输速度。不过移动硬盘的数据传输速度还一定程度上受接口速度的限制，尤其在 USB 1.1 接口规范的产品上，在传输较大数据量时，将考验用户的耐心。而 USB 2.0 和 USB 3.0 接口就相对好很多。

3. 使用方便

现在的 PC 基本都配备了 USB 功能，主板通常可以提供 2～8 个 USB 口，一些显示器也会提供了 USB 转接器，USB 接口已成为个人计算机中的必备接口。USB 设备在大多数版本的 Windows 操作系统中，都可以不需要安装驱动程序，具有真正的“即插即用”特性，使用起来灵活方便。

4. 可靠性提升

数据安全一直是移动存储用户最为关心的问题，也是人们衡量该类产品性能好坏的一个重要标准。移动硬盘以高速、大容量、轻巧便捷等优点赢得许多用户的青睐，而更大的优点还在于其存储数据的安全可靠性。这类硬盘与笔记本电脑硬盘的结构类似，多采用硅氧盘片。这是一种比铝、磁更为坚固耐用的盘片材质，并且具有更大的存储量和更好的可靠性，提高了数据的完整性。采用以硅氧为材料的磁盘驱动器，以更加平滑的盘面为特征，有效地降低了盘片可能影响数据可靠性和完整性的不规则盘面的数量，更高的盘面硬度使 USB 硬盘具有很高的可靠性。

5.3.1.2 移动硬盘的组成

移动硬盘主要由移动硬盘盒（外壳）、电路板（控制芯片、数据和电源接口）和硬盘类型（包括 2.5 英寸和 1.8 英寸两种型号）三大部分组成。

(1) 外壳。硬盘外壳一般是铝合金或者塑料材质，一些厂商在外壳和硬盘之间填充了一些防震材质。好的硬盘外壳可以起到抗压、抗震、防静电、防摔、防潮和散热等作用。一般来说，金属外壳的抗压和散热性能比较好，而塑料外壳在抗震性方面相对更好一些。

(2) 控制芯片。移动硬盘的控制芯片直接关系到它的读写性能。目前控制芯片主要分高、中、低 3 个档次。

(3) 接口。USB 是目前移动硬盘盒的主流接口方式，也是目前几乎所有计算机都有的接口。目前主流是 USB 3.0 标准，其理论传输速率最高达 4.8Gb/s，兼容 USB 2.0。

(4) 硬盘类型。移动硬盘内所采用的硬盘类型主要有 3 种：3.5 寸台式机硬盘、2.5 寸笔记本硬盘和 1.8 寸微型硬盘。其中 3.5 寸台式机硬盘是市场内最为广泛的硬盘产品，专门应用于台式机系统，是 3 种硬盘中尺寸最大、质量最大的一个。而且因为是设计给台式机使用，对于防震方面并没有特殊的设计，此类产品应用于移动硬盘内部，一定程度上降低了数据的安全性，而且携带也不大方便，不过在价格和容量方面还具备一定的优势。2.5 寸笔记本硬盘则是专门为笔记本设计的，在防震方面也有专门的设计，抗震性能不错，尺寸、质量都较小，在目前移动硬盘中应用最多。1.8 英寸微型硬盘也是针对笔记本设计的，抗震方面不成什么问题，而且尺寸、质量也是三者中最小的，但其价格还处于较高的层次，而且容量也比较小。

5.3.1.3 移动硬盘的选购

购买移动硬盘，通常要考虑以下 5 个因素。

1. 适当的容量

现在的多媒体文件动辄几百 MB、几千 MB，如果要将这些文件进行交换，就要选购大一点的硬盘空间。对于一般用户，几百 GB 硬盘足够使用了。

2. 传输速率

大量的数据传输，如果传输速度慢，将会是一件很费时的事情。传输速率可以说是移动硬盘领域的高端技术之一。传输速率的快慢主要是要看该产品的接口方式。现在市场上国内外的几大知名厂家基本上都采用了 USB 3.0 的接口，实际传输速率可以高达 100MB/s。

3. 是否越薄越好

说到移动硬盘，现在的移动硬盘售价越来越便宜、外形也越来越薄。但一味追求低成本和漂亮外观，使得很多产品都不具备防震措施，有些甚至连最基本的防震填充物都没有(其实就是一个笔记本硬盘加上一个薄薄的塑料或者金属盒子)，其存储数据的可靠性也就可想而知了。

一般来说，机身外壳越薄的移动硬盘其抗震能力(意外摔落)越差。为了防止意外摔落对移动硬盘的损坏，有一些厂商推出了超强抗震移动硬盘。其中不少厂商宣称自己是 2m 防摔落，其实高度根本就不是人们应该关注的重点，因为很多移动硬盘产品从 5m 甚至 10m 高度摔落时仍然可能完好无损，可惜只是一两次的运气好而已。人们应该关注这个产品是否通过了专业实验室不同角度数百次以上的摔落测试，通常移动硬盘意外摔落的高度为 1m 左右(即办公桌的高度，也是普通人的腰高)，在选购产品时现场演示一下。

4. 火线

在 USB 2.0 标准还没有问世之前，USB 1.1 标准是非常慢的，读写速度最快不过 1.5MB/s；而火线接口的读写速度最高可接近 50MB/s，因此在相当长的一段时间里，火线就是高速传输的代名词。但是 USB 2.0 标准问世之后，读写速度最高接近 60MB/s，这样一下子就把火线接口甩在了后面，而且几乎所有的计算机都有 USB 连接端口，只有极少的计算机有火线端口，因此人们现在购买移动硬盘时完全可以不用考虑采用火线接口的型号。

5. 硬盘盒

不要为市面上的 IBM、Sony、三星大牌所诱惑，因为目前有很多的硬盘盒都没有经过授权直接打上了这些品牌，实际据大家所知或者查阅官方网站，IBM、Sony 根本没有在国内销售移动硬盘产品，市面上的全部是假的，消费者在购买时最好多查阅一些相关网站或在论坛上查找信息辨别真伪。

5.3.2 USB 闪存盘

USB 闪存盘是利用一种可擦写特殊存储介质——闪存(Flash Memory)，结合 USB 接口技术制成的移动存储设备。闪存是一种基于半导体介质的快速可擦写存储器的存储单元，具有掉电仍可以保存数据的特性。与移动硬盘相比，具有体积更小、更方便携带、电路结构简单、供电方便，无须外接辅助电源等优点。

5.3.2.1 USB 闪存盘的结构

USB 闪存盘是由硬件部分(见图 5-10)和软件部分两部分组成。

核心硬件有 Flash 存储芯片和控制芯片；其他元器件有 USB 端口、PCB 板、外壳、电容、电阻和 LED 等。

软件部分包括嵌入式软件与应用软件。其中，嵌入式软件是嵌入在控制芯片中，是闪存盘核心技术所在。它直接决定了闪存盘能否支持双启动功能，能否支持 USB 3.0 标准协议。因此，闪存盘品质首先取决于控制芯片中嵌入式软件的功能。USB 闪存盘内部结构如图 5-10 所示。

图 5-10　USB 闪存盘内部结构

在核心部件方面，目前国内只有少数几家厂商有能力在闪存盘控制芯片基础上自主研发 Flash 存储与控制软件，其他很多厂商采用的都是 OEM 通用型控制芯片。这也是造成国内许多闪存盘千“盘”一面的主要原因。

5.3.2.2　USB 闪存盘的种类

不同的用户对于移动存储有不同的要求。目前大多数闪盘厂商推出了不同用途、不同型号的产品，比如加密型、启动型等型号，为用户提供了更多的选择。

1. 加密型 USB 闪存盘

加密型 USB 闪存盘采用了软硬结合的措施，确保用户数据的安全保密。加密型 USB 闪存盘一般支持软件加密，及数据加密、软件加密＋硬件加密两种加密方式。采用软件加密时，用户可以对闪存盘设置密码，该密码存储在闪存盘内。用户使用闪存盘时，需要输入密码，如果密码不对，则无法使用闪存盘。没有得到授权的人就无法读取闪存盘内的数据，万一闪存盘丢失或被窃取，数据依然不会被泄露。数据加密是指存储在闪存盘内的数据内容本身是经过特定的加密算法加密后存储在闪存盘内的，读取闪存盘内的数据时需经过解密后再传回给用户。这样，企图非法窃取闪存盘内数据的人即使通过特殊的手段绕过闪存盘盘锁后，例如取出闪存盘内的 Flash Memory 芯片，也无法读取闪存盘内数据的真正内容。这样进一步确保了闪存盘内的数据的安全。加密型闪存盘这种双重加密措施可使用户的数据万无一失。如果数据有保密要求时，加密型闪存盘是一个很好的选择。

2. 启动型 USB 闪存盘

如果想彻底抛弃光驱，那么启动型 USB 闪存盘将是一个很好的选择。不过，要用到这种闪存盘的启动功能，还需要用户的主板支持。目前市场上大多数新出品的主板都已经具备了支持闪存盘启动的功能。目前启动型 USB 闪存盘可支持两种启动方式：USB_HDD 和 USB_FDD 方式。另外启动型闪存盘中很多同时内置了杀毒软件，使其具备了防毒、查毒和杀毒功能。这里特别提到的是朗科的双启动 U 盘，独有 USB-HDD(硬盘)、USB-FDD(软盘)双重启动功能，有效解决了不少计算机不支持模拟硬盘启动的难题。可以说是闪存盘的经典之作。

3. MP3 型闪存盘

随着闪存盘技术的不断发展，目前还出现了很多 MP3 型闪存盘，这种闪存盘内置了播放软件和一些音效调节功能，在具备普通闪存盘功能的同时，还可以作为一款 MP3 播放器使用，由于它的体积很小，携带方便。所以对于一些平时喜欢欣赏音乐的朋友来说，这种闪存盘是非常受欢迎的。

5.3.2.3 USB 闪存盘的选购

1. 按需所求

根据用户不同需求，选择不同类型的 USB 闪存盘。目前市场上 USB 闪存盘的容量一般在 8GB 以上，用户可根据实际需求，选择不同容量的 USB 闪存盘。

2. 数据存储安全第一

目前，市场上各类 USB 闪盘都明确标注产品可以正常擦写 100 万次。但由于基于 Flash 存储技术的闪盘在工作时是通过二氧化硅形状的变化来记忆数据的，与软盘及硬盘的磁存储技术不一样，所以 Flash 的材质直接影响了闪存盘的品质。如果 Flash 材质不好的话，USB 闪存盘在使用了一段时间之后可能会产生容量变小的情况，这种变化会造成用户数据的丢失，给用户带来极大的损失。所以在选购 USB 闪存盘的时候需要引起消费者的高度重视。

3. 售后服务

产品的售后服务也非常重要。由于现在各厂商看好 USB 闪存盘市场，纷纷推出了自己的闪存盘品牌，除了在质量上良莠不齐之外，很多小品牌的售后服务更是“纸上谈兵”，用户在选购的时候要注意这个问题。在选购 USB 闪存盘的时候最好选择知名厂商的产品，除了产品品质有可靠保障之外，也能得到良好的售后服务。一般的知名厂商都提供 3 个月包换、一年保修的服务。

4. 性能、价格的平衡点

价格对于消费者来讲一直是个比较敏感的问题，经过几次降价，目前 USB 闪存盘的价格已经能让多数消费者接受。由于闪存盘市场竞争的加剧，很多品牌的闪存盘价格非常便宜。从当前市场 USB 闪存盘的现状来看，很多小品牌的闪存盘价格非常低，对用户很有诱惑力，但由于市场里大多数 USB 闪存盘都是 OEM 的产品，在产品质量及性能方面与名牌产品存在着很大的差距。随着闪存盘成本的不断降低，各知名品牌的价格也正在不断下降，由于知名产品有着完善的质量控制措施及售后服务，建议大家在选购是还是选择名牌产品。

5.3.3 存储卡

存储卡是用于手机、数码相机、便携式电脑、MP3 和其他数码产品上的独立存储介质，一般是卡片的形态，故统称为“存储卡”，又称为“数码存储卡”、“数字存储卡”、“储存卡”等。存储卡具有体积小巧、携带方便、使用简单的优点。同时，由于大多数存储卡都具有良好的兼容性，便于在不同的数码产品之间交换数据。近年来，随着数码产品的不断发展，存储卡的存储容量不断得到提升，应用也快速普及。市面上常见的存储介质有 CF 卡、SD 卡、SM、记忆棒和小硬盘。

5.4 本章小结

本章介绍常用外存储器，重点是硬盘相关知识，由于光驱不再属于计算机标准配置，这方面内容大家可适当关注。硬盘一节要掌握硬盘物理参数、硬盘接口和硬盘性能指标。

习题

1. 硬盘有哪几种接口？各有何特点？
2. 硬盘的物理参数有哪些？如何通过物理参数计算硬盘的物理容量？
3. 光盘驱动器的标准有哪几种？
4. 简述 CD-ROM 的存储原理。
5. CD-RW 为何能够反复刻录？
6. DVD 区域代码的用途是什么？
7. Combo 光驱有何特点？
8. DVD 刻录机有哪些种类？
9. 常见的移动存储设备有哪些？各有何特点？
10. USB 闪存盘有哪些种类？

第 6 章　显示卡和显示器

本章学习目标

- 熟练掌握显示卡(也称为显卡)结构及其性能指标。
- 了解 CRT 显示器的工作原理。
- 熟练掌握液晶显示器的性能指标。

本章介绍计算机显示系统,包括显示卡和显示器。

说到计算机的显示系统,人们首先想到的是显示器,但是实际上,显示系统是由显示器、显示适配器(显示卡)和显示驱动程序组成的。显示卡的性能指标,即输出的视频和同步信号的质量高低,决定着系统信息显示的最高分辨率和彩色深度,即画面的清晰程度和色彩的丰富程度。显示驱动程序是与显示卡一一对应的配套软件,它控制着显示卡的工作和显示方式的设置。显示器则负责将显示卡输出的高质量视频信号转换为高质量的屏幕画面。

显示器和显示卡的连接如图 6-1 所示。

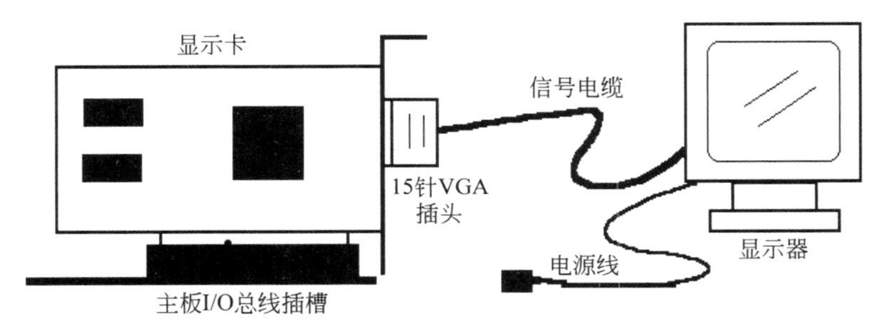

图 6-1　显示器和显示卡连接

计算机屏幕画面的形成过程大致是主机通过系统 I/O 总线将图形数据发送给显示卡(假设输出接口 VGA),显示卡将这些数据暂存于显示缓存中并加以处理,再转换成模拟视频信号,并同时形成同步控制信号,通过标准 VGA 接口输出到显示器。显示器对输入的视频和同步信号进行处理,最终形成屏幕画面,将系统信息展示给用户。

6.1　显示卡

显示卡简称显卡,又称为视频卡、图形卡或显示适配器等。显示卡是主板与显示器之间的接口电路,PC 显示系统性能的高低主要由选用的显示卡性能决定。

显示卡的作用是在 CPU 的控制下将主机送来的显示数据转换为视频和同步信号送到显示器,再由显示器形成屏幕画面。比如画圆圈,CPU 只需要告诉显示卡"给我画个圈",剩下的工作就由显示卡来进行,这样 CPU 就可以执行其他任务,提高计算机的整体性能。

目前,显示卡已经成为继 CPU 之后发展最快的部件,计算机的图像性能已经成为决定计算机整体性能的一个重要因素。

6.1.1 显示卡的结构

显示卡主要由显示芯片、显示卡接口、显示内存和 RAMDAC 等几部分组成。现在主流的显示卡由于运算速度快、发热量大，需要在显示芯片上安装一个散热风扇（有的是散热片），在显示卡上有一个 2 芯或 3 芯插座为其供电。如图 6-2 所示是一块 PCI-E x16 显示卡结构图（已经去掉散热片）。

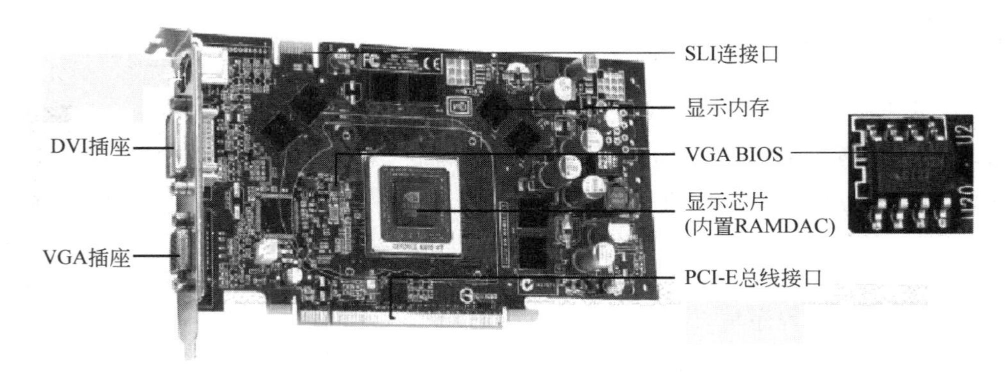

图 6-2 显示卡结构图

1. 显示芯片

显示芯片称为图形处理单元（Graphic Processing Unit，GPU），显示芯片是显卡的核心芯片，它的性能好坏直接决定了显卡性能的好坏，它的主要任务就是处理系统输入的视频信息并将其进行构建、渲染等工作。

GPU 是相对于 CPU 的一个概念，由于在现代的计算机中图形的处理变得越来越重要，需要一个专门的图形核心处理器。于是 nVIDIA 公司在 1999 年发布 GeForce 256 图形处理芯片时首先提出 GPU 的概念。GPU 使显卡减少了对 CPU 的依赖，并进行部分原本 CPU 的工作，尤其是在 3D 图形处理时。GPU 也是 2D 显示卡和 3D 显示卡的区别依据。2D 显示芯片在处理 3D 图像和特效时主要依赖 CPU 的处理能力，称为“软加速”。3D 显示芯片是将三维图像和特效处理功能集中在 GPU 内，即“硬件加速”功能。

图 6-3 nVIDIA 显示芯片

GPU 通常是显示卡上最大的芯片（也是引脚最多的）。从显卡外观一般并不能直接看到显卡的核心芯片，因为在显卡核心上几乎都覆盖着散热片或散热风扇。显示芯片上有商标、生产日期、编号和厂商名称，nVIDIA 显示芯片如图 6-3 所示。

2. 显示内存

显示内存简称显存，也称为帧缓存，它的作用是用来存储显卡芯片处理过或者即将提取的渲染数据。如同计算机的内存一样，显存是用来存储要处理的图形信息的部件。在显示屏上看到的画面是由一个个的像素点构成的，而每个像素点都以 4～32 甚至 64 位的数据来控制它的亮度和色彩，这些数据必须通过显存来保存，再交由显示芯片和 CPU 调配，最后把运算结果转化为图形输出到显示器上。

显存的封装形式主要有薄型小尺寸封装(Thin Small Out-Line Package,TSOP-Ⅱ)、微型球栅阵列封装(Micro Ball Grid Array,mBGA)、细间距球栅阵列(Fine-Pitch Ball Grid Array,FBGA)等。早期的 SDRAM 和 GDDR 显存很多使用 TSOP-Ⅱ封装,GDDR2、GDDR3 使用了 mBGA 封装,后期 GDDR3 和 GDDR5 显存则采用 FBGA 封装,TSOP-Ⅱ、mBGA、FBGA 封装显存颗粒如图 6-4。

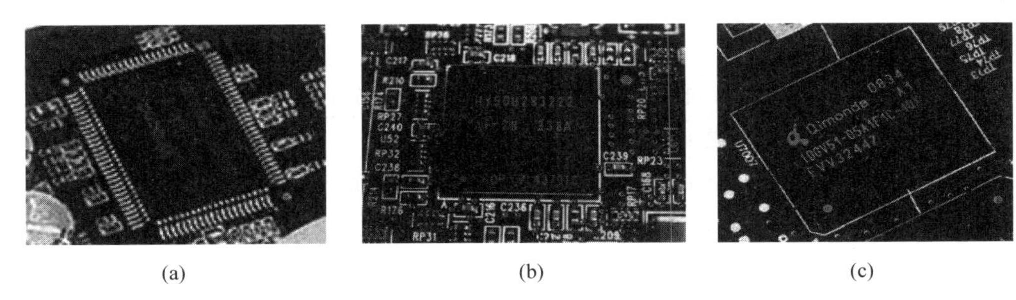

(a) (b) (c)

图 6-4 TSOP-Ⅱ、mBGA、FBGA 封装显存颗粒

3. RAMDAC

RAMDAC 是 Random Access Memory Digital to Analog Convertor 的缩写,即随机存取器数字到模拟转换器。RAMDAC 的作用是将显存中的数字信号转换为 CRT 显示器能够显示出来的模拟信号,其转换速率以 MHz 表示。

计算机中处理数据的过程其实就是将事物数字化的过程,所有的事物将被处理成 0 和 1 两个数,然后不断进行累加计算。图形加速卡也是靠这些 0 和 1 对每一个像素进行颜色、深度、亮度等各种处理。显卡生成的信号都是以数字来表示的,但是所有的 CRT 显示器都是以模拟方式进行工作的,数字信号无法被识别,这就必须有相应的设备将数字信号转换为模拟信号。而 RAMDAC 就是显卡中将数字信号转换为模拟信号的设备。普通显卡都将 RAMDAC 做在显示芯片内,在这些显示卡上没有单独的 RAMDAC 芯片。

4. 总线接口

总线接口是显示卡和主板接口,目前主要是 PCI-E 总线接口,其中 PCI-E3.0 成为主流接口。

5. 输出接口

输出接口是显示卡和显示器接口,主要有 VGA 接口、DVI 接口、HDMI 接口和 DP 接口等。

1) 视频图形阵列(Video Graphics Array,VGA)

VGA 接口是一个有 15 个插孔的 D 型插座,VGA 插座的插孔分为 3 排,每排 5 个孔,如图 6-5 所示。VGA 用于模拟信号的输出,通常用于连接 CRT 显示器;但很多低端液晶显示器产品为了与 VGA 接口显卡相匹配,因而采用 VGA 接口,需要专门转接线转换,转换过程的图像损失会使显示效果略微下降。

2) 数字视频接口(Digital Visual Interface,DVI)

DVI 接口使用了 3 行 8 列共 24 个针脚,用于连接 LCD 等数字显示器。通过 DVI 接口,视频信号无须转换,信号无衰减或失真,显示效果比 VGA 好,将会取代 VGA 接口。DVI 接口通常有两种:仅支持数字信号的 DVI-D 和同时支持数字与模拟信号的 DVI-I,如图 6-5 所示。

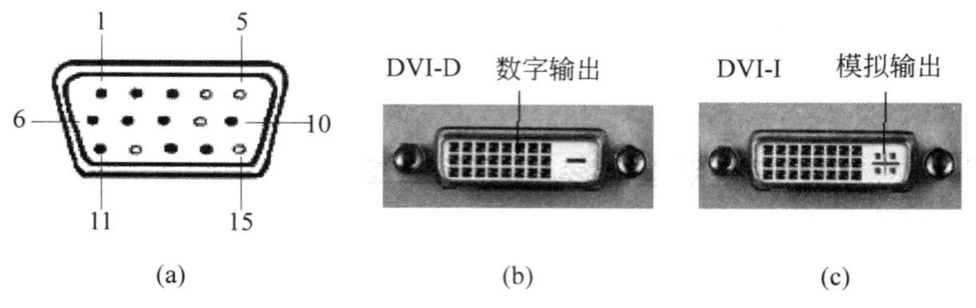

图 6-5　VGA 和 DVI 显示卡输出接口

3）高清晰度多媒体接口(High Definition Multimedia Interface，HDMI)

DVI 接口存在的主要问题有 5 种。

(1) DVI 接口考虑的对象是 PC，对于平板电视的兼容能力一般。

(2) DVI 接口对影像版权保护缺乏支持。

(3) DVI 接口只支持 8b 的 RGB 信号传输，不能让广色域的显示终端发挥最佳性能。

(4) DVI 接口出于兼容性考虑，预留了不少引脚以支持模拟设备，造成接口体积较大，效率很低。

(5) DVI 接口只能传输图像信号，对于数字音频信号的支持完全没有考虑。

由于以上种种缺陷，DVI 接口已经不能更好地满足整个行业的发展需要。因此，无论是 IT 厂商、平板电视制造商，还是好莱坞的众多出版商，都迫切需要一种更好的能满足未来高清视频行业发展的接口技术，也正是基于这些原因，才促使 HDMI 标准的诞生。

HDMI 是基于 DVI 制定的，可以看作是 DVI 的强化与延伸，两者可以兼容，接口如图 6-6 所示。HDMI 在保持高品质的情况下能够以数码形式传输未经压缩的高分辨率视频和多声道音频数据，最高数据传输速度为 5Gb/s。HDMI 能够支持所有的 ATSC HDTV 标准，不仅可以满足目前最高画质 1080 像素的分辨率，还能支持 DVD Audio 等最先进的数字音频格式，支持八声道 96kHz 或立体声 192kHz 数码音频传送，而且只用一条 HDMI 线连接，免除数码音频接线。同时 HDMI 标准所具备的额外空间可以应用在日后升级的音视频格式中。与 DVI 相比，HDMI 接口的体积更小而且可同时传输音频及视频信号。DVI 的线缆长度不能超过 8m，否则将影响画面质量，而 HDMI 最远可传输 15m。只要一条 HDMI 缆线，就可以取代最多 13 条模拟传输线，能有效解决家庭娱乐系统背后连线杂乱纠结的问题。HDMI 可搭配宽带数字内容保护(High-bandwidth Digital Content Protection，HDCP)，以防止具有著作权的影音内容遭到未经授权的复制。

HDMI 接口和 Mini DP 接口如图 6-6 所示。

图 6-6　HDMI 接口和 Mini DP 接口

4) DP(DisplayPort)接口

DisplayPort 也是一种高清数字显示接口标准，可以连接计算机和显示器，也可以连接计算机和家庭影院。作为 HDM 的竞争对手和 DVI 的潜在继任者，DisplayPort 赢得了 AMD、Intel、NVIDIA、戴尔、惠普、联想、飞利浦、三星等业界巨头的支持，而且它是免费使用的。DisplayPort 问世之初，它可提供的带宽就高达 10.8Gb/s，充足的带宽保证了今后大尺寸显示设备对更高分辨率的需求。和 HDMI 一样，DisplayPort 也允许音频与视频信号共用一条线缆传输，支持多种高质量数字音频。但比 HDMI 更先进的是，DisplayPort 在一条线缆上还可实现更多的功能。在 4 条主传输通道之外，DisplayPort 还提供了一条功能强大的辅助通道。该辅助通道的传输带宽为 1Mb/s，最高延迟仅为 500μs，可以直接作为语音、视频等低带宽数据的传输通道，另外也可用于无延迟的游戏控制。

DisplayPort 定义了两种接口，即全尺寸(Full Size)和迷你(Mini)。两种接口都有 20 针，但迷你接头的宽度大约是全尺寸的一半，它们的尺寸分别为 7.5mm×4.5mm 与 16mm×4.8mm。图 6-7 所示为 HDMI 和全尺寸 DP 插头。

图 6-7　HDMI(右)和全尺寸 DP 插头(左)

6. 显卡 BIOS

显卡 BIOS 又称为 VGA BIOS，主要用于存放显示芯片与驱动程序之间的控制程序，还存放显卡型号、规格、生产厂家、出厂时间等信息。前几年生产的显卡其 BIOS 芯片大小与主板 BIOS 一样，现在显卡的 BIOS 很小，大小与内存条上的 SPD 相同，多数显卡 BIOS 可以通过专用的程序改写升级。

7. SLI 连接口

可灵活伸缩的连接接口(Scalable Link Interface，SLI)是一种可把两张或以上的显卡连在一起，作为单一输出使用的技术，从而达到绘图处理效能加强的效果。该技术最初称为 Scan Line Interleave，于 1998 年由 3dfx 公司推出，应用在 Voodoo 2 绘图处理器上。至 2004 年，3dfx 的收购者 nVIDIA 再次推出此技术，应用在以 PCI Express 为基础的计算机上。SLI 可以在多重显示器的环境下运作，但是用户只能使用主显卡的多个输出接口输出，副显卡不能连接显示器。同时，使用 SLI 的显卡在型号方面必须相同，如图 6-8(a)所示。

nVIDIA 的主要竞争对手 ATI，也推出一种相似的多重 GPU 的技术，名为 CrossFire，简称 CF，中文名为交叉火力，简称交火。可让多张显示卡同时在一台计算机上并排使用，增加运算效能，与 nVIDIA 的 SLI 技术竞争。CrossFire 技术于 2005 年 6 月 1 日正式发布，比 SLI 迟一年。要使用此技术，主机板必须支持 CrossFire，以及需要两张 ATI PCI Express 接口的显示卡，要相同等级，并有可能需要购买主卡，如图 6-8(b)所示。

6.1.2　显示卡的分类

1. 按显卡的应用领域分类

显卡的应用领域可分为两大类：一类是普通家庭用户、游戏发烧友和商业用户；另一类是专业图形工作者。因此，显卡也分为普通显示卡和专业显示卡。

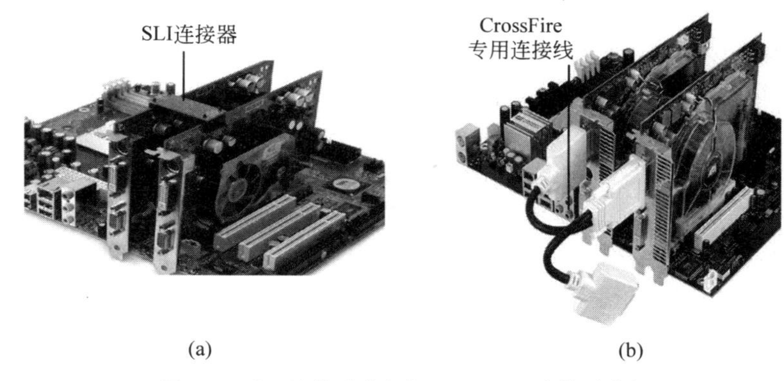

(a)　　(b)

图 6-8　SLI 连接（左）和 CrossFire 连接（右）

普通显示卡更多注重于民用级应用，强调的是在用户能接受的价位下提供更强大的娱乐、办公、游戏和多媒体等方面的性能。

专业显示卡指的是应用于图形工作站上的显示卡，它是图形工作站的核心部件。从某种程度上来说，在图形工作站上它的重要性甚至超过了 CPU。与针对游戏、娱乐和办公市场为主的消费类显卡相比，专业显示卡主要针对的是三维动画软件（如 3ds Max、Maya 和 Softimage 3D 等）、渲染软件（如 LightScape、3ds VIZ 等）、CAD 软件（如 AutoCAD、Pro/Engineer、Unigraphics、SolidWorks 等）、模型设计（如 Rhino）以及部分科学应用等专业应用市场。专业显卡针对这些专业图形图像软件进行必要的优化，都有着极佳的兼容性。

2. 按显卡的总线接口类型分类

总线接口类型是指显卡与主板连接所采用的总线接口种类。不同的接口能为显卡带来不同的性能，而且也决定着主板是否能够使用此显卡。显卡发展至今主要经历了 ISA、EISA、VESA、PCI、AGP 和 PCI Express 等几种接口。目前显卡总线接口都统一成 PCI Express ×16 接口。

3. 按是否是整合芯片分类

按是否是整合芯片分为核心显卡、主板集成显卡和独立显卡。

核心显卡是集成在 CPU 内部的显卡，如 Intel 酷睿 i3、i5、i7 系列处理器以及 AMD APU 系列处理器中多数都集成了显卡。核心显卡能不能用要看个人使用需求，现在的核心显卡，如 Intel 的酷睿系列基本上可以满足日常需要，甚至可以玩一般的大型游戏，如果需要玩超大型的游戏，建议装一块给力的独立显卡。

主板集成显卡是指集成在主板北桥中的显卡，如 G41 或者 880G 主板上面的都集成显卡，目前处理器核心显卡的性能已经领先于主板集成的显卡，并且将显卡核心集成在处理器中相比集成在主板中优势更明显，因此主板集成显卡至今已经终结了，除了旧平台外，估计已经不会再有主板集成显卡的新品出现了。

独立显卡简称独显，是指以独立的板卡存在，需要插在主板的相应接口上的显卡。独立显卡具备单独的显存，不占用系统内存，而且技术上领先于集成显卡，能够提供更好的显示效果和运行性能。独立显卡分为内置独立显卡和外置显卡。

对于广大的普通用户来说，一般来讲，若不做 3D 图形设计或其他专业用途，核心显卡和独立显卡的性能基本上差不多，一般家庭用是感觉不出来它们有什么不同的，核心显卡的性能完全适合人们日常办公娱乐，而且优良的兼容性和稳定性以及技术的不断优化等都是核心显卡的优势。独立显卡只是对那些真正需要高速高质显示的专业用户和游戏发烧友才显得有必要。

6.1.3 显示卡的性能指标

显示卡主要由显示芯片、显示卡接口、显示内存和 RAMDAC 等几部分组成。显卡性能好坏由这几部分决定，其主要性能指标包括以下 9 个方面。

1. GPU 厂商和型号

目前设计、制造显示芯片 GPU 的厂商主要有 Intel、nVIDIA、AMD-ATI，而 SIS、3DLabs、VIA 等公司的产品已经很少了。

(1) Intel。Intel 不但是世界上最大的 CPU 生产销售商，也是世界最大的 GPU 生产销售商。Intel 的 GPU 用于核心显卡，和 Intel CPU 整合在一起。

(2) nVidia。现在最大的独立显卡 GPU 生产销售商，旗下有民用的 Geforce 系列，还有专业的 Quadro 系列。

(3) AMD-ATI。世界上第二大的独立显卡 GPU 生产销售商，也是第二大核心显卡 GPU 生产销售商，它的前身是 ATI。旗下有民用的 Radeon 系列，还有专业的 FireGL 系列等。AMD-ATI 公司 GPU 的主要品牌 Radeon(镭龙)系列，其型号由早期的 7000、8000、9000、X 系列和 HD 2000、3000 系列再到 Radeon HD 4000、5000、6000、7000、8000 系列，再到近期 Radeon R 系列。nVIDIA 公司 GPU 的主要品牌 GeForce(精视)系列，其型号由早期的 GeForce 256、GeForce 2、GeForce 3、GeForce 4、GeForce FX，再到 GeForce 6、GeForce 7、GeForce 8、GeForce 9 系列，再到近期的 GTX 200、GTX 300、GTX 400、GTX 500、GTX 600、GTX 700、GTX 800、GTX 900 系列。有的具体型号后面还有后缀，代表不同含义。

2. 核心频率

显卡的核心频率是指显示核心 GPU 的工作频率，其工作频率在一定程度上可以反映出显示核心的性能，但显卡的性能是由核心频率、显存、像素管线、像素填充率等多方面的情况所决定，因此在显示核心不同的情况下，核心频率高并不代表此显卡性能强劲。在同样级别的显示芯片下，核心频率高的则性能要强一些，提高核心频率就是显卡超频的方法之一。在同样的显示核心下，部分显卡厂商会适当提高其产品的显示核心频率，使其工作在高于显示核心固定的频率上以达到更高的性能。

3. 开发代号

开发代号就是显示芯片制造商为了便于显示芯片在设计、生产、销售方面的管理和驱动架构的统一而对一个系列的显示芯片给出的相应基本代号。一般来说，显示芯片制造商可以利用一个基本开发代号，再通过控制渲染管线数量、顶点着色单元数量、显存类型、显存位宽、核心和显存频率、所支持的技术特性等方面来衍生出一系列的显示芯片从而满足不同的性能、价格、市场等不同的定位，丰富自己的产品线。同一种开发代号的显示芯片的技术特性基本是相同的，所以开发代号是判断显卡性能和档次的重要参数。同一类型号的不同版本可以是一个代号，例如，GeForce(GTX 260、GTX 280、GTX 295) 代号都是 GT200；而 Radeon(HD4850、HD4870) 代号都是 RV770 等。

4. 显存类型

作为显卡的重要组成部分，显存一直随着显示芯片的发展而逐步改变着。从早期的EDORAM、MDRAM、SDRAM、SGRAM、VRAM、WRAM 等到今天广泛采用的 DDR、DDR2 和 DDR3，显存经历了很多代的进步。

内存储器的主要类型有 DDR、DDR2 和 DDR3，而显存类型主要有 GDDR、GDDR2、gDDR2、GDDR3、gDDR3、GDDR4 和 GDDR5 等。

早在 SDRAM 时代，显卡上用的"显存颗粒"与内存条上的"内存颗粒"是完全相同的。在那个时候，GPU 本身的运算能力有限，对数据带宽的要求自然也不高，所以高频的 SDRAM 颗粒就可以满足要求，如图 6-9 所示。

图 6-9 TNT2 显卡上的 SDRAM 显存颗粒

本是同根生的状况一直持续到 SDRAM 和 DDR 交接的时代，其实最早用在显卡上的 DDR 颗粒与用在内存上的 DDR 颗粒仍然是一样的。后来由于 GPU 特殊的需要，显存颗粒与内存颗粒开始分道扬镳。推出了专门为图形系统设计的高速 DDR 显存，称为 Graphics Double Data Rate SDRAM，也就是 GDDR SDRAM。

GDDR SDRAM 作为第一代专用的显存芯片，其实在技术方面与 DDR 没有任何区别，同样采用了 2b 预取技术，理论频率 GDDR 并不比 DDR 高多少。不过后期改进工艺的 GDDR 有了优秀 PCB 的显卡支持之后，显存和内存的差距开始逐渐拉开。

TSOP 封装的 GDDR 颗粒，外观规格特性都与 DDR 内存颗粒没有什么区别，所以在很多人看来 GDDR 与 DDR 是可以"划等号"的。其实两者还是有些差别。

(1) GDDR 采用 4K 循环 32ms 的刷新周期，而 DDR 采用 8K 循环 64ms 的刷新周期。

(2) GDDR 为了追求频率在延迟方面放得更宽一些，毕竟 GPU 对延迟不太敏感。

(3) GDDR 颗粒的容量小、位宽大，一般是 8×16b(16MB)的规格，而 DDR 颗粒的容量大、位宽小，虽然也有 16b 的颗粒，但最常见的还是 8b 和 4b，单颗容量 32MB 或 64MB。

为了实现更大的位宽，并进一步提升 GDDR 的性能，后期很多厂商改用了电气性能更好的 mBGA 封装，当然也有内存颗粒使用 mBGA 封装，但规格已有了较大差异，主要是颗粒位宽不同。

mBGA 封装 GDDR 的单颗位宽首次达到了 32b，从此就标志着 GDDR 与 DDR 正式分道扬镳，32b 的规格被 GDDR2/3/4/5 一直沿用至今。

GDDR2 源于 DDR2 技术，也就是采用了 4b 预取，相比 DDR1 代可以将频率翻倍。虽然技术原理相同，但 GDDR2 要比 DDR2 早了将近两年时间，首次支持 DDR2 内存的 915P

主板于2004年发布，而首次搭载GDDR2显存的FX5800 Ultra于2003年年初发布，但早产儿往往是短命的。

GDDR2受制造工艺限制，电压规格还是和DDR/GDDR一样的2.5V，虽然勉强将频率提升至1GHz左右，但功耗发热出奇的大。GDDR2第一版只在FX5800 Ultra和FX5600 Ultra这几款显卡上出现过，ATI也有极少数9800Pro使用了GDDR2。高电压、高发热、高功耗、高成本给人的印象非常差。随着FX5900改用GDDR，GDDR2很快被人遗忘。

由于GDDR2的失败，高端显卡的显存是直接从GDDR跳至GDDR3的，但GDDR2并未消亡，而是开始转型。几大DRAM大厂有针对性地对GDDR2的规格和特性做了更改，由此gDDR2正式登上显卡舞台，活跃在当时低端显卡之上。

gDDR2相对于GDDR2的改进主要有4个。

(1) 工作电压从2.5V降至1.8V，功耗发热大降。

(2) 制造工艺有所进步，功耗发热进一步下降，成本降低，同时良率和容量有所提升。

(3) 颗粒位宽从32b降至16b，只适合低端显卡使用。

(4) 封装形式从144Ball mBGA改为84Ball FBGA。

由于电压的下降，gDDR2的频率要比GDDR2低，主要以2.5ns(800MHz)和2.2ns(900MHz)的规格为主，当然也有2.8ns(700MHz)的型号。直到后期制造工艺上去之后，gDDR2才以1.8V电压突破了1000MHz，最高可达1200MHz，赶超了第一代高压GDDR2的记录。采用gDDR2显存的经典显卡有7300GT、7600GS、X1600Pro、8500GT等低端显卡。

相信大家也注意到了gDDR2的第一个字母为小写，几大DRAM厂商在其官方网站和PDF中就都是这么写的，以示区分。可以这么认为：大写G表示显卡专用，32b定位高端的版本；而小写g表示为显卡优化，16b定位低端的版本，本质上与内存颗粒并无区别。

GDDR源于DDR，GDDR2源于DDR2，而GDDR3在频率方面的表现又与DDR3比较相似，于是很多人认为GDDR3就是显存版的DDR3，这可是个天大的误区。GDDR3是基于DDR2的架构为优化图形处理需要而专门强化和采用更好封装的DDR2，不能等同于目前市场主流的DDR3内存，也可以说GDDR3是加强封装版的DDR2，以4b的预取方式读取数据。而GDDR5则对应的是DDR3内存架构，是以8b的预取方式读取数据。可以分析出GDDR3和DDR3是完全不同规格的。

GDDR3是第一款真正完全为GPU设计的存储器。为了提高电气性能和环保水平，从2005年开始，GDDR3开始采用全新的136Ball FBGA封装，并统一使用无铅封装工艺。新封装使得显卡PCB必须重新设计，但也为GDDR3的腾飞铺平了道路。

136Ball封装GDDR3的优势如下。

(1) 规格不再局限于8M×32b一种，16M×32b成为主流，32M×32b也大量采用。

(2) 伴随着制造工艺的进步，额定电压从2.0V进一步降至1.8V，但一些高频颗粒可适当加压。

(3) 速度从1.4ns起跳，经过1.2ns、1.1ns、1.0ns一路发展至0.8ns、0.7ns，最快速度可突破2500MHz，但这是以失去延迟为代价的，好在GPU对延迟不太敏感。

当GDDR3的频率首次达到2000MHz时，很多人都认为离极限不远了，于是未雨绸缪，抓紧制定GDDR4规范，但没想到在DRAM厂商的努力及新工艺的支持下，GDDR3的生命得到了延续，0.8ns、0.7ns的型号相继量产，而且容量更大的32M×32b颗粒也成为当时主流，基本上能够满足高中低端所有显卡的需要。

GDDR3采用了DDR2的4b预取技术，所以采用DDR3 8b预取技术的显存只能按顺序命名为GDDR4。GDDR4是在GDDR3的基础上发展而来的，它继承了GDDR3的两大技术特性，但内核改用DDR3的8b预取技术，电压从1.8V降至1.5V，并加入了一些新的技术来提升频率。

由于采用了8b预取技术，因此在相同频率下GDDR4的核心频率（即电容刷新频率）只有GDDR3的一半，理论上来讲GDDR4最高频率可达GDDR3的两倍。但值得注意的是，虽然核心频率通过8b预取技术减半，但GDDR4与GDDR3的I/O频率是完全相同的，因此GDDR4频率提升的瓶颈在于I/O频率而不是核心频率。

由于制造工艺和技术水平的限制，虽然三星公司官方宣称早已生产出3GHz以上的GDDR4，但实际出货的GDDR4只有2～2.5GHz，此后改进工艺的GDDR3也追平了这一频率。在相同频率下，GDDR4比起GDDR3虽然功耗发热低，但延迟大性能稍弱，再加上成本高产量小，GDDR4遭受冷落并不意外。

GDDR4的失败并没有阻挡ATI前进的脚步（nVIDIA不支持GDDR4），在意识到GDDR4频率提升的瓶颈之后，GDDR5草案的制定就被提上日程，ATI和nVIDIA技术人员重新聚首，开展第二次合作共商大计。GDDR5吸取了前辈们的诸多优点，可谓是取其精华弃其糟粕，在I/O改进方面双方也不再有太多矛盾。

和GDDR4一样，GDDR5采用了DDR3的8b预取技术，核心频率显然不是瓶颈，如何提升I/O频率才是当务之急。但GDDR5并没有让I/O频率翻倍，而是使用了两条并行的DQ总线，从而实现双倍的接口带宽。双DQ总线的结果就是，GDDR5的针脚数从GDDR3/4的136Ball大幅增至170Ball，相应的GPU显存控制器也需要重新设计。

之前分析过，TSOP封装的GDDR1还有gDDR2显存，其实在技术上与DDR1/2内存没有本质区别，高位宽（16b）的内存颗粒可以直接当作显存使用。随着DDR3颗粒大量投产，成本接近DDR2，于是在DDR3内存取代DDR2的同时，由于DDR3比gDDR2频率高很多，但成本比GDDR3要低，所以gDDR2被取代是板上钉钉的事。AMD率先将DDR3使用在了显卡上，随后得到了业界的一致认可。为了和DDR3内存颗粒区分，DRAM厂将其称为Graphics DDR3 SDRAM，简写为gDDR3，和DDR3内存颗粒一样都是8b预取技术，单颗16b，定位中低端显卡；而传统的GDDR3则是Graphics GDDR3 SDRAM的简写，它和DDR2内存一样采用了4b预取技术，单颗32b，定位中高端显卡。

虽然gDDR3单颗位宽只有GDDR3的一半，但存储密度却是GDDR3的两倍，而且在相同频率下（例如2000MHz），gDDR3的核心频率是GDDR3的一半，因此功耗发热要低很多。对于位宽不高的中低端显卡来说，gDDR3大容量、低成本、低功耗发热的特性相当完美。

gDDR3源于DDR3，技术特性上没有区别，主要在封装上面。gDDR3作为对显卡优化的版本，单颗16b FBGA 96Ball封装；而DDR3多为单颗4/8b，封装是78/82Ball。也有少数DDR3使用了16b FBGA 96Ball封装，由于位宽太大仅用于特殊场合。

可以看出，在高端GDDR5取代GDDR3，而低端gDDR3取代gDDR2，中端则会出现三代共存的局面，但随着显存技术发展，GDDR5也会出现在低端显卡上。表6-1为历代显存技术规格对照表。

表 6-1 历代显存技术规格对照表

版本代号	GDDR	GDDR2	gDDR2	GDDR3	gDDR3	GDDR4	GDDR5
数据预取	2b	4b	4b	4b	8b	8b	8b
对应内存	DDR	DDR2	DDR2	DDR2	DDR3	DDR3	DDR3
突发长度	2/4/8b	4/8b	4/8b	4/8b	4/8b	4/8b	8b
额定电压	2.5V	2.5V	1.8V	1.8V	1.5V	1.5V	1.5V
单颗容量	32/16MB	32MB	128/64/32MB	128/64/32MB	128/64MB	128/64MB	128/64MB
单颗位宽	32/16b	32b	16b	32b	16b	32b	32/16b
封装针脚	144/66	144	84	144/136	96	136	170
逻辑 Bank	2/4	4/8	4/8	4/8	8	8/16	8/16
等效频率	300～900	800～1000	700～1200	1000～2600	1000～2000	2000～3000	3600～6000

5. 显存容量

显存容量是显卡上本地显存的容量,这是选择显卡的关键参数之一。显存容量的大小决定着显存临时存储数据的能力,在一定程度上也会影响显卡的性能。显存容量也是随着显卡的发展而逐步增大的,并且有越来越增大的趋势。显存容量从早期的 512KB、1MB、2MB 等极小容量,发展到 8MB、12MB、16MB、32MB、64MB,一直到目前的 512MB～4GB,市场上某些专业显卡已经具有 12GB 甚至更高的显存了。

值得注意的是,显存容量越大并不一定意味着显卡的性能就越高,因为决定显卡性能的三要素首先是其所采用的显示芯片;其次是显存带宽(这取决于显存位宽和显存频率);最后才是显存容量。

一款显卡究竟应该配备多大的显存容量才合适是由其所采用的显示芯片所决定的,也就是说显存容量应该与显示核心的性能相匹配才合理,显示芯片性能越高由于其处理能力越高所配备的显存容量相应也应该越大,而低性能的显示芯片配备大容量显存对其性能是没有任何帮助的。

6. 显存位宽

显存位宽是显存在一个时钟周期内所能传送数据的位数,位数越大则瞬间所能传输的数据量越大,这是显存的重要参数之一。目前市场上的显存位宽有 64 位、128 位和 256 位 3 种,人们习惯上叫的 64 位显卡、128 位显卡和 256 位显卡就是指其相应的显存位宽。显存位宽越高,性能越好价格也就越高,因此 256 位宽的显存更多应用于高端显卡,而主流显卡基本都采用 128 位显存。

7. 显存数据传输率

在第 4 章中,介绍了内存的工作频率和数据传输率,这些介绍同样适用于显存。还有一点要清楚,用测试软件如 CPU-Z 测试出的显存频率是其等效工作频率,即时钟频率,人们常说的显存频率或者标称频率是有效频率,即显存数据传输率。

GDDR 技术源于 DDR,GDDR2、gDDR2、GDDR3 技术源于 DDR2,而 GDDR4、gDDR3、

GDDR5 技术源于 DDR3，显存时钟频率和工作频率之间的关系如表 6-2 所示。

表 6-2 显存时钟频率和工作频率之间的关系

内　　存	内存时钟频率	显　　存	显存时钟频率
DDR	工作频率	GDDR	工作频率
DDR2	工作频率×2	GDDR2	工作频率×2
DDR3	工作频率×4	gDDR2	工作频率×2
		GDDR3	工作频率×2
		gDDR3	工作频率×4
		GDDR4	工作频率×4
		GDDR5	工作频率×4

以往 GDDR1/2/3/4 和 DDR1/2/3 的数据总线都是 DDR 技术（通过差分时钟在上升沿和下降沿各传输一次数据），时钟频率×2 就是数据传输率，也就是通常人们所说的等效频率。而 GDDR5 则不同，它有两条数据总线，相当于 Rambus 的 QDR 技术，所以时钟频率×4 才是数据传输率。

例如，采用 GDDR3 的蓝宝 4830，在 GPU-Z 测试软件中，显存频率显示为 900MHz，则 1800MHz 为有效频率，900MHz 为时钟频率。再例如，采用 GDDR5 的蓝宝 5770，在 GPU-Z 测试软件中，显存频率显示为 1200MHz，则 4800MHz 为有效频率，1200MHz 为时钟频率。

同样工作频率为 100Hz 各种显存的数据传输频率如表 6-3 所示。

表 6-3 显存工作频率和数据传输率关系

显　　存	工作频率/MHz	显存时钟频率/MHz	数据传输率/MHz
GDDR	100	100	200
GDDR2	100	200	400
GDDR3	100	200	400
GDDR4	100	400	800
GDDR5	100	400	1600

8. 显存带宽

显存带宽是指显示芯片与显存之间单位时间的数据传输量。显存带宽是决定显卡性能和速度最重要的因素之一。要得到精细（高分辨率）、色彩逼真（32 位真彩）、流畅（高刷新速度）的 3D 画面，就必须要求显卡具有大显存带宽。目前显示芯片的性能已达到很高的程度，其处理能力是很强的，只有大显存带宽才能保障其足够的数据输入和输出。

显存带宽计算公式：显存带宽＝数据传输率×显存位宽/8，单位 MB/s。再除以 1024 单位为 GB/s，但很多标称带宽都是除以 1000，比实际带宽要大。目前大多低端的显卡都能提供几十 GB/s 的显存带宽，而对于目前主流级的显卡产品则提供几百 GB/s 的显存带宽。在条件允许的情况下，尽可能购买显存带宽大的显卡。

9. 显示分辨率

显示分辨率是指组成一幅图像(在显示屏上显示出图像)的水平像素和垂直像素的乘积。显示分辨率越高,屏幕上显示的图像像素越多,则图像显示也就越清晰。显示分辨率和显示器、显卡有密切的关系。显示分辨率通常以"横向点数×纵向点数"表示,如1024×768。

最大分辨率指显卡输出给显示器并能在显示器上描绘像素点的最大数量。目前的显示芯片都能提供2060×1600的最大分辨率,但绝大多数显示器并不能提供这样高的显示分辨率。

6.1.4 显示卡的选购

设计、制造显卡的厂商很多,但不管大品牌显卡厂商还是小品牌的显卡厂商,其显卡上的核心GPU大多来自nVIDIA和AMD-ATI厂商。通常把采用AMD-ATI公司GPU的独立显卡称为A卡,采用nVIDIA公司GPU的独立显卡称为N卡。显卡知名品牌有微星(msi)、丽台(LEADTEK)、华硕(ASUS)、蓝宝石(Sapphire)、迪兰恒进(Dataland)、技嘉(GIGABYTE)、七彩虹(Colorful)、影驰(Galaxy)、盈通(Yeston)、铭瑄(MAXSUN)和昂达(ONDA)等。

面对如此众多的品牌和产品,用户在选购时要根据自己的需求来进行选择,然后多比较几款不同品牌同类型的显卡,通过观察显卡的做工来选择显卡,还有重要的一点是显存的容量一定要看清楚。

1. 显卡档次的定位

不同的用户对显卡的需求不一样,需要根据自己的经济实力和使用情况来选择合适的显卡,下面将根据对显卡不同需求的用户推荐购买的显卡类型。

(1) 办公应用类。这类用户不需要显卡具有强劲的图像处理能力,只需要显卡能处理简单的文本和图像即可。集成显卡能很好胜任要求,不需单独购买独立显卡。

(2) 普通用户类。这类用户平时娱乐多为上网、看电影、玩一些小游戏,对显卡有一定的要求,并且也不愿在显卡上面多投入资金,那么这类用户可以购买价格在300~500元左右中低端显卡,投入不多,但是完全可以满足需求。

(3) 游戏玩家类。这类用户对显卡的要求较高,需要显卡具有较强的3D处理能力和游戏性能,这类用户一般都会考虑市场上性能强劲的显卡。

(4) 图形设计类。图形设计类的用户对显卡的要求非常高,特别是3D动画制作人员。这类用户一般选择市场上顶级的显卡。

2. 显卡的做工

市面上各种品牌的显卡多如牛毛,质量也良莠不齐。名牌显卡做工精良,用料扎实,看上去大气;而劣质显卡做工粗糙,用料伪劣,在实际使用中也容易出现各种各样的问题。建议选购知名品牌的显卡。

3. 显存的选择

很多用户购买显卡时,重点关注显卡的价格和显卡芯片,也知道显存的重要性。因此在价格和显示芯片差不多情况下,往往选择显存容量大的显卡。显存容量大是好,但容量大不见得速度就快,所以在选购的时候一定还要注意显存频率和显存位宽等其他关键性指标。

6.2 显示器

计算机显示系统的指标高低首先取决于显示卡，即由显示卡决定着输出视频信号的质量。但是，显示器是用户最终可见的设备，只有它直接影响用户的视觉感受，如果没有高指标的显示器，即使有了高质量的视频信号，也不可能带来高质量的画面。

彩色显示器按显示原理分两大类：一类是阴极射线管 CRT 彩色显示器，此类显示器具有色彩好、亮度高和成本低等优点；另一类是平板显示器，主要有液晶 LCD 显示器、等离子体 PDP 显示器等，此类显示器具有重量轻、体积小和无辐射等优点，随着价格降低和清晰度的提高，平板显示器已经成为显示器主流产品。

6.2.1 CRT 显示器

CRT 显示器学名为阴极射线显像管，是一种使用阴极射线管(Cathode Ray Tube)的显示器，如图 6-10 所示。目前 CRT 显示器已经退出主流市场，使用数量越来越少，在此简单介绍相关知识。

图 6-10　CRT 显示器

6.2.1.1 CRT 显示器分类

1. 按显像管的表面平坦度分类

按照显像管表面平坦度的不同可分为球面管、平面直角管、柱面管、真正平面管和视觉平面管。

2. 按显像管的生产厂家分类

虽然市场上真正 CRT 平面显示器品牌很多，但显像管的研制生产只有几家，所采用的显像管也只有几种，其中最主要的有 Sony 的 FD Trinitron(特丽珑)、三菱的 Diamondtron(钻石珑)、三星的 DynaFlat(丹娜)、LG 的 Flatron(未来窗)和不多见的中华管。其中采用三星的 DynaFlat 显像管的显示器产品最多。

6.2.1.2 CRT 显示器的工作原理

1. 三原色

有美术知识的人都知道，红色、黄色、蓝色的水彩颜料以不同的比例能够混合成各种各样的色彩。同样，自然界中各种各样的颜色，都是通过光来反映给人的眼睛。而这些色彩几乎都可以由选定的 3 种单色光以适当的比例混合得到，而且绝大多数的彩色光也可以分解成特定的 3 种单色光。这 3 种选定的颜色称为三原色，各三原色相互独立，它们相互以不同的比例混合，就可以得到不同的颜色，例如大家都很熟悉的黄色加蓝色合成绿色。

色彩丰富的 CRT 显示器正是根据这个三原色原理制造出来的。刚才提到三原色的选择在原则上是任意的，但是通过实验研究发现，人们的眼睛对红、绿、蓝 3 种颜色反应最灵敏，而且它们的配色范围比较广，用这 3 种颜色可以随意配出自然界中的大部分颜色，因此在 CRT 显示器中，选用红、绿、蓝 3 种颜色作为三原色，还分别用 R、G、B 3 个字母来表示。

2. 工作原理

CRT 显示器主要由电子枪、偏转线圈、荫罩、荧光粉层和玻璃外壳(荧光屏)五部分组成,如图 6-11 所示。CRT 显示器显示原理:显像管内部的电子枪(阴极)通电,发出电子束,电子枪发射的电子束不是一束而是三束,经强度控制、聚焦、加速后变成细小的电子流,由偏转线圈控制电子的方向,穿过荫罩的小孔并经荫罩调正,然后高速轰击荧光屏,在荧光屏上涂满了按一定方式紧密排列的红、绿、蓝 3 种颜色的荧光粉点或荧光粉条,称为荧光粉单元,相邻的红、绿、蓝荧光粉单元各一个为一组,人们称为像素,如图 6-12 所示,每个像素中都拥有红、绿、蓝(R、G、B)三原色,根据刚才所说的三原色理论,这就有了形成千变万化色彩的基础。荧光粉被轰击后激活,就可以发出光来,红、绿、蓝(R、G、B)三色荧光点被不同强度的电子流点亮,按比例调配就会产生各种色彩。用这种方法可以产生不同色彩的像素,而大量的不同色彩的像素可以组成一张漂亮的画面,而不断变换的画面就成为可动的图像。很显然,像素越多,图像越清晰、细腻,也就更逼真。

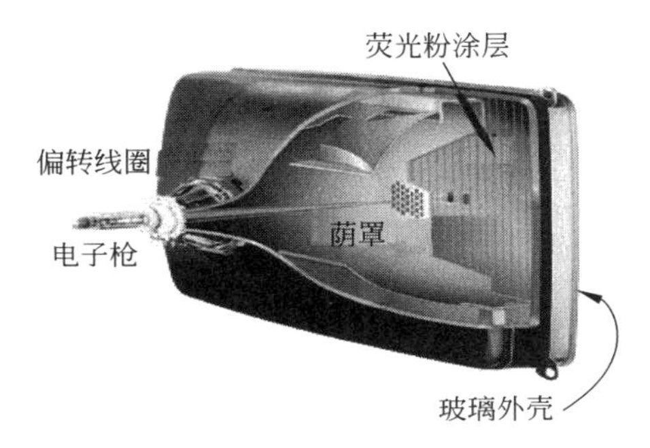

图 6-11　CRT 显示器的组成

图 6-12　显示器屏幕上一个像素

可是,怎样用电子枪来同时激发这数以万计的像素发光并形成画面呢?其原理是利用了人们眼睛的视觉残留特性和荧光粉的余晖作用,即使只有一支电子枪,只要三支电子束可以足够快地向所有排列整齐的像素进行扫描激发,人们还是可以看到一幅完整的图像的。要形成非常高速的扫描动作,还需要偏转线圈的帮助,通过它,可以使显像管内的电子束以一定的顺序,周期性地轰击每个像素,使每个像素都发光,而且只要这个周期足够短,也就是说对某个像素而言电子束的轰击频率足够高,人们就会看到一幅完整的图像。实现扫描的方式很多,如直线式扫描、圆形扫描、螺旋扫描等。其中,直线式扫描又可分为逐行扫描和隔行扫描两种,在 CRT 显示系统中两种都采用。逐行扫描是电子束在屏幕上一行紧接一行从左到右的扫描方式,是比较先进的一种方式。而隔行扫描中,一张图像的扫描不是在一个场周期中完成的,而是由两个场周期完成的。在前一个场周期扫描所有奇数行,称为奇数场扫描,在后一个场周期扫描所有偶数行,称为偶数场扫描。无论是逐行扫描还是隔行扫描,为了完成对整个屏幕的扫描,扫描线并不是完全水平的,而是稍微倾斜的,为此电子束既要作水平方向的运动,又要作垂直方向的运动。前者形成一行的扫描,称为行扫描;后者形成一幅画面的扫描,称为场扫描。

有了扫描,就可以形成画面,然而在扫描的过程中,怎样可以保证三支电子束准确击中每一个像素呢?这就要借助于荫罩,它的位置大概在荧光屏后面约 10mm 处,厚度约为 0.15mm,它上面有很多小孔或细槽,它们和同一组的荧光粉单元即像素相对应。三支电子束经过小孔或细槽后只能击中同一像素中的对应荧光粉单元，因此能够保证彩色的纯正和正确的会聚，才可以看到清晰的图像。

至于画面的连续感，则是由场扫描的速度来决定的，场扫描越快，形成的单一图像越多，画面就越流畅。而每秒钟可以进行多少次场扫描通常是衡量画面质量的标准，通常用帧频或场频（单位为 Hz，赫兹）来表示，帧频越大，图像越有连续感。24Hz 场频是保证对图像活动内容的连续感觉，48Hz 场频是保证图像显示没有闪烁的感觉，这两个条件同时满足，才能显示效果良好的图像。其实，这就跟动画片的形成原理是相似的，一张张的图片快速闪过人的眼睛，就形成连续的画面，就变成动画。

6.2.2 液晶显示器

与 CRT 显示器相比，液晶显示器（Liquid Crystal Display，LCD）的工作电压低、功耗小；因自身并不发光，所以没有辐射；完全平面，无闪烁、无失真，用眼不会疲劳；可视面积大，又薄又轻，能节省大量空间；抗干扰能力也比 CRT 显示器强得多。随着技术的提高和价格的不断下降，目前台式计算机也广泛使用液晶显示器，并成为计算机首选显示器。

6.2.2.1 LCD 显示器的工作原理

从液晶显示器的结构来看，无论是笔记本电脑还是桌面系统，采用的 LCD 显示屏都是由不同部分组成的分层结构，如图 6-13 所示。LCD 由两块玻璃板构成，厚约 1mm，其间由包含有液晶材料的 5μm 均匀间隔隔开。因为液晶材料本身并不发光，所以在显示屏两边都设有作为光源的灯管，而在液晶显示屏背面有一块背光板（或称匀光板）和反光膜，背光板是由荧光物质组成的可以发射光线，其作用主要是提供均匀的背景光源。

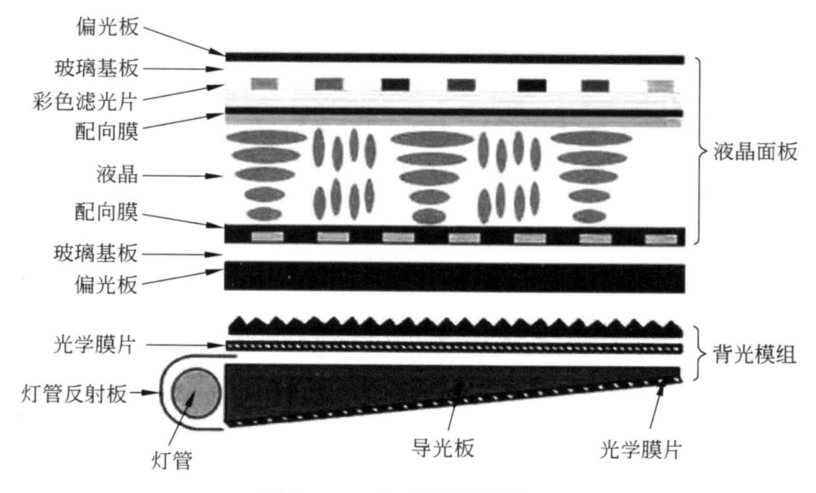

图 6-13 LCD 显示器结构图

背光板发出的光线在穿过第一层偏振过滤层之后进入包含成千上万液晶液滴的液晶层。液晶层中的液滴都被包含在细小的单元格结构中，一个或多个单元格构成屏幕上的一个像素。在玻璃板与液晶材料之间是透明的电极，电极分为行和列，在行与列的交叉点上，通过改变电压而改变液晶的旋光状态，液晶材料的作用类似于一个个小的光阀。在液晶材料周边是控制电路部分和驱动电路部分。当 LCD 中的电极产生电场时，液晶分子就会产生扭曲，从而将穿越其中的光线进行有规则的折射，然后经过第二层过滤层的过滤在屏幕上显示出来。

对于液晶显示器来说，亮度往往和它的背板光源有关。背板光源越亮，整个液晶显示器的亮度也会随之提高。而在早期的液晶显示器中，因为只使用 2 只冷光源灯管，往往会造成亮度不均匀等现象，同时明亮度也不尽如人意。一直到后来使用 4 只冷光源灯管产品的推出，才有很大的改善。

6.2.2.2 LED 显示器

根据液晶显示器的原理，液晶显示器是由液晶分子折射背光源的光线来呈现出不同的颜色，液晶分子自身是无法发光的，主要通过背光源的照射来实现。LED 显示器采用 LED 背光源。早期绝大部分液晶显示器的背光源都是 CCFL(冷阴极射线管)，它的原理近似于日光灯管。而 LED 背光则是用于替代 CCFL 的一个新型背光源，LED 是发光二极管 Light Emitting Diode 的英文缩写。所以可把 LED 显示器看作是 LCD 显示器的一个分支，只不过更换了背光源。

作为 LCD 显示设备下一代背光源的 LED 具有亮度高、色域广、反应快、可独立开关并且不含有害物质汞等诸多优势。不过综合起来说，采用 LED 作为背光源的 LCD 液晶面板与使用 CCFL 为光源的 LCD 相比，最大的优势主要体现在以下三点。

1. 采用 LED 背光的 LCD 厚度进一步缩小

LED 背光源是由众多栅格状的半导体组成，每个“格子”中都拥有一个 LED 半导体，这样 LED 背光就成功实现了光源的平面化。平面化的光源不仅有优异的亮度均匀性，还不需要复杂的光路设计，这样一来 LCD 的厚度就能做得更薄，同时还拥有更高的可靠性和稳定性。

2. 更长的寿命，更低的耗电量，更环保

有数据表明，光液晶屏就占据笔记本电脑整机能耗的 30%左右，而采用了 LED 背照光系统后，可以大幅降低能耗。它比通常用的 CCFL 类液晶屏省电 48%。而且 LED 没有采用对环境有害的元素汞，相当环保，而 CCFL 中是含汞的。

3. LED 背光屏的色彩表现力远胜于 CCFL

一方面，更高的刷新频率使得 LED 在视频方面有更好的性能表现，LED 显示屏的单个元素反应速度是 LCD 液晶屏的 1000 倍，在强光下也可以照看不误，并且适应零下 40℃的低温；另一方面，原有的 CCFL 背光由于色纯度等问题，在色阶方面表现不佳。这就导致了 LCD 在灰度和色彩过渡方面不如 CRT。据测试，采用 CCFL 背光只能实现 NTSC 色彩区域的 78%，而 LED 背光却能轻松地获得超过 100%的 NTSC 色彩区域。在色彩表现力和色阶过渡方面，LED 背光也有显著的优势。

6.2.2.3 LCD 显示器性能指标

1. 屏幕尺寸

液晶显示器的标注尺寸就是实际的屏幕尺寸，是最大也是最佳显示尺寸。常见显示器尺寸有 19 英寸、19.5～20 英寸、21.5～22 英寸、23～26 英寸等，还有更大尺寸的显示器，但太大了不适合作为台式机显示器，一般有特殊用途。

2. 屏幕比例

屏幕比例是指屏幕宽度和高度的比例。常见的屏幕比例有4∶3、16∶9、16∶10。4∶3屏幕比例显示器也称为方屏，和CRT显示器屏幕比例相同。16∶9和16∶10屏幕比例显示器称为宽屏显示器。

3. 分辨率

液晶显示器和传统的CRT显示器一样，分辨率都是重要的参数之一。传统CRT显示器所支持的分辨率较有弹性，而液晶的像素间距已经固定，所以支持的显示模式不像CRT那么多。液晶的最佳分辨率也称为最大分辨率，在该分辨率下，液晶显示器才能显现最佳影像。最佳分辨率一般在显示器上或包装上有提示。由最佳分辨率可知屏幕比例。

4. 刷新频率

由于LCD显示器像素的亮灭状态只有在画面内容改变时才有变化，因此即使刷新频率很低，也能保证稳定的显示，一般有60Hz就足够了，如果LCD支持调节到更高的75Hz，对显示器显示效果并无太大影响。

5. 接口类型

液晶显示器接口主要有VGA接口、DVI接口、HDMI接口。采用数字接口（如目前的DVI接口是主流）可以有效地减少信号的损耗和干扰，是最适合液晶显示器的接口。但仍然有很多液晶显示器使用模拟信号接口——VGA接口。

6. 点缺陷

CRT显示器基本不会出现屏幕点缺陷，而液晶显示器的点缺陷（包含坏点或暗点、亮点）从液晶诞生至今就一直存在。

亮点是指在黑屏的情况下呈现的R、G、B（红、绿、蓝）的点称为亮点。亮点的出现分为两种情况：在黑屏的情况下单纯地呈现R或者G或者B色彩的点；在切换至红、绿、蓝三色显示模式下，只有在R或者G或者B中的一种显示模式下有白色点，同时在另外两种模式下均有其他色点的情况，这种情况是在同一像素中存在两个亮点。

暗点是指在白屏的情况下出现非单纯R、G、B的色点称为暗点。暗点的出现分为两种情况：在切换至红、绿、蓝三色显示模式下，在同一位置只有在R或者G或者B一种显示模式下有黑点的情况，这种情况表明此像素内只有一个暗点；在切换至红、绿、蓝三色显示模式下，在同一位置上在R或者G或者B中的两种显示模式下都有黑点的情况，这种情况表明此像素内有两个暗点。

坏点是指在液晶显示器制造过程中不可避免的液晶缺陷，由于目前工艺的局限性，在液晶显示器生产过程中很容易造成硬性故障坏点的产生。这种缺陷表现为无论在什么情况下都只显示为一种颜色的一个小点。需要注意的是，挑坏点时不能只看纯黑和纯白两个画面，所以要将屏幕调成各种不同的颜色来查看，在各种颜色下捕捉坏点，如果坏点多于两个，最好不要购买。按照行业标准，3个坏点以内都是合格的。

7. 可视角度

可视角度是指用户可以从不同的方向清晰地观察屏幕上所有内容的角度。由于提供LCD显示器显示的光源经折射和反射后输出时已有一定的方向性，在超出这一范围观看就会产生色彩失真现象，CRT显示器不会有这个问题。

市场上出售的LCD显示器的可视角度都是左右对称的，但上下就不一定对称了，常常是上下角度小于左右角度。当人们说可视角是左右80°时，表示站在始于屏幕法线(就是显示器正中间的假想线)80°的位置时仍可清晰看见屏幕图像。视角越大，观看的角度越好，LCD显示器也就更具有适用性。由于每个人的视力不同，因此以对比度为准，在最大可视角度时所量到的对比度越大就越好。

8. 亮度

由于液晶本身不会发光，因此所有的液晶显示器都需要背光照明，背光的亮度也就决定了显示器的亮度。亮度高，则画面显示的层次也就更丰富，从而画面的显示质量也就更高。亮度是指液晶显示器在白色画面之下明亮的程度，单位是cd/m^2或nit。亮度是直接影响画面品质的重要因素。

液晶显示器会发光是因为它的背光模块藏有灯管，其液晶板后面会安装2～6只灯管，目前，灯管厂商都会保证灯管使用寿命在3～5万小时以上，其寿命远远超过CRT显示器。

9. 对比度

对比度则是屏幕上同一点最亮时(白色)与最暗时(黑色)的亮度的比值，高的对比度意味着相对较高的亮度和呈现颜色的艳丽程度。品质优异的LCD显示器面板和优秀的背光源亮度，两者合理配合就能获得色彩饱满明亮清晰的画面。

液晶显示器的背光源是持续亮着的，而液晶面板也不可能完全阻隔光线，因此液晶显示器实现全黑的画面非常困难。而同等亮度下，黑色越深，显示色彩的层次就越丰富，所以液晶显示器的对比度非常重要。一般人眼可以接受的对比度一般在250∶1左右，低于这个对比度就会感觉模糊或有灰蒙蒙的感觉。对比度越高，图像的锐利程度就越高，图像也就越清晰。通常液晶显示器对比度为300∶1，做文档处理和办公应用足够了，但玩游戏和看影片就需要更高的对比度才能达到更好的效果。

10. 响应时间

响应时间是指一个液晶晶元(Liquid Crystal Cell)从发光状态到不发光状态，再回到发光状态所需的时间，也就是一个像素由黑转白再转黑所需的时间。响应时间的计算单位是毫秒(ms)，时间越长，液晶显示器的画面反应就越慢，就会产生图像消失或拖尾现象。要完全消除LCD的拖影，响应时间要达到5ms以下才可以，到了5ms时，响应时间将不再成为LCD的关键参数。

6.2.3 显示器的选购

选购显示器，性能指标是关键，除此之外还可以从以下两方面考虑。

1. 品牌

目前市场上的显示器都是LED液晶显示器，生产LED液晶显示器的厂商有很多，如三星(Samsung)、冠捷(AOC)、戴尔(Dell)、飞利浦(Philips)、优派(ViewSonic)、明基(BenQ)等。选购显示器，先找心仪的品牌，再根据品牌去选购具体型号，也是一个不错的方法。

2. 用途

购买显示器时还要根据用途来进行选择，一般可以分为以下3种情况。

1) 家庭娱乐型

显示器性能指标不求太高，价格自然也不贵，在700～1200元之间就满足。外款设计时尚、新颖，可以顺利地观看电影、文本，玩玩一般的小游戏。

现实的屏幕尺寸 19 英寸、20 英寸、22 英寸都有，21.5～22 英寸、23～26 英寸的尺寸比较合适。

2）游戏玩家

游戏玩家对画面的延迟会显得十分敏感，对色彩的表现和画面的细腻程度的要求也十分高。因此，响应速度极其快、色彩饱满、屏幕大的液晶显示器就成为游戏玩家的必然选择。

3）专业用户

对于专业绘图用户追求的是尽可能低的失真率，尽可能高的色彩还原度、分辨率以及大屏幕。这种专业性的显示器对外款设计没什么要求，注重的是内部的分辨率、插口，以及响应速度等。专业显示器价格比较昂贵，因为专业需要，配置高，价格从 5000 多元到几万元不等。

6.3 本章小结

本章重点是显示卡相关知识，包括显卡结构、显卡性能指标。目前显示器主流是 LED 显示器，大家重点关注 LED。

习题

1. 显示卡的作用和种类有哪些？
2. 显示卡的输出接口有哪几种？
3. 上网查阅当前显卡型号、价格等商情信息。
4. 显示器有哪些种类？各有什么特点？
5. 什么是显示器的分辨率、行频和场频？
6. 上网查阅有关液晶显示器评测方面的文章。
7. 用显示器上的 OSD 按钮调整显示器。
8. 上网查阅如何检测液晶显示器的点缺陷？
9. 简述 CRT 显示器的工作原理。

第 7 章　声卡和音箱

本章学习目标

- 熟练掌握声卡的结构及其性能指标。
- 了解音箱的相关知识。

本章介绍计算机音频系统，包括声卡和音箱。

7.1　声卡

在还没有发明声卡的时候，PC 游戏是没有任何声音效果的。即使有，那也是从 PC 小喇叭里发出的那种“嘀里嗒拉”的刺耳声。虽然效果差，但在那个时代这已经令人非常满意了。直到声卡的诞生才使人们享受到了真正悦耳的计算机音效。现在的计算机中声卡是标准配置，有了功能强大的声卡，计算机就可以处理复杂的音频信息，使计算机可以与传统的音频设备相媲美。

声卡 (Sound Card)是多媒体技术中最基本的组成部分，是实现声波/数字信号相互转换的一种硬件。声卡的基本功能是把来自话筒、收录音机、激光唱机等设备的语音、音乐等声音变成数字信号交给计算机处理，并以文件形式存盘，还可以把数字信号还原成为真实的声音输出。

声卡的工作原理其实很简单，话筒和扬声器所用的都是模拟信号，而计算机所能处理的都是数字信号，两者不能混用，声卡的作用就是实现两者的转换。声卡从话筒中获取声音模拟信号，通过模数转换器(ADC)，将声波振幅信号采样转换成一串数字信号，存储到计算机中。重放时，这些数字信号送到数模转换器(DAC)，以同样的采样速度还原为模拟波形，放大后送到扬声器发声。

7.1.1　声卡的分类

1. 按照声卡的接口类型分类

可以把声卡分为 ISA 声卡、PCI 声卡(见图 7-1(a))、PCI-E 声卡(见图 7-1(b))和 USB 声卡(见图 7-1(c))，如图 7-1 所示。目前，ISA 声卡已经淘汰，PCI 声卡仍然在大量使用，但逐步向 PCI-E 声卡过渡，PCI-E 声卡将成为市场主流，USB 声卡通过 USB 接口与主机连接(见图 7-2)，具有使用方便、便于移动等优势。

2. 按照声卡的组成结构分类

按照声卡的组成结构可分为主板集成的声卡和独立声卡。

集成声卡具有不占用总线接口、成本更为低廉、兼容性更好等优势，能够满足普通用户的绝大多数音频需求，自然就受到市场青睐。而且集成声卡的技术也在不断进步，多声道、低 CPU 占有率等优势也相继出现在集成声卡上，它也由此占据了主导地位，占据了声卡市场的大半壁江山。

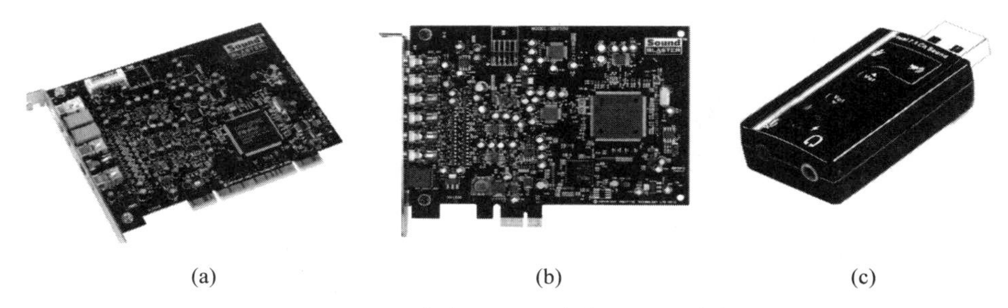
(a) (b) (c)

图 7-1 PCI 声卡、PCI-E 声卡和 USB 声卡

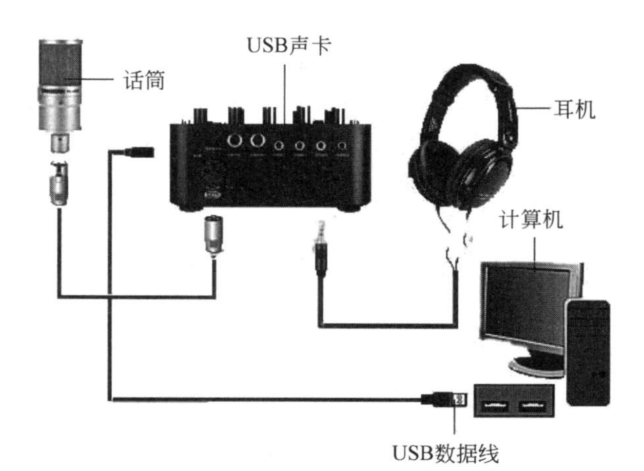

图 7-2 USB 声卡与计算机连接示意图

独立声卡的产品虽然涵盖着声卡市场的低、中、高各个领域，售价也从几十元至上千元不等，但相对于目前市场上 90%以上的主板都集成声卡这个残酷的现实，独立声卡无疑已经失去了昔日的霸主地位，只能固守中高端领域了。主要针对音乐发烧友、3D 游戏爱好者以及 DVD 影迷等比较注重音质的特殊用户。

3. 按照声卡采样位数分类

按照声卡采样位数可分为 8 位声卡、准 16 位声卡、真 16 位声卡、24 位声卡、32 位声卡等。早期的声卡是 8 位声卡，目前多为 16 位声卡，专业级的高档声卡有 32 位的。

4. 按照声卡声道数分类

声道(Sound Channel)是指声音在录制或播放时在不同空间位置采集或回放的相互独立的音频信号，所以声道数也就是声音录制时的音源数量或回放时相应的扬声器数量。理论上声音的完全真实再现需要无限多的拾音器、无限多的声道和无限多的扬声器，这实际上无法办到，只能利用特定的音效技术尽量真实地再现声音。

按照声卡声道数可分为单声道声卡、准立体声声卡、真立体声声卡、四声道环绕声卡(规定了 4 个发音点：前左、前右、后左、后右，听众则被包围在这中间)、5.1 声道声卡(增加一个中置单元)和 7.1 声道声卡(比 5.1 多了两个左右环绕声道)等。

7.1.2 独立声卡

独立声卡是相对于现在板载声卡而言的，在以前本来就是独立的。随着硬件技术的发展以及厂商成本考虑，出现了把音效芯片集成到主机板上，这就是现在的板载声卡。虽然现如今的板载声卡音效已经很不错了，但原来的独立声卡并没有因此而销声匿迹，现在推出的大都是针对音乐发烧友以及其他特殊场合而量身订制的，它对电声中的一些技术指标有相当苛刻的要求，达到精益求精的程度，再配合出色的回放系统，给人以最好的听觉享受。

独立声卡基本是由音频处理芯片、Codec 芯片、输入输出接口等几个部分组成，如图 7-3 所示。

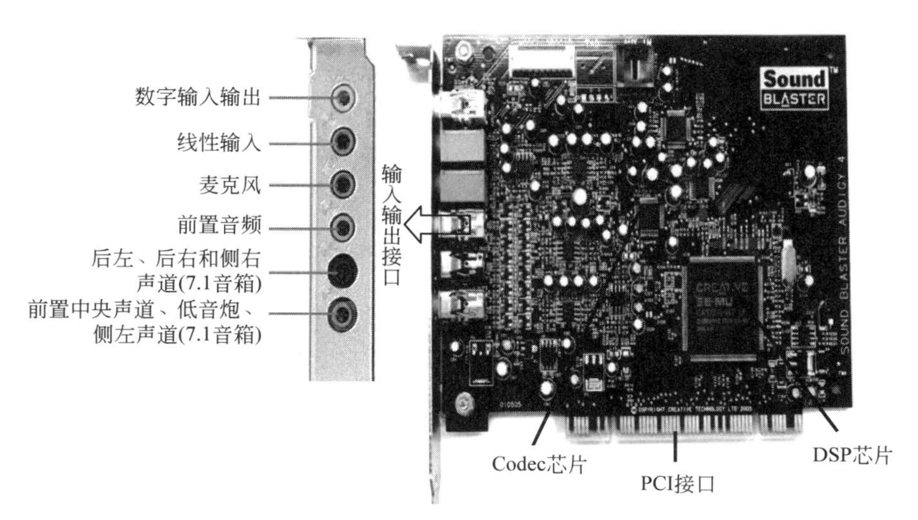

图 7-3 创新 Sound Blaster Audigy 4 Ⅱ 声卡

(1) DSP 芯片。DSP 也称为音频加速器，有强大的运算能力，专门为音频处理服务，和 CPU 一样，不同音频加速器有着处理能力上的区别。DSP 基本上决定了整个声卡的性能和档次，是声卡上的核心部件。

(2) I/O 控制器。I/O 控制器负责控制音频/数据通道，也是声卡的核心芯片，大多数 DSP 芯片同时集成了 I/O 控制器，少数专业声卡有专门的 I/O 控制器。

(3) Codec 芯片(编、译码芯片)。具有 D/A(数字信号转换成模拟信号)和 A/D(模拟信号转换成数字信号)转换功能。人们在听音乐的时候用到的是 D/A 转换功能。在接收到数字信号相同的情况下，D/A 的好坏直接决定着声卡的音质。

(4) 总线接口。声卡的总线接口是用于与主板的声卡接口电路相连接的，声卡总线接口主要有 PCI、PCI-E。

(5) 输入输出接口。声卡要具有录音和放音功能，就必须要有与之对应的放音和录音相连接的接口。

图 7-3 为创新 Sound Blaster Audigy 4 Ⅱ 声卡。DSP 为 Audigy 音频处理器，两个独立的 Codec 芯片，PCI 总线接口连接主板，7.1 声道输入输出接口。

图 7-4 为创新 Sound Blaster Recon3D PCIe 声卡，它是一款集成度非常高的 PCI-E 声卡，核心芯片——Creative CA0132 芯片，它也被命名为 Sound Core3D，即多核心音频和语音处理器，在一颗芯片中集成了多个高性能 DSP 数字信号处理核心以及高质量的 HD Audio Codec。具体包括 4 个独立的 Quartet DSP 处理器核心，6 通道 24 位 DAC，4 通道 24 位 ADC，集成耳机放大器，数字麦克风接口等。而在它的旁边还有一颗配对芯片 Creative

CA0113 芯片。这是两颗集成度非常高的芯片，声卡的所有功能都靠这一对芯片完成。

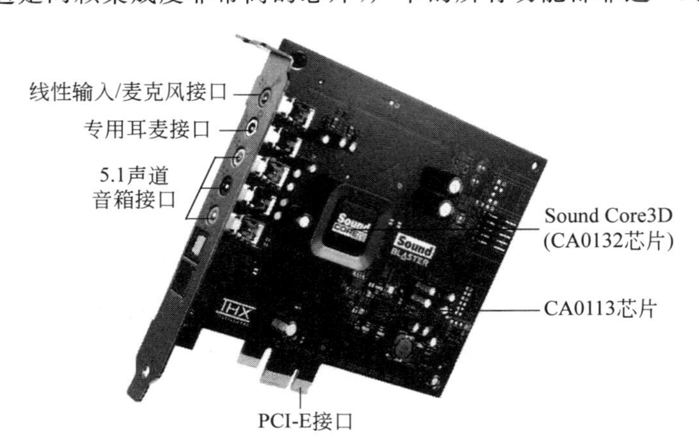

图 7-4 创新 Sound Blaster Recon3D PCIe 声卡

目前，市场上独立声卡厂商主要有创新（Creative）、德国坦克（TerraTec）、华硕（ASUS）、乐之邦（MUSILAND）、节奏坦克（TempoTec）、魔羯（MOGE）和爱科（Echo）等。其中创新（Creative）声卡依然是玩家首选。

7.1.3 板载声卡

随着主板整合程度的提高以及 CPU 性能的日益强大，板载声卡出现在越来越多的主板中，目前板载声卡几乎成为主板的标准配置。

板载声卡又分成软声卡和硬声卡。软声卡仅在主板上集成 Codec 芯片，而音频处理这部分则由 CPU 完全取代，节约了不少成本。集成在主板上的硬声卡除了包含 Codec 芯片之外，还在主板上集成了 DSP 芯片，即把芯片及辅助电路都集成到主板上。这些声卡芯片提供了独立的数字音频处理单元和 ADC 与 DAC 的转换系统，最终输出模拟的声音信号。这种硬声卡和普通独立声卡区别不大，更像是一种全部集成在主板上的独立声卡，不过相应的成本也有所增加，现在已很少被主板厂商采用。

按行业规范，板载声卡又可分为最新 HDAudio 声卡和旧式 AC’97 声卡。

(1) AC’97 的全称是 Audio Codec’97，这是一个由 Intel、雅玛哈（Yamaha）等多家厂商联合研发并制定的一个音频电路系统标准。它并不是一个实实在在的声卡种类，只是一个标准。厂商也习惯用符合 Codec 的标准来衡量声卡，因此很多的主板产品，不管采用何种声卡芯片或声卡类型，都称为 AC’97 声卡。

AC’97 主要定义采用双芯片（数字信号和模拟信号分别处理），保证声卡的 SNR（信噪比）能够达到 90db，立体声全双工，固定 48kHz 采样频率，4 种模拟立体声输入输出（LINE、CD、VIDEO、SPEAKER），一种模拟单声道信号输入（MIC）等。根据 AC’97 标准的规定，不同 Audio Codec’97 芯片之间的引脚兼容，原则上可以互相替换。

(2) HD Audio 是 High Definition Audio（高保真音频）的缩写，是 Intel 与杜比（Dolby）公司合力推出的新一代音频规范。HD Audio 是 AC’97 的升级版本，现已取代 AC’97 成为现有声卡的标准规范，它的诞生，意味着声卡进入高清时代。HD Audio 是基于 AC’97 发展而来，因此有着很明显的继承性，但并不能向下兼容 AC’97 标准。它在 AC’97 的基础上提供了全新的连接总线,支持更高品质的音频以及更多的功能。与 AC'97 音频解决方案相类似,HD Audio 同样是一种软硬混合的音频规范,集成在主板芯片组中(除去 Codec 部分)。与 AC'97 相比,HD Audio 具有数据传输带宽大、音频回放精度高、支持多声道阵列麦克风音频输入、CPU 的占用率更低和底层驱动程序可以通用等特点。

HD Audio 还有一个非常人性化的设计,HD Audio 支持设备感知和接口定义功能,即所有输入输出接口可以自动感应设备接入并给出提示,而且每个接口的功能可以随意设定。该功能不仅能自行判断哪个端口有设备插入,还能为接口定义功能。例如,用户将 MIC 插入音频输出接口,HD Audio 便能探测到该接口有设备连接,并且能自动侦测设备类型,将该接口定义为 MIC 输入接口,改变原接口属性。由此看来,用户连接音箱、耳机和 MIC 就像连接 USB 设备一样简单,在控制面板上单击几下鼠标即可完成接口的切换,即便是复杂的多声道音箱,菜鸟级用户也能做到"即插即用"。

目前,人们能够看到的市面上销售的主板产品,绝大部分都采用了 Realtek(瑞昱)的音效芯片。Realtek 旗下的音效芯片的命名现在都是 ALCxxx,而人们能够看到的主流级主板都会搭载 ALC892、ALC898 甚至是 ALC1150。在小小的一枚芯片中,不仅仅有完整的 D/A 和 A/D 转换电路,同时还支持多种输出接口的标准以及多声道的输出。

7.1.4 声卡主要性能指标

1. 采样位数

采样位数通常也称为采样值,就是在模拟声音信号转换为数字声音信号的过程中,对满幅度声音信号规定的量化数值的二进制位数。

采样位数决定着声音信号的幅度变化的数字化精度,采样位数越大,量化精度越高,声卡的分辨率也就越高。在 PC 的普通声卡中,通常采用 16 位采样率就可以了,因为普通人的耳朵对声音强度的分辨通常超不过 65 536 级。专业级声卡采样位数可达到 24 位或 32 位。

2. 采样频率

采样频率也称为取样频率。采样频率是指每秒采集声音样本的数量,它是指录音设备在一秒钟内对声音信号采样次数,采样频率越高声音的还原就越真实越自然。16 位声卡采样频率共设有 22.05kHz、44.1kHz、48kHz 三个等级,其音质分别对应于调频立体声音乐、CD 品质立体声音乐、优质 CD 品质立体声音乐。

关于采样频率的原理就是著名的尼奎斯特定理(Nyquist),即在对模拟信号进行 A/D 变换时,要想不产生低频失真,采样频率至少应是模拟信号最高频率的两倍。人耳的听力范围是 20Hz～20kHz,要充分满足人们听力的要求,对声音的采样频率至少应是 40kHz,再适当留有余地,对 CD 音乐的采样频率就确定为 44.1kHz。

有些专业声卡提供更高的采样频率,例如 96kHz,这是因为在处理声音信号时,每次处理都会有所失真,如果多次处理,失真就会很明显。所以高的采样频率在这种情况下很重要。

3. 信噪比

信噪比(SNR)是一个判断声卡抑制音频噪音能力的重要指标,信号和噪音信号的功率比值就是 SNR,单位为分贝。信噪比值越大越好。较高的信噪比保证了声音输出时音色纯正,可以将杂音减少到最低限度。

4. 声道数

声卡所支持的声道数也是声卡技术发展的重要标志之一。支持声道数多,用户可以获得更加完美的听觉效果和声场定位。

7.1.5 声卡的选购

选购声卡与选购其他配件一样,要根据需要来选择,也就是用声卡来干什么。如果是普通的应用,如听听音乐、看看影视、玩玩游戏,选用一般的廉价声卡或板载声卡就可以了。如果对音响有较高的要求,就要选择一块高、中档的声卡。

7.2 音箱

音箱是计算机多媒体配件中的一个非常重要的成员,平时虽然在整个计算机配置中,音箱的重要性并不太明显,而且往往不被重视。然而,音箱的外形、质量往往对计算机的整体音频性能起着决定性的作用。

7.2.1 音箱的分类

1. 按照声道数量

按照声道数量音箱可分为 2.0 声道(双声道立体声)、2.1 声道(双声道另加一超重低音声道)、4.1 声道(四声道加一超重低音声道)、5.1 声道(五声道加一超重低音声道)、7.1 声道(七声道加一超重低音声道)音箱,如图 7-5 所示。

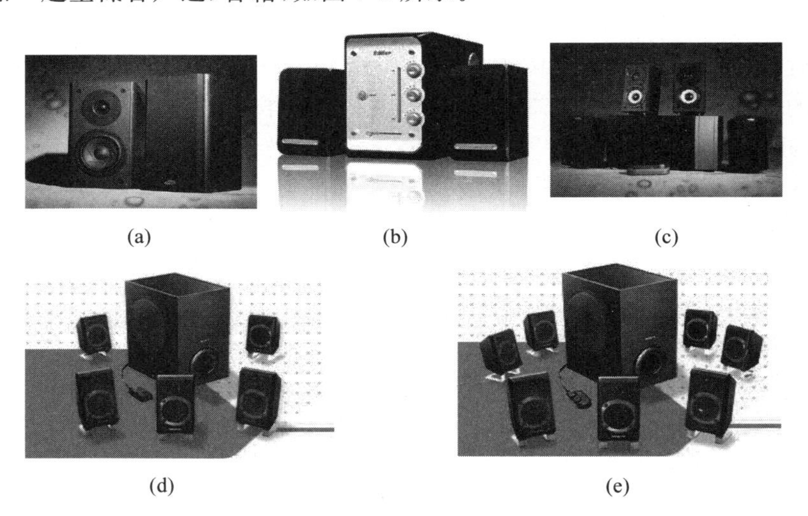

(a) (b) (c)

(d) (e)

图 7-5 2.0、2.1、4.1、5.1、7.1 声道音箱

2. 按材质

按材质音箱可分为塑料音箱和木制音箱。塑料音箱价位低、造型丰富,但音质和音色差;木制音箱,音质高,但由于选用板材、功放芯片、扬声器、变压器等许多方面有很大差异,质量差别很大。

3. USB 音箱

在箱体增加数模转换电路，将原来由声卡完成的数模转换工作移到音箱内部完成，使模拟信号免去机箱内的电磁干扰，声音变得纯净。

7.2.2 音箱的性能指标

1. 功率

音箱的功率主要由功率放大器芯片的功率决定，此外还与电源的功率有关。对于普通家庭用户 $20m^2$ 左右的房间来说，2×30W 的音箱已足够使用。

2. 频率范围与频率响应

频率响应是指将一个以恒电压输出的音频信号与音箱系统相连接时，音箱产生的声压随频率的变化而发生增大或衰减及相位随频率而发生变化的现象，单位为分贝(dB)。频率范围是指声压衰减 3dB 时的最高和最低频率之差。

3. 失真度

失真分为谐波失真、互调失真和瞬态失真。谐波失真是指高次谐波成分导致的失真；互调失真影响声音的音调；瞬态失真是因为扬声器盆体的振动无法跟上电信号的变化而导致的原信号与回放音色之间存在的差异。失真度常以百分数表示，数值越小表示失真度越小。普通多媒体音箱的失真度应小于 0.5%，而低音炮的失真度应小于 5%。

4. 阻抗

阻抗是指扬声器输入信号的电压与电流的比值。音箱的输入阻抗一般分为高阻抗、标准阻抗和低阻抗三类，高于 16Ω 的是高阻抗，低于 8Ω 的是低阻抗，音箱的标准阻抗是 8Ω。最好不要购买低阻抗的音箱。

5. 信噪比

信噪比是指音箱回放的正常声音信号强度与噪声信号强度的比值。信噪比低时，小信号时噪音影响大。信噪比低于 80dB 的音箱和低于 70dB 的低音炮建议不要购买。

7.2.3 音箱的选购

市场上的音箱贵的上千元，便宜的几十元，音箱的选购同样要根据需要而定。如果不是音乐发烧友，只用来听听 MP3、学习教学软件、玩玩一般游戏，完全没有必要花上几百元购买一套多媒体音箱，用几十元买个有源音箱就可以了。

如果是音乐或游戏发烧友，则需要一套性能优异的多媒体音箱。在选购时除了注意一些性能指标外，还要注意喇叭的材质、音箱的材料、防磁功能、功能设计及易用性、安全性以及售后服务。在选购音箱时可同时挑几款不同的牌子或不同档次的品牌音箱来试听，记住耳听为实。

如今市场上卖得最多的音箱大部分都是三百元以下或三百元左右的品牌音箱，而价格在高一些的音箱只是极少数计算机发烧友或音乐发烧友在采用。常见的品牌有漫步者、索尼、博士、惠威、雅马哈、飞利浦、三诺、超音速和冲击波等。

7.3 本章小结

本章介绍了声卡和音箱相关知识。由于声卡和音箱在计算机硬件中地位不是很突出，大家可适当关注。

习题

1. 声卡最主要的性能指标是什么?
2. 上网查阅有关声卡方面的商情信息。
3. 了解音箱的性能指标,到市场考察音箱的常见品牌有哪些。

第8章　其他常用设备

本章学习目标

- 熟练掌握键盘、鼠标的相关知识。
- 熟练掌握机箱、电源的相关知识。

配合计算机使用还需要诸如键盘、鼠标、机箱和电源等常见设备。

8.1　键盘和鼠标

键盘和鼠标是最常用、最基本的输入设备，用户的各种命令、程序和数据都可通过键盘和鼠标进行工作。

8.1.1　键盘

键盘作为计算机中最基本而且也是最重要的输入装置，在计算机的发展历史中起着很重要的作用。每一段程序、每一篇文章都是通过键盘一个字一个字地输入计算机中的。

8.1.1.1　键盘的分类

1. 按键盘的工作原理分类

键盘按工作原理可分为机械式键盘、塑料薄膜式键盘、导电橡胶式键盘和电容式键盘几种。其中，机械式键盘采用类似金属接触式开关，工作原理是使触点导通或断开，具有手感差，击键时用力大，击键的声音大，手指易疲劳，键盘磨损快，故障率高，易维护等特点。塑料薄膜式键盘内部共分四层，实现了无机械磨损，其特点是低价格、低噪音和低成本，市场占有相当份额。导电橡胶式键盘触点的结构是通过导电橡胶相连，键盘内部有一层凸起带电的导电橡胶，每个按键都对应一个凸起，按下时把下面的触点接通，这种类型被键盘制造厂商所普遍采用。电容式键盘使用类似电容式开关的原理，通过按键时改变电极间的距离引起电容容量改变从而驱动编码器，特点是无磨损且密封性较好。

2. 按键盘开关数目分类

早期键盘为83个键，逐渐发展为标准的101键键盘，以后微软公司定义了Windows加速键盘，将键盘上的键增加到了104或108个。有些厂商还增加了一些特殊的功能键，例如上网键、关机键等。键盘上一般有3个指示灯，用来提示键盘目前的状态。

3. 按键盘接口分类

接口类型是指键盘与计算机主机之间相连接的接口方式。目前市面上常见的键盘接口有3种：旧式AT接口、PS/2接口、USB接口和无线接口。旧式AT接口，俗称大口，目前已经淘汰。PS/2接口最早出现在IBM的PS/2的机器上，因此而得名。这是一种鼠标和键盘的专用接口，是一种6针的圆形接口，但键盘只使用其中的4针传输数据和供电，其余2个为空脚。PS/2接口的传输速率比COM接口稍快一些，而且是ATX主板的标准接口，是目前应用最为广泛的键盘接口之一。键盘和鼠标都可以使用 PS/2 接口，但是按照 PC'99 颜色规范，鼠标通常占用浅绿色接口，键盘占用紫色接口。虽然从上面的针脚定义看来两者的工作原理相同，但这两个接口还是不能混插，这是由它们在计算机内部不同的信号定义所决定的。PS/2 接口和 USB 接口的键盘在使用方面差别不大，由于 USB 接口支持热插拔，因此 USB 接口键盘在使用中可能略方便一些。但是计算机底层硬件对 PS/2 接口的支持更完善一些，因此如果计算机遇到某些故障，使用 PS/2 接口的键盘兼容性更好一些。主流的键盘既有使用 PS/2 接口的也有使用 USB 接口的，购买时需要根据需要选择。各种键盘接口之间也能通过特定的转接头或转接线实现转换，例如 USB 转 PS/2 转接头等。无线接口键盘具有摆放随意的优点，无线连接的具体方式可分为红外、蓝牙、无线电等。

8.1.1.2 键盘的选购

1. 键位布局

这需要用户在购买键盘时根据自己的使用习惯进行选择。

2. 键盘做工

键盘做工包括键盘材料的质感、边缘有无毛刺、颜色是否均匀、按键是否整齐合理、印刷是否清晰等几个方面。

3. 操作手感

要根据自己的习惯与爱好进行选择。一般电容式键盘的手感要好于机械式键盘。

8.1.2 鼠标

8.1.2.1 鼠标的分类

1. 根据鼠标的工作原理分类

根据鼠标的工作原理分类，鼠标可分为机械鼠标、光电鼠标和无线鼠标。

机械鼠标的底部有一个滚球，当推动鼠标时，滚球就会不断触动旁边的光栅轮，从而通断发光和接收二极管器件的光线，产生脉冲，脉冲的个数反映鼠标移动的距离。

光电鼠标通过发光二极管(LED)和光敏管协作来测量鼠标的位移，一般需要一块专用的鼠标垫。目前也有不要专用的鼠标垫的光电鼠标。光电鼠标的精度和可靠性高，但其价格明显高于机械式鼠标。

无线鼠标可通过红外线或无线电波来传递位移信息。

2. 鼠标的按键数

根据鼠标按键数目可分为两键鼠标和三键鼠标。两键鼠标又称为 MS Mouse，它是由 Microsoft 公司设计的鼠标；三键鼠标是 IBM 标准，称为 PC Mouse。

3. 鼠标接口

鼠标与计算机连接的接口一般有 3 种：串口、PS/2 接口和 USB 接口。串口鼠标一般接在 COM 口，为 9 针梯形口，现已被淘汰；PS/2 口鼠标接在 ATX 主板提供的一个标准 PS/2 鼠标接口上；USB 口鼠标接在 ATX 主板提供的 USB 接口上，笔记本电脑外挂鼠标均使用 USB 口。

8.1.2.2 鼠标的选购

选购一款鼠标，应从以下 5 个方面考虑。

1. 功能强大

一般用户，光电式鼠标是最佳选择。

2. 质量可靠

建议选购一些品牌厂家的鼠标。

3. 价格适中

鼠标是计算机各个部件中比较便宜的一个配件，价格从十几元到几百元不等，应考虑它的性价比。

4. 手感舒适

手感柔和，外表是流线形或曲线形，按键轻松自如，反应灵敏并富有弹性等应是用户在选购鼠标时要注意的几个方面。

5. 精度高

建议选购光电式鼠标，它的定位精度要远远高于其他几种类型的鼠标。

8.2 电源和机箱

在组装计算机时，电源和机箱的价格占很小的比例。良好的电源，能够保证系统的稳定性；质量和结构合理的机箱，不但可以提供稳固的支架，更能有效地防止电磁辐射，保护使用者的安全。

8.2.1 电源

电源也称为电源供应器(Power Supply)，它提供计算机所有部件所需要的电能。电源功率的大小、电流和电压是否稳定，将直接影响计算机的工作性能和使用寿命。如果 CPU 是计算机的“大脑”，主板是计算机的“躯体”，则电源可以看作是计算机的“心脏”。

8.2.1.1 计算机电源的分类

随着计算机的发展，计算机电源从早期的 AT 电源发展到今天的多种结构，包括 ATX、Micro ATX 和 Flex ATX 电源等类型。

1. AT 电源

AT 电源用于 586 以下的计算机，现在已淘汰。

2. ATX 电源

ATX 规范是 1995 年 Intel 公司制定的主板及电源结构标准，ATX 是英文(AT Extend)的缩写。ATX 电源规范经历了 ATX 1.1、ATX 2.0、ATX 2.01、ATX 2.02、ATX 2.03 和 ATX 12V 系列等阶段。

从 Pentium 4 开始，电源规范开始使用 ATX 12V 1.0 版本，它与 ATX 2.03 的主要差别是改用+12V 电压为 CPU 供电，而不再使用之前的+5V 电压。这样加强了+12V 输出电压，将获得比+5V 电压大许多的高负载性，以此解决 Pentium 4 处理器的高功耗问题。

其中最显眼的变化是首次为CPU增加了单独的4Pin电源接口，利用+12V的输出电压单独向Pentium 4处理器供电。此外，ATX 12V 1.0规范还对涌浪电流峰值、滤波电容的容量、保护电路等作出了相应规定，确保了电源的稳定性。Intel公司在2003年4月发布了新的ATX 12V 1.3规范。新规范除再次加强电源的+12V输出能力外，为保证输出线路的安全，避免损耗，特意制定了单路+12V输出不得大于240VA的限制。而考虑环保节能的需要，ATX 12V 1.3规范中还规定了电源的满载转换效率必须达到68%以上，这就要求电源厂商必须通过加装PFC电路来实现。同时新规范还为当时崭露头角的SATA硬盘提供了专门的供电接口。

2005年，随着PCI-Express的出现，带动显卡对供电的需求，因此Intel公司推出了电源ATX 12V 2.0规范。这一次，Intel公司选择增加第二路+12V输出的方式，来解决大功耗设备的电源供应问题。电源将采用双路+12V输出，其中一路+12V仍然为CPU提供专门的供电输出。而另一路+12V输出则为主板和PCI-E显卡供电，以满足高性能PCI-E显卡的需求。由于采用了双路+12V输出，连接主板的主电源接口也从原来的20针增加到24针，分别由12×2的主电源和2×2的CPU专用电源接口组成。虽然接口连接在了一起，但两路+12V电源在布线上是完全分开，独立输出的。这样高版本的电源可以将主电源24针分成20+4两部分，兼容使用20针主电源接口的旧主板。除此之外，ATX 12V 2.0规范还将电源满载转换效率的标准提升至80%以上，进一步达到环保节能的要求，并再次加强了+12V的电流输出能力。在制定ATX 12V 2.0规范后，Intel公司又在其基础上进行了ATX 12V 2.01、ATX 12V 2.03等多个版本的小修改，主要提高了+5VSB的电流输出要求。2006年5月起，Intel公司又推出了ATX 12V 2.2规范，相比之下，新版本并没有太大变化，主要是进一步提高了最大供电功率。

2007年Intel公司推出ATX 12V 2.3规范，给出了180W、220W、270W 3个功率级的单路+12V的功率级。300W、350W、400W、450W功率级主要是为了支持高端显卡。相比ATX 2.3标准，2008年Intel公司推出的ATX 2.31标准改进了多项指标，在ATX 2.2规范提升到ATX 2.3规范时，Intel公司取消了此前的PW-OK电路信号，而在ATX 2.31版规范上又重新加上了。增加了RoHS环保标准，并将EMI(电磁干扰)电路纳入了3C强制认证。或许从性能角度来看，ATX 2.31规范电源没有什么变化，但它强调了效能、节能及环保等指标，符合PC平台的应用现状。

ATX电源如图8-1所示。

(a) (b)

图8-1 ATX电源

3. Micro ATX电源

由于ATX电源成本高，体积也比较大，不受品牌机欢迎。为了降低成本，减少体积，

Intel公司又推出 Micro ATX 标准。Micro ATX 电源与 ATX 相比，减少了体积和功率。ATX 电源的体积为 150mm×140mm×86mm，而 Micro ATX 电源的体积为 125mm×100mm×63mm。Micro ATX 电源一般用于小体积的品牌机，零售市场并不多见。

4. Flex ATX 电源

品牌机厂商总是想设计出一些独特有创意的产品来，以求与众不同。为了加快电源的发展并满足品牌机厂商的创作欲望，Intel 公司推出了 Flex ATX 电源标准。从字面看，Flex ATX 是柔性 ATX 的意思，就是没有规定外形和尺寸，可自由发挥。一般 Flex ATX 电源体积为 155mm×85mm×50mm。

8.2.1.2 电源的技术指标

1. 输出电压的稳定性

ATX 电源的另一个重要参数是输出电压的误差范围，通常对＋5V、＋3.3V 和＋12V 电压的误差率要求为 5%以下，对－5V 和－12V 电压的误差率要求为 10%以下。输出电压不稳定，或纹波系数大，是导致系统故障和硬件损坏的“罪魁祸首”。

2. 输出电压的纹波

纹波是指直流电压中的交流分量。纹波应越小越好，一般在 0.5V 以下。

3. 电压保持时间

当电网突然停电时，后备式的 UPS 会切换供电，不过这一般需要 2～10ms，电源应能靠储能元件中存储的电量维持短暂的供电，一般优质的电源的保持时间可以达 12～18ms，确保 UPS 切换期间的正常供电。

4. Power Good 信号

Power Good 信号简称为 PG 或 POK 信号，也称为电源准备好信号。只有该信号正常，主机才能开始工作。电源接通后，各路直流输出电压已达到最低检测电平(输出为 4.75V)，而 PG 信号电压为 0V；经过 100～500ms 的延时，PG 电压为 5V，发出“电源正常”的信号。

5. 电源功率

目前台式机电源需要的额定功率一般为 200～400W，具体需求主要看计算机 CPU、显卡、硬盘等配件的需求，最常见的需求是 250～350W。额定功率越大的电源越好，当然价格也越贵，选购电源时可以考虑未来升级硬件的可能性，并留一定的富裕量。但是由于额定功率已经是相当严格的标称方式，因此太多的富裕量也没有用处，不必一味追求过高的额定功率。

8.2.1.3 电源选购

电源可称得上是计算机生命的根源，电源质量的优劣直接关系系统的稳定和硬件的使用寿命。在选购电源时要注意以下 6 点。

1. 电源重量

无论使用何种线路来设计电源，它的重量都不可能太轻。瓦数越大，重量应该越重。尤其是一些通过安全标准的电源，会额外增加一些电路零件，以增强安全稳定性。另外电源外壳钢材越厚，重量也越重。

2. 电源外壳

电源的外壳钢板的标准厚度有 0.8mm 和 0.6mm 两种，使用的材质也不相同，用指甲在外壳上刮几下，如果没有任何痕迹，说明钢材品质不错；否则说明钢材品质较差。

3. 散热孔和电源风扇

电源外壳上面都有散热孔，原则上电源的散热孔面积越大越好，但是要注意散热孔的位置，位置放对才能使电源内部的热气及早排出。风机转速平稳、无噪声。

4. 质量安全认证

优质的电源具有 3C、CCEE(中国电工产品安全认证委员会)和 FCC、美国 UR、加拿大 CSA 认证等认证标志，这样的电源有一定的权威性。

5. 电源加电检测

将电源通电后，看一看风扇旋转是否均匀，噪音的大小等。然后是在 BIOS 监控选项中或利用监控软件中的相关选项观察 3.3V、5V、12V 等电压输出是否与理论值接近，在一段时间内波动是否很大。好的电源可以在大负载条件下稳定提供与理论值接近的输出电压，而劣质电源的表现则可以用"非常糟糕"来形容了。一般来说，劣质电源虽然价格低，但内部的元器件都是残次品。如果商家提供的是 100 多元的带 300W 电源的机箱，这样的电源质量是无法得到保证的。

一些比较好的品牌有航嘉、世纪之星、长城、大水牛、富士康、金河田等。这些品牌的电源无论做工还是用料都比较好，购买这些品牌的电源比较放心。

6. 选购电源的时候应该尽量选择更高规范版本的电源

首先高规范版本的电源完全可以向下兼容。其次新规范的 12V、5V、3.3V 等输出的功率分配通常更适合当前计算机配件的功率需求。此外高规范版本的电源直接提供了主板、显卡、硬盘等硬件所需的电源接口，而无须额外的转接。

8.2.2 机箱

机箱的作用有 3 个方面：首先，它提供空间给电源、主机板、各种扩展板卡、软盘驱动器、光盘驱动器、硬盘驱动器等存储设备，并通过机箱内部的支撑、支架、各种螺丝或卡子夹子等连接件将这些零配件牢固固定在机箱内部，形成一个集约型的整体。其次，它坚实的外壳保护着板卡、电源及存储设备，能防压、防冲击、防尘，并且它还能发挥防电磁干扰、辐射的功能，起屏蔽电磁辐射的作用。最后，它还提供了许多便于使用的面板开关指示灯等，让操作者更方便地操纵计算机或观察计算机的运行情况。

8.2.2.1 机箱分类

1. 按机箱的结构分类

机箱结构是指机箱在设计和制造时所遵循的主板结构规范标准。每种结构的机箱只能安装该规范所允许的主板类型。机箱结构与主板结构是相对应的关系。机箱结构一般也可分为 AT、Baby-AT、ATX、Micro ATX、LPX、NLX、Flex ATX、EATX、WATX 以及 BTX 等结构。

其中，AT 和 Baby-AT 是多年前的旧机箱结构，现在已经淘汰；LPX、NLX、Flex ATX 则是 ATX 的变种，多见于国外的品牌机，国内尚不多见；EATX 和 WATX 则多用于服务器/工作站机箱;ATX 则是目前市场上最常见的机箱结构,扩展插槽和驱动器仓位较多,扩展槽数可多达 7 个,而 3.5 英寸和 5.25 英寸驱动器仓位也分别至少达到 3 个或更多,现在的大多数机箱都采用此结构;Micro ATX 又称为 Mini ATX,是 ATX 结构的简化版,就是常说的“迷你机箱”,扩展插槽和驱动器仓位较少,扩展槽数通常在 4 个或更少,而 3.5 英寸和 5.25 英寸驱动器仓位也分别只有两个或更少,多用于品牌机;而 BTX 则是下一代的机箱结构。

各种结构的机箱只能安装与其相对应的主板(向下兼容的机箱除外,例如,ATX 机箱除了可以安装 ATX 主板之外,还可以安装 Baby-AT、Micro-ATX 等结构的主板)。因此,在选购机箱时要注意根据自己的主板结构类型来选购,以免出现购买回来的机箱却无法使用的情况。

2. 按样式分类

按样式机箱可分为立式机箱和卧式机箱两种,如图 8-2 所示。

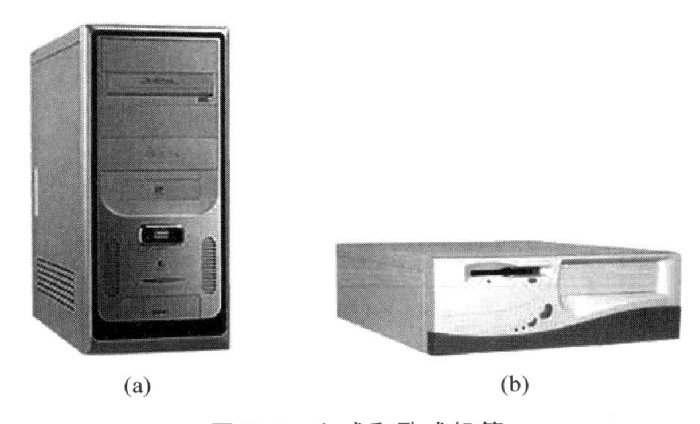

(a) (b)

图 8-2 立式和卧式机箱

立式机箱(有时又被称为塔式)虽然历史比卧式机箱短得多,但其扩展性能和通风散热性能要比卧式机箱好得多。因此,从奔腾时代开始,立式机箱大受欢迎,以至于现在立式机箱已经在人们心中根深蒂固。

卧式机箱在计算机出现之后的相当长的一段时间以内占据了机箱市场的绝大部分份额,卧式机箱外形小巧,对于整台计算机外观的一体感也比立式机箱强,而且因为显示器可以放置于机箱上面,占用空间也少。但与立式机箱相比,卧式机箱的缺点也非常明显:扩展性能和通风散热性能都差,这些缺点也导致了在主流市场中卧式机箱逐渐被立式机箱所取代。一般来说,现在只有少数商用机和教学用机才会采用卧式机箱。

3. 按外观大小分类

从尺寸上可分为超薄、半高、3/4 高和全高几种,不同点主要在于 3.5 英寸以及 5.25 英寸驱动器架的数量。3/4 高和全高机箱拥有 3 个或者 3 个以上的 5.25 英寸驱动器安装槽和两个 3.5 寸软驱槽。超薄机箱主要是一些 AT 机箱,只有一个 3.5 寸软驱槽和两个 5.25 寸驱动器槽。半高机箱主要是 Micro ATX 机箱,它有 2~3 个 5.25 寸驱动器槽。在选择时最好以标准立式 ATX 机箱为准,因为它空间大,安装槽多,扩展性好,通风条件也不错,完全能适应大多数用户的需要。

8.2.2.2 机箱选购

如果机箱本身的质量很差,可能会导致许多意想不到的事发生。由劣质机箱引起的计算机故障往往不容易发现，所以最好选择一款有质量保证的机箱。

(1) 关注机箱采用的材质。

材质是指制造机箱所使用的主要材料。一个机箱的好与坏很大程度上是由它的材质所决定的。劣质和优质的主要区别就在其产品材质和用料程度上。机箱的主要用料是钢板，一个品质优良的机箱，应该使用耐按压镀锌钢板制造，并且钢板的厚度会在 1mm 以上，更好的机箱甚至使用 1.3mm 以上的钢板制造，钢板的品质是衡量一只机箱优与劣的重要指标，直接决定着机箱质量的好坏。产品材质不好的劣质机箱因为其稳固性较差，使用时会产生摇晃等问题，这会损坏硬盘等主机配件，影响其使用寿命；而且电磁屏蔽性能也差，这对用户的身心健康有害。

选购机箱时只要做到一掂和三按(一掂：掂分量。三按：一按铁皮是否凹陷；二按铁皮是否留下按印；三按塑料面板是否坚硬)，劣质和优质自然水落石出。

最好选择品牌的机箱，如广州金河田、百胜、华硕、七喜和爱国者等。

(2) 根据爱好及摆放条件选卧式或立式机箱，立式机箱便于散热。

(3) 根据安装的东西选半高、3/4 高、全高机箱。

(4) 箱体应有一定强度，不会变形，没有毛边、锐口、毛刺等现象。

(5) 机箱前面板上还应有 Reset 键、USB 插口和声卡插口。

(6) 至少应有两个硬盘驱动器安装位，满足日后升级需要。

8.3 本章小结

本章简要介绍了其他常用设备，如键盘和鼠标、机箱和电源。特别是电源，在组装计算机的时候很多用户容易忽视该组件。至于其他设备，如网卡、打印机、扫描仪等，由于篇幅所限，就不再一一介绍。

习题

1. 键盘和鼠标的接口有哪几种？
2. 机箱按机箱的结构分类有哪几种？各有什么特点？
3. ATX 电源的主要特点是什么？

第二篇　计算机系统安装

第9章　硬件系统的组装

本章学习目标

- 熟悉如何配置计算机。
- 熟悉计算机组装原则。
- 熟练掌握计算机硬件组装过程。

介绍完计算机各个组成部件的性能和参数后,大家对计算机的各种配件有了一定的了解,但是如何才能将各种计算机配件正确地组装为一台完整的计算机呢?本章将给出详细的介绍。

9.1　计算机硬件配置

装机最重要的就是选件,如何选择一个合理的配置很重要。在各大网站一般都有装机配置推荐,可以作为一定的参考。考虑到每个人的需求都不一样,所以配置的合理性是一个永远没有结果的争论。其实由于行业需要的不同、个人爱好的区别,不同用户的计算机的应用范围是有很大区别的。所以,硬件配置的侧重点也应该有所不同,才能真正满足人们的需求。下面,举例说明组装(DIY)不同用途计算机时需要注意的地方以供大家参考。

1. 小型服务器/工作站

现在网络可以说是无处不在了,单位、网吧甚至是家庭都组建了小型的局域网,于是服务器的组装就提上了议事日程,一般而言,服务器的配置主要应该考虑系统的稳定及速度。

(1) 主板。作为整个网络的核心组成部分,服务器首先需要性能稳定,能够长时间地连续工作,那种动辄死机的计算机是无论如何不能担当重任的,而一台服务器的稳定与主板的品质密切相关,因此,在组装服务器时一定要选择品牌好、性能佳、质量高的服务器主板,如华硕、技嘉的服务器主板都是不错的选择。

(2) CPU。作为小型网络的服务器,一般分工不可能太细,所有的邮件服务、文件服务、程序运行都在一台服务器上,因此服务器的性能好坏直接关系到整个网络的运行速度,而作为服务器的核心部件CPU便是重中之重,目前小型服务器专用的CPU通常为Intel Xeon至强处理器E3、E5系列,当然根据需要,人们也可以选购2块甚至更多块CPU组成超级网络服务器,以保证系统的效率。

(3) 内存。由于服务器需要并行处理多个程序,对于内存的需求自然也比个人计算机要高得多,况且网络操作系统本身对计算机内存的要求也相当高。服务器内存也要选择服务器专业内存,现在一般需求的服务器应配置4GB容量以上的内存。

(4) 磁盘系统。这是整台服务器的另一个核心,由于网络用户对服务器的频繁访问以及程序的运行,都在使用着磁盘,因此磁盘系统的速度快慢是服务器整体性能至关重要的部分。服务器硬盘一般选择企业级硬盘。

(5) 机箱。由于服务器大多为24小时连续工作,加之其内部组件较多,CPU发热量极大，还有高速硬盘散发的热量，这一切都使得机箱内的温度直线上升，如果选择的机箱散热性能不佳，就会导致机箱内部温度过高，引发系统自行降低 CPU 运行速度，从而影响系统性能。因此对于服务器机箱的选择一定要注意通风并尽量购置体积较大的机箱。

以上介绍的就是组装服务器时需要注意的几个部分，对于服务器而言，其显示性能和音频性能都是无足轻重的，因此在显示卡、声卡、显示器的选择问题上可以随意发挥，甚至有些服务器是不配备声卡及显示器的。

2. 游戏机型计算机

现在有不少用户购买计算机的最大用途就是玩游戏，由于游戏软件特别是那些大型的 3D 游戏对计算机性能要求十分苛刻，因此对于组装游戏用计算机而言，整体要求都比较高，人们在 DIY 游戏用机时要特别注意显示性能及 CPU 处理能力。

(1) 显示卡。一个游戏用计算机的性能有一半都在显示卡上，选择一款功能强大、性能出众的显示卡可以在大型 3D 游戏中抢占先机，另外在显示卡的选择上注意最好带有视频输出，这样就可以将视频信号外接至家用电视机上，以满足用户对更高游戏效果的要求。如 ASUS 圣骑士 GTX760-DC2OC-2GD5 、技嘉 GV-N660OC-2GD 等显示卡都是目前不错的选择。

(2) CPU。随着现在大型游戏普遍进入 3D 时代，对计算机 CPU 的要求也越来越高，根据喜爱游戏类型的不同，可以选购不同类型的 CPU。如喜爱大型 3D 游戏玩家一般选择 Intel Core i7/i5 系列或 AMD FX/APU 系列，如 Intel Core i7-4790、AMD APU 系列 A10-7700K，其他类型如益智类、RPG 类玩家则可以选择稍低档次 CPU。

(3) 声卡。由于不少游戏现在都采用了最新的音频技术，如环绕音效、环境音效，甚至有不少游戏是经过杜比认证的，因此想要得到最佳的音效，千万不要相信主板集成的这些所谓 7.1 声道、采用 SRS 等最新技术的声卡性能，它们的效果往往并不好，可以配置诸如创新 SB Recon3D PCIe、ASUS Xonar Phoebus 等独立声卡，相信会给您一个惊喜。

(4) 显示器。游戏中场景一般变化越快，对显示器的反应速度要求较高，购买液晶显示器应重点关注。

除了以上部件，其他部件如硬盘、内存、机箱、光驱等按照市场上流行配置购买就行，无须太多关注。

3. 三维动画设计

对于从事图形图像处理工作的用户，如设计三维动画、制作装潢效果图，所用计算机对显示卡的三维显示能力以及 CPU 的运算能力和内存都有较高的要求。

(1) CPU。由于这类计算机需要进行大量的数值运算，对 CPU 的要求极高，所需缓存容量要大，一定要选择高档处理器才能为构思增添活力。

(2) 显示卡。同样由于大量 3D 运算的需要，对计算机显示卡的要求也很高，如果资金充裕，建议可以购买专业的图形处理显示卡，它们一般具有专业的 3D 引擎，可以极大地提高显示卡处理 3D 的能力，节省制作动画、图像时的时间，最一般也得选择目前主流以上处理芯片的显示卡，否则工作时那种长时间无奈的等待实在让人心急。

(3) 内存。3D 运算的时间也会占用大量的内存空间，Photoshop 等图像软件工作时也需要大量的内存空间，如内存不足系统就会用硬盘来模拟内存，而硬盘与内存的速度有天壤之别，因此这类计算机一定要安装足够的内存，4GB 甚至更多容量的内存是它们的首选。

(4) 显示器。这类用户对显示器的要求也较高,特别是图像处理等对显示器的色彩还原度更有近于苛求的要求,建议购买专业的图形显示器,这类显示器专门针对图像处理、三维设计进行了专门的优化处理,可以得到极佳的视觉效果。

(5) 鼠标。特别值得注意的是,对于三维制作及图像处理的用户一定要购买一只极品鼠标,一般的鼠标由于精度较低,在制图等操作时把握不好,定位不准,影响发挥,而那些极品鼠标则分辨率较高,具有极佳的精度,能够事半功倍。

以前这类计算机硬盘的选择也较为重要,现在硬盘大多是 7200r/min、64MB Cache、SATA 3.0 接口的高速硬盘,已经满足用户的需要,至于声卡、音箱、光驱等小物件无关紧要,可以随心所欲地选择它们。

4. 音乐发烧友

对于音乐爱好者或工作者来说,注重的是声音的品质。组装计算机时,要注意计算机部件的静音效果。

(1) 主板。很多主板不具有光纤和同轴接口,无法组建 HIFI 系统,选择带此接口的主板。

(2) 声卡。现在大多数主板都集成了声卡,但可不要指望这些集成的声卡能有多大的作为,建议另外选购中高档的声卡。

(3) 音箱。再好的声卡也得用音箱来播放,应选择高品质的音箱。

除了以上介绍的东西,诸如 CPU、显卡、硬盘等部件参照目前的流行配置即可,皆可满足需要。

以上针对几种不同应用范围的计算机,突出重点,选择了不同的配置,其实计算机和大家一样,根据计算机的应用范围、工作需要、个人喜好,每台计算机都有着自己独特的特点,千万不可随大流,所有人配出来的计算机都是千篇一律。因此在组装时应根据自己工作的侧重点,个人的喜好,分清主次,挑选适合自己需要的配件,凸显个性、体现特性,亮出自己的风采,从而达到既省钱又提升了系统性能的目的,这才是组装计算机的真正含义。

9.2 组装原则及注意事项

随着计算机技术日新月异,计算机配件种类日渐繁多,生产厂家令人眼花缭乱,计算机用户的爱好又千差万别,所选购计算机配件的方案不可能一成不变,计算机配置难以整齐划一,但对于计算机的组装还是有基本原则可循的。

9.2.1 组装原则

1. 实用原则

计算机配件的性能和价格千差万别,选购之前,应结合实际情况,认真考虑购买计算机的主要目的是什么? 是为了在家里上网,文字处理,图形图像处理,还是经常玩大型的 3D 游戏。如果是为了上网或者进行一般的文字处理,那么可以考虑在显示器、网卡、内存上有所侧重。如果是为了玩大型的 3D 游戏,那么就在 CPU、显卡、内存和显示器上多投入。根据个人的特点和实际情况,以实用和够用为原则,同时也要有一点超前意识,不要购买已经淘汰或者即将淘汰的产品,也就是说选购计算机配件的基本原则之一是在够用的前提下,要有超前意识。

2. 升级组装原则

一般来说，计算机配件的升级主要是更换 CPU，更换主板或者增大内存容量。在选购计算机配件时，必须考虑 CPU、主板和内存之间的兼容性。应尽量避免在日后升级其中一个配件时，整机中其他配件不支持或者不兼容，造成无法升级或者全部更换的后果。

随着计算机发展，计算机配件的更新速度越来越快，往往一种当前的主流配置，一年甚至几个月就过时了。有的用户为了自己的计算机保持“先进性”，盲目升级，升级换下的计算机配件如同垃圾，其他部件不久又要升级，因此不如再等一等，在合适的时候去组装一台全新配置的计算机。

3. 资金合理分配的原则

决定计算机整体性能的主要配件包括 CPU、主板和内存。这 3 个部件要重点投资。另外还兼顾其他配件的性能，例如用户购买计算机的主要目的是进行图像处理，那么就应该多考虑显卡的性能。总之。在资金有限的前提下，首先重点投资主要配件；其次根据个人的特点考虑其他配件的性能，合理地分配资金。

4. 强调售后服务的原则

在选购计算机配件时，用户考虑较多的是价格，同样的配件哪家便宜买哪家，但是往往忽视售后服务的问题。商家在销售兼容机或者配件的时候，都有一个保修期，一般承诺“一个月包换，一年保修”。但是有的商家只承诺“3 个月保修”，有的承诺一年保修，但是要收取材料费，保修的方式不同，配件的价格当然也不一样，有的商家往往在其中做手脚，如果贪图便宜，过不了多久就可能出现故障，得不偿失。

9.2.2 注意事项

在进行硬件维护和安装计算机时，应注意以下事项。

1. 防止静电

由于人们穿着的衣物会相互摩擦，很容易产生静电，而这些静电则可能将集成电路内部击穿造成设备损坏，这是非常危险的。因此，最好在安装前，用手触摸一下接地的导电体或洗手以释放掉身上携带的静电荷。

2. 防止液体进入计算机内部

在安装计算机元器件时，要严禁液体进入计算机内部的板卡上。因为这些液体可能造成短路而使器件损坏，所以要注意不要将喝的饮料摆放在机器附近，对于爱出汗的组装人员来说，也要避免头上的汗水滴落，还要注意不要让手心的汗沾湿板卡。

3. 使用正常的安装方法，不可粗暴安装

在安装的过程中一定要注意正确的安装方法，对于不懂不会的地方要仔细查阅说明书，不要强行安装，稍微用力不当就可能使引脚折断或变形。对于安装后位置不到位的设备不要强行使用螺丝钉固定，因为这样容易使板卡变形，日后易发生断裂或接触不良的情况。

4. 条理清晰

把所有零件从盒子里拿出来（不过还不要从防静电袋子中拿出来），按照安装顺序排好，看看说明书，有没有特殊的安装需求。准备工作做得越好，接下来的工作就会越轻松。以主板为中心，把所有东西排好。在主板装进机箱前，先装上处理器与内存，要不然过后会很难装，搞不好还会伤到主板。此外在装扩展卡时，要确定其安装牢不牢固，因为很多时候，上螺丝时，卡会跟着翘起来。松脱的卡会造成运作不正常，甚至损坏。

5. 测试

测试前，建议只装必要的部件，包括主板、CPU、散热片与风扇、内存以及显卡。其他东西如 DVD、硬盘、声卡等，确定没问题的时候再装。测试中，有问题的部件禁止带电插拔，以免造成配件或整机损坏。

9.3 准备工作

计算机在组装之前应做如下准备工作。

1. 工具准备

常言道“工欲善其事，必先利其器”，没有顺手的工具，装机也会变得麻烦，那么哪些工具是装机之前需要准备的呢？那就是尖嘴钳、散热膏、十字解刀和平口解刀，如图 9-1 所示。

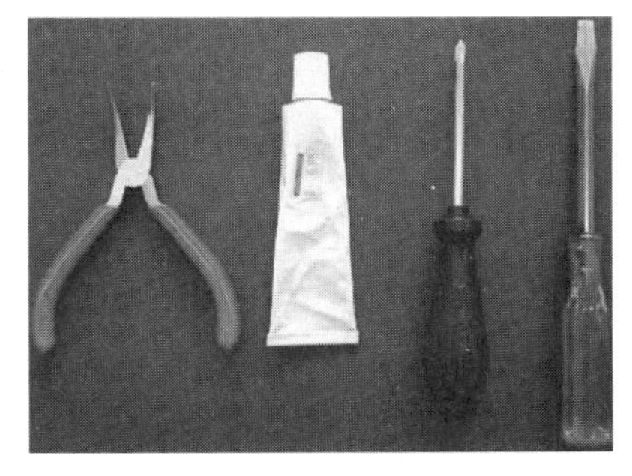

图 9-1 装机常用工具

(1) 尖嘴钳。钳子在安装计算机时用处不是很大，但对于一些质量较差的机箱来讲，钳子也会派上用场。它可以用来拆断机箱后面的挡板。这些挡板按理应用手来回折几次就会断裂脱落，但如果机箱钢板的材质太硬，那就需要钳子来帮忙了。最好准备一把尖嘴钳，它可夹可钳，这样还可省却镊子。

(2) 散热膏。在安装 CPU 时，散热膏（硅脂）必不可少，大家可购买优质散热膏备用。

(3) 十字解刀。十字解刀又称为螺丝刀、螺丝起子或改锥，是用于拆卸和安装螺钉的工具。由于计算机上的螺钉全部都是十字形的，所以只要准备一把十字螺丝刀就可以了。那么为什么要准备磁性的螺丝刀呢？这是因为计算机器件安装后空隙较小，一旦螺钉掉落在其中想取出来就很麻烦了。另外，磁性螺丝刀还可以吸住螺钉，在安装时非常方便，因此计算机用螺丝刀多数都具有永磁性的。

(4) 平口解刀。平口解刀又称为一字形螺丝刀。准备一把平口解刀，不仅可方便安装，而且可用来拆开产品包装盒、包装封条等。

2. 材料准备

(1) 准备好装机所用的配件。包括 CPU、主板、内存、显卡、硬盘、光驱、机箱电源、键盘、鼠标、显示器和各种数据线/电源线等，如图 9-2 所示。

(2) 电源排型插座。由于计算机系统不止一个设备需要供电，所以一定要准备多孔型插座一个，以方便测试机器时使用。

(3) 器皿。计算机在安装和拆卸的过程中有许多螺丝钉及一些小零件需要随时取用，所以应该准备一个小器皿，用来盛装这些东西，以防止丢失。

(4) 工作台。为了方便进行安装，应该有一个高度适中的工作台，无论是专用的计算机桌还是普通的桌子，只要能够满足使用需求就可以了。

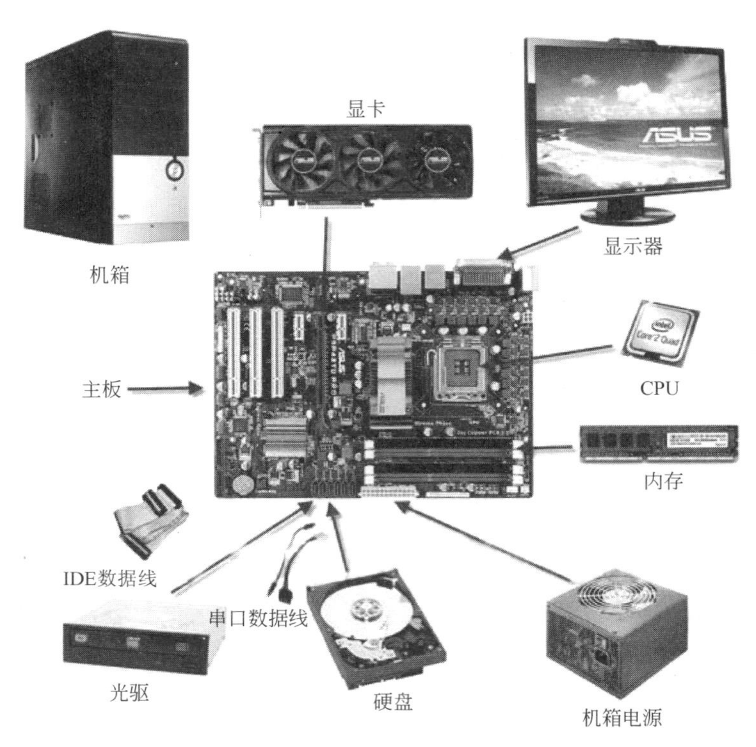

图 9-2　计算机组装部件

9.4　安装主要部件

组装计算机最关键的是如何选购合适部件，部件买回来后，硬件的组装就不是什么难事，只要熟悉计算机组装步骤，就可以顺利完成硬件的组装。这里，借助 Intel 平台，利用大量的图片展示，为大家详细介绍一下组装一台计算机的方法与要领。所用部件有点老旧，但硬件组装步骤是相同的。

1. 安装 CPU

以一款 LGA 775 接口 CPU 为例进行介绍。LGA 775 接口的 Intel 处理器采用了触点式设计，这种设计最大的优势是不用担心针脚折断的问题，但对处理器的插座要求则更高，如图 9-3(a)所示。

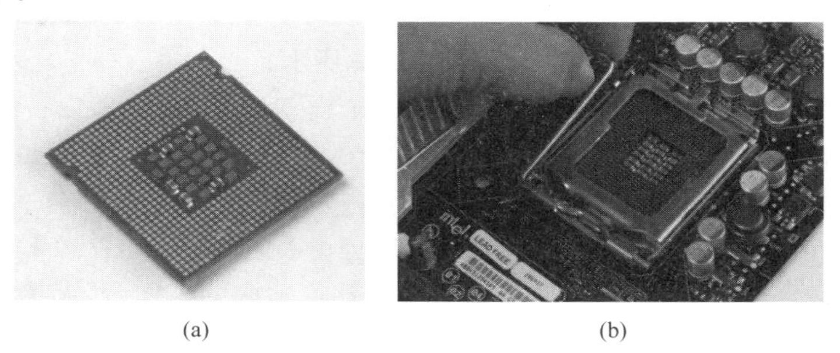

(a)　　(b)

图 9-3　LGA 775 接口 Intel 处理器和配套插座

在安装 CPU 之前，要先打开插座，方法是用适当的力向下微压固定 CPU 的压杆，同时用力往外推压杆，使其脱离固定卡扣，如图 9-3(b)所示。

图 9-4　拉起 CPU 压杆

压杆脱离卡扣后，便可以顺利地将压杆拉起，如图 9-4 所示。接下来，将处理器的保护盖与压杆反方向提起，如图 9-5 所示，LGA 775 插座便展现在人们的眼前，如图 9-6 所示。

在安装 CPU 时，需要特别注意。大家可以仔细观察，在 CPU 的一角上有一个三角形的标识，另外仔细观察主板上的 CPU 插座，同样会发现一个三角形的标识，如图 9-7 所示。在安装时，CPU 上印有三角标识的那个角要与主板上 CPU 插座印有三角标识的那个角对齐，然后慢慢地将 CPU 轻压到位，如图 9-8 所示。如果方向不对则无法将 CPU 安装到全部位，大家在安装时要特别的注意。

图 9-5　打开 CPU 盖子

图 9-6　CPU 保护盖打开后的插座

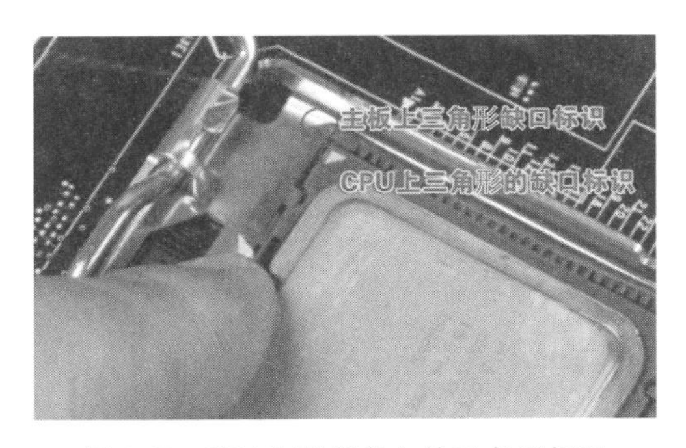

图 9-7　CPU 处理器角上的三角形标识

图 9-8　将 CPU 安放到位

将 CPU 安放到位以后，盖好扣盖，如图 9-9 所示，并反方向微用力扣下处理器的压杆，如图 9-10 所示。至此 CPU 便被稳稳地安装到主板上，安装过程结束，如图 9-11 所示。

2. 安装散热器

大家知道，CPU 发热量是相当惊人的，选择一款散热性能出色的散热器特别关键。如果散热器安装不当，对散热的效果也会大打折扣。图 9-12 是 Intel LGA775 针接口处理器的原装散热器，可以看到较之前的 478 针接口散热器相比，做了很大的改进，由以前的扣具设计改成了如今的四角固定设计，散热效果也得到了很大的提高。安装散热器前，先要在

CPU 表面均匀地涂上一层导热硅脂。

图 9-9　盖好扣盖

图 9-10　反方向微用力扣下压杆

图 9-11　CPU 安装完成

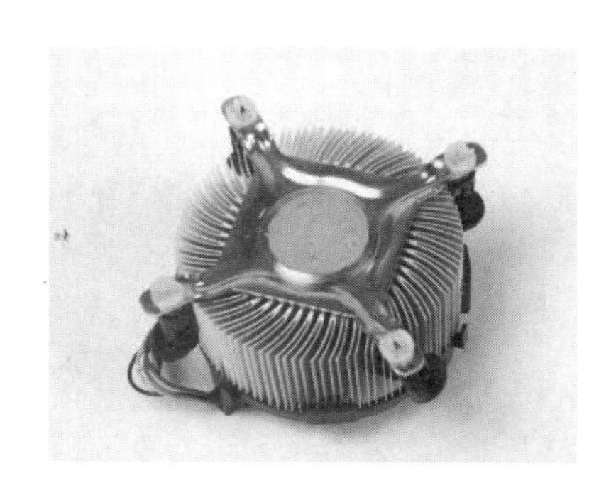

图 9-12　Intel LGA775 针接口处理器的原装散热器

安装时，将散热器的四角对准主板相应的位置，如图 9-13 所示，然后用力压下四角扣具即可。有些散热器采用了螺丝设计，因此散热器会提供相当的踮角，只需要将四颗螺丝受力均衡即可。由于安装方法比较简单，这里不再赘述。

固定好散热器后，还要将散热风扇接到主板的供电接口上，如图 9-14 所示。找到主板上安装风扇的接口（主板上的标识字符为 CPU_FAN），将风扇插头插入即可。由于主板的风扇电源插头都采用了防呆式的设计，反方向无法插入，因此安装起来相当的方便。

图 9-13　散热器固定

图 9-14　风扇插头插好

3. 安装内存条

主板上的内存插槽一般都采用两种不同的颜色来区分双通道与单通道。将两条规格相同的内存条插入相同颜色的插槽中，即打开了双通道功能。

安装内存时，先用手将内存插槽两端的扣具打开，然后将内存平行放入内存插槽中（内存插槽也使用了防呆式设计，反方向无法插入，大家在安装时可以对应一下内存与插槽上的缺口），用两拇指按住内存两端轻微向下压，听到“啪”的一声响后，即说明内存安装到位，如图 9-15 所示。在相同颜色的内存插槽中插入两条规格相同的内存，打开双通道功能，提高系统性能，如图 9-16 所示。另外，DDR3 内存已经成为当前的主流，需要特别注意的是，DDR3 与 DDR2 内存接口是不兼容的，不能通用。到目前为止，CPU、内存的安装过程就完成了。

图 9-15　安装内存条

图 9-16　打开双通道功能，提高系统性能

4. 将主板安装固定到机箱中

目前，大部分主板板型为 ATX 或 MATX 结构，因此机箱的设计一般都符合这种标准。在安装主板之前，先将机箱提供的主板垫脚螺母安放到机箱主板托架的对应位置（有些机箱购买时就已经安装），如图 9-17 所示。把主板放入机箱中，如图 9-18 所示。

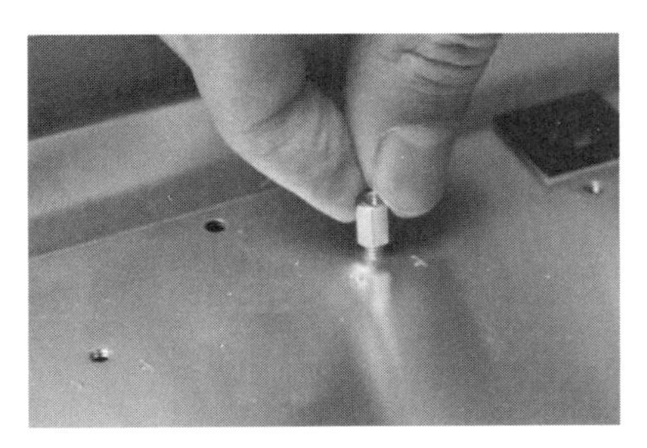

图 9-17　安放主板垫脚螺母

图 9-18　将主板放入机箱中

主板安放到位，可以通过机箱背部的主板挡板来确定，如图 9-19 所示（注意，不同的主板的背部 I/O 接口是不同的，在主板的包装中均提供一块背挡板，因此在安装主板之前先要将挡板安装到机箱上）。

拧紧螺丝，固定好主板，如图 9-20 所示。注意，在固定螺丝时，每颗螺丝不要一次性就拧紧，等全部螺丝安装到位后，再将每粒螺丝拧紧，这样做的好处是随时可以对主板的位置进行调整。主板安静地躺入机箱中，主板安装过程结束，如图 9-21 所示。

5. 安装硬盘

在安装好 CPU、内存之后，需要将硬盘固定在机箱的 3.5 英寸硬盘托架上，如图 9-22 所示。对于普通的机箱，只需要将硬盘放入机箱的硬盘托架上，拧紧螺丝使其固定即可。很多用户使用了可拆卸的3.5英寸机箱托架，这样安装起硬盘来就更加简单。

图 9-19　主板安放到位

图 9-20　拧紧螺丝

图 9-21　主板安装完成

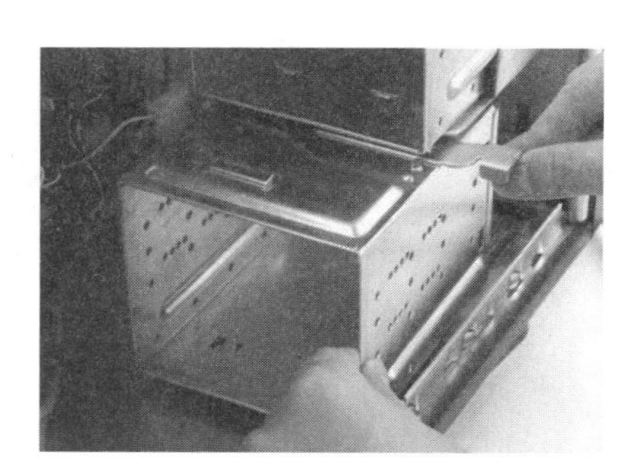

图 9-22　3.5 英寸硬盘托架

机箱中固定3.5英寸托架的扳手，拉动此扳手即可固定或取下3.5英寸硬盘托架，如图9-23所示。将硬盘装入托架中，并拧紧螺丝，如图9-24所示。

图 9-23　取出后的 3.5 英寸硬盘托架

图 9-24　将硬盘装入托架中，并拧紧螺丝

将托架重新装入机箱，并将固定扳手拉回原位固定好硬盘托架，如图9-25所示。简单的几步便将硬盘稳稳地装入机箱中，还有几种固定硬盘的方式，视机箱的不同大家可以参考一下说明，方法也比较简单，比如大多数硬盘、光驱是免螺丝设计，调整好方位，推入3.5英寸支架，自动卡住，固定好硬盘。在此不再赘述。

图 9-25　将托架重新装入机箱

6. 安装光驱、电源

安装光驱的方法与安装硬盘的方法大致相同，对于

普通的机箱，只需要将机箱 5.25 英寸的托架前的面板拆除，并将光驱装入对应的位置，拧紧螺丝即可。但还有一种抽拉式设计的光驱托架，简单介绍安装方法。

这种光驱设计比较方便，在安装前，先要将类似抽屉设计的托架安装到光驱上，像推拉抽屉一样，将光驱推入机箱托架中，如图 9-26 所示。

图 9-26　将光驱推入机箱托架中

机箱安装到位，需要取下时，用两手按两边的簧片，即可以拉出，简单方便。

机箱电源的安装方法比较简单，放入到位后，拧紧螺丝即可，如图 9-27 所示，不做过多介绍。

7. 安装显卡，并接好各种线缆

目前，PCI-E 显卡是主流显卡，主板上 PCI-E 显卡插槽如图 9-28 所示。

图 9-27　电源的安装

图 9-28　主板上的 PCI-E 显卡插槽

用手轻握显卡两端，垂直对准主板上的显卡插槽，向下轻压到位后，再用螺丝固定即完成了显卡的安装过程，如图 9-29 所示。

安装完显卡之后，剩下的工作就是安装所有的线缆接口了，下面进行简单介绍。

现在硬盘和光驱都为 SATA 接口，如图 9-30 所示为 SATA 硬盘电源与数据线接口，右边红色的为数据线，黑黄红交叉的是电源线，安装时将其插入即可。接口全部采用防呆式设计，反方向无法插入。

光驱数据线的安装和硬盘类似，但如图 9-31 所示光驱有点陈旧，使用 IDE 接口。安装数据线时注意 IDE 数据线的一侧有一条蓝或红色的线，这条线位于电源接口一侧，如图 9-32 所示。

如图 9-33 所示为主板供电电源接口连接，目前主板都采用了 24Pin 的供电电源设计。如图 9-34 所示为 CPU 供电接口连接，以提供 CPU 稳定的电压供应。

图 9-29　安装显卡

图 9-30　安装硬盘电源与数据线接口

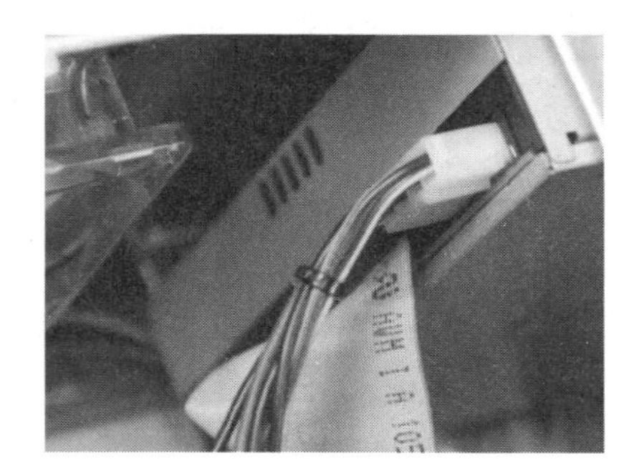

图 9-31　光驱数据线安装

图 9-32　安装主板上的 IDE 数据线

图 9-33　主板供电电源接口

图 9-34　CPU 供电接口

主板上有 SATA 硬盘、USB 及机箱开关、重启、硬盘工作指示灯接口，安装方法可以参见主板说明书，如图 9-35 所示。

图 9-35　各种指示灯和控制线

特别说明的是，在 SLI 或交火的主板上，也就是支持双卡互连技术的主板上，一般提供额外的显卡供电接口，使用双显卡要注意插好此接口，以提供显卡充足的供电。

对机箱内的各种线缆进行简单整理，如图 9-36 所示，以提供良好的散热空间，这一点大家一定要注意。最后将机箱侧面的挡板上好并拧上螺丝，如图 9-37 所示，计算机机箱内的组件就组装好了。

图 9-36　整理机箱内各种线缆

图 9-37　盖好机箱侧面的挡板

9.5　安装其他部件

机箱内部组件组装完成后，还要把键盘、鼠标、显示器、耳机等外设与机箱连接起来，具体的操作步骤如下。

1. 连接显示器

将显示器插头插入机箱后面板的接口中，然后将两端的螺丝拧紧，如图 9-38 所示。然后将显示器电源线连接到显示器电源接口。

2. 连接鼠标和键盘

如果鼠标、键盘的接口是 USB 接口，那么找到 USB 接口即可连接。如果键盘的接口是 PS/2 接口，在插入键盘的过程中需要使键盘接口的针脚和机箱背面的键盘接口针孔位置一一对应起来，如图 9-39 所示。若主板上鼠标接口也存在 PS/2 接口，应该注意不要与鼠标接口混淆。

图 9-38　连接显示器信号线

图 9-39　连接键盘和鼠标

3. 连接音箱

将音箱所带的插头插入机箱后面板声卡相对应的接口中，如图 9-40 所示。

4. 连接电源线

先将电源线的一端插入电源插座上，然后将电源线的另一端连接到机箱背面的接口上，如图 9-41 所示。

至此最基本的外部设备就连接完成了。

图 9-40　连接音箱

图 9-41　电源的连接

9.6　计算机组装测试

当各计算机配件组装完成后，就需要进行测试。由于此时硬盘内没有操作系统，所以此时的计算机并不是一台完整的计算机，只是一台裸机，也就是没有操作系统的计算机。那么此时对它进行测试时，主要通过以下方式。

（1）按下机箱电源，听听有无硬件自检正常时发出的一声短响。

（2）查看显示器有没有字符显示，如果有，说明组装基本成功，关键硬件没有问题。

至此，一台计算机组装完毕。

计算机组装测试有可能不能正常启动。计算机不能启动的故障原因是多方面的，有由于硬件损坏造成的硬故障，也有由于 BIOS 设置错误、硬盘主引导扇区数据遭受破坏、DOS 引导记录损坏等软故障。对刚组装的计算机，出现的故障以硬故障较多，故障的现象分为不能继续加电试机和可以继续加电试机两类。

1. 不能继续加电试机的故障

（1）开机后出现打火、冒烟、焦煳味。

（2）开机后软驱、硬盘或其他设备出现严重异常声响。

（3）机箱电源的散热风扇不转。

（4）显示器无任何显示。

一旦出现上述故障，应立即关掉电源。在确实排除故障后才可以继续加电试机，并准备随时关机。

2. 可以继续加电的故障

除了上述不可加电的故障现象外，其余故障均可以在通电状态中观察和调试，以便找出故障原因。

以初始化显示器为界，在其之前的故障为致命性故障，在其之后出现的故障称为一般性故障。出现致命性故障时系统不能继续启动，而一般性故障则会在屏幕上显示故障提示，一般允许系统继续启动。

对于致命性错误，可以根据计算机机响应“嘟嘟”报警声长短和显示相关的错误代码来判断。若出现致命性故障，开机后无任何反应、屏幕不显示、计算机不断发出“嘟嘟”声响、无法进行任何操作等现象，可根据以下思路检查和排除。

(1) 开机后若无任何反应,可以先检查电源线的连接是否正常,电源风扇是否转动,如果电源风扇工作正常,基本可以断定外部电源和机箱电源正常。

(2) 接着采用插拔法来判断故障的范围,关掉主机及所有外设的电源,释放掉人体上的静电,然后将主板上的硬盘、光驱的信号电缆及所有适配卡(显示卡除外)从主板上拔下,并将硬盘驱动器的电源电缆也拔掉。用主板、显示卡、键盘、电源和显示器组成一个简易系统,开机看能否正常显示。

(3) 然后采用替换法,替换法就是用其他确保没有问题的适配卡代替原来的适配卡进行调试。

(4) 如果换卡后试机能够正常启动,则可能是原来的卡有问题。如果换卡后仍不能正常启动,则可能是主板有问题。

(5) 对怀疑有问题的主板,应首先检查内存条、CPU 的安装是否有问题,各种跳线设置是否正确,确保没有问题后,再用替换法先后更换内存条、CPU、主板进行检查。

对于一般性故障,屏幕上会提示出错代码或有关出错信息,可以根据屏幕提示进行检查和排除故障。

9.7 本章小结

本章详细介绍计算机硬件组装过程。其实硬件组装不是难点,难点是何如选配合理适用的部件。硬件组装大家实际操作一遍,基本上就能掌握。对于第一次组装用户来说,特别要注意 CPU 散热器的安装和机箱前面板连线的连接。可以查看主板说明书,也可以上网查阅相关资料,或向有经验的技术人员请教。

习题

1. 在京东网上商城下的计算机配件区,查阅目前主流高、中、低档计算机的配置。
2. 自己动手拆卸一台旧计算机,然后重新组装。
3. 网上查阅几种常见机箱前面板连线连接方式。
4. 网上查阅常见 CPU 散热器安装方法。

第10章 BIOS和UEFI参数设置

本章学习目标

- 熟练掌握传统 BIOS 和 UEFI 的组成。
- 熟练掌握传统 BIOS 常用参数设置。
- 熟练掌握 UEFI 常用参数设置。

当一台计算机的硬件部分组装完成后，按照组装程序，下面就是安装操作系统了，在安装操作系统前，有必要熟悉 BIOS 和 UEFI 的相关知识。目前主流计算机使用 UEFI 进行参数设置，重点围绕 UEFI 介绍。

10.1 UEFI简介

可扩展固件接口(Extensible Firmware Interface，EFI)是 Intel 公司为 PC 固件的体系结构、接口和服务提出的建议标准。其主要目的是为了提供一组在操作系统加载之前，在所有平台上一致的、正确指定的启动服务，被认为是 20 多年历史的 BIOS 的继任者。统一可扩展固件接口(Unified Extensible Firmware Interface，UEFI)是由 EFI 1.10 为基础发展起来的，它的所有者已不再是 Intel 公司，而是一个称为 Unified EFI Form 的国际组织，创始者有 Intel、Microsoft、AMI 等 11 家知名厂商，属于公开源代码。

首先认识一下 UEFI 的前任 BIOS，其全称为 Basic Input/Output System(基本输入输出系统)，是一种所谓的“固件”，是被固化到计算机中的一组程序，为计算机提供最低级的、最直接的硬件控制。准确地说，BIOS 是硬件与软件程序之间的一个接口(虽然它本身也只是一个程序)，负责解决硬件的即时需求，并按软件对硬件的操作要求具体执行。为了区分 BIOS 和 UEFI 参数设置，很多资料分别称为传统(Legacy)BIOS 和 UEFI BIOS。

传统 BIOS 程序以 16 位汇编代码、寄存器参数调用方式、静态链接以及 1MB 以下内存固定编址的形式存在了近 30 年，虽然各大 BIOS 厂商近年来努力对其进行改进，加入了许多新元素到产品中，如 ACPI、USB 支持等，但 BIOS 的根本性质没有得到任何改变，16 位的运行工作环境是其最为致命的缺点。传统 BIOS 发展到现在，用来存放 BIOS 程序的芯片最大不过 2Mb，换成实际字节就是 256KB，面对这个数值，即使想为 BIOS 编写一些新的功能，BIOS 芯片中也不会有足够的空间写入。这也是传统 BIOS 这 20 多年来一直停滞不前的原因之一。

采用模块化设计的 UEFI，基本上区分成硬件控制和 OS 软件两大模块，前者只要是相同版本的 UEFI BIOS，就会有相同的功能，后者则是给厂商用 C 语言撰写应用功能的开放接口。通过这个开放接口，厂商就可以自行编写出各种功能的插件，像是类似 Ghost 的系统备份/还原插件、类似 IE 的浏览器插件、类似 Anti-Virus 的防病毒插件等功能来增加自家产品的功能特色。从前面的内容来看，UEFI 完全不同于传统 BIOS 的样貌，几乎就是一个专用的微型操作系统。随着 UEFI 内建功能的多样化，它的数据体积自然是不容小视，再加上扩展性的需要，UEFI 在硬盘上划分出一块 FAT 32 格式的分区，来存放 UEFI 的相关数据。

10.2 UEFI 的优点

1. 易于实现、容错和纠错特性更强

与传统 BIOS 显著不同的是，UEFI 是用模块化、C 语言风格的参数堆栈传递方式、动态链接的形式构建系统，它比 BIOS 更易于实现，容错和纠错特性也更强，从而缩短了系统研发的时间。更加重要的是，它运行于 32 位或 64 位模式，突破了传统 16 位代码的寻址能力，达到处理器的最大寻址，此举克服了 BIOS 代码运行缓慢的弊端。

2. 驱动开发简单、兼容性好

与传统 BIOS 不同的是，UEFI 体系的驱动并不是由直接运行在 CPU 上的代码组成的，而是用 EFI Byte Code(EFI 字节代码)编写而成的。对 Java 有一定了解的用户，大概知道 Java 的编译代码就是以 Byte Code 形式存在的，正是这种没有一步到位的中间性机制，使 Java 可以在多种平台上运行。UEFI 也借鉴了类似的做法。EFI Byte Code 是一组用于 UEFI 驱动的虚拟机器指令，必须在 UEFI 驱动运行环境下被解释运行，由此保证了充分地向下兼容性。

一个带有 UEFI 驱动的扩展设备既可以安装在使用安腾的系统中，也可以安装在支持 UEFI 的新 PC 系统中，它的 UEFI 驱动不必重新编写，这样就无须考虑系统升级后的兼容性问题。基于解释引擎的执行机制，还大大降低了 UEFI 驱动编写的复杂门槛，所有的 PC 部件提供商都可以参与。

3. 高分辨率的彩色图形环境、支持鼠标操作

UEFI 将让枯燥的字符界面成为历史。UEFI 内置图形驱动功能，可以提供一个高分辨率的彩色图形环境，用户进入后能用鼠标调整配置，一切就像操作 Windows 系统下的应用软件一样简单。BIOS 将不再是高手才能玩转的工具，光这一点就足以让很多计算机“菜鸟”心仪不已。

4. 强大的可扩展性

大家都知道，当计算机出现故障导致无法进入操作系统时，往往要借助其他工具才能解决问题，BIOS 在诊断系统故障方面的作用实是在太小了。强大的可扩展性是 UEFI 的另一大优点。UEFI 将使用模块化设计，它在逻辑上分为硬件控制与 OS(操作系统)软件管理两部分，硬件控制为所有 UEFI 版本所共有，而 OS 软件管理其实是一个可编程的开放接口。借助这个接口，主板厂商可以实现各种丰富的功能。例如大家熟悉的各种备份及诊断功能可通过 UEFI 加以实现，主板或固件厂商可以将它们作为自身产品的一大卖点。如果更习惯让别人来维护机器，UEFI 也提供了强大的联网功能，其他用户可以对主机进行可靠的远程故障诊断，而这一切并不需要进入操作系统！要知道，传统 BIOS 就是添加几个简单的 USB 设备支持都极其困难，更别说上网浏览网页了。

10.3 传统 BIOS 和 UEFI 组成

事实上,UEFI 确实是一件新生的架构。不仅底层开发与传统 BIOS 完全不同,就连它的代码规模都要比 BIOS 庞大许多。UEFI 就像是一个小型的操作系统,要触及许多系统子模块。同时界面设计人员又不能过于天马行空,至少要让它看上去类似传统 BIOS 界面,要让老玩家能快速地上手新系统设置。同时还有最关键的一点,在 BIOS 中所使用的各种独有的超频功能,也要在 UEFI 中实现。因此 UEFI 与传统的 BIOS 有着本质的区别,不仅仅是界面还有底层代码。UEFI 与 BIOS 的开发差距很大,就像是视窗系统与 DOS 之间的差别一样巨大。

1. 传统 BIOS 组成

传统 BIOS 主要由 3 部分组成:自检及初始化程序、硬件中断处理和程序服务请求。

(1) 自检及初始化程序负责启动计算机,具体又分 3 部分。第一部分是用于计算机刚接通电源时对硬件部分的检测,也称为加电自检(POST),功能是检查计算机是否良好,例如内存有无故障等。第二部分是初始化,包括创建中断向量、设置寄存器、对一些外部设备进行初始化和检测等,其中很重要的一部分是 BIOS 设置,主要是对硬件设置的一些参数,当计算机启动时会读取这些参数,并和实际硬件设置进行比较,如果不符合,会影响系统的启动。第三部分是引导程序,功能是引导操作系统,把控制权交给操作系统引导记录。在计算机启动成功后,BIOS 的这部分任务就完成了。

(2) 程序服务处理和硬件中断处理这两部分是两个独立的内容,但在使用上密切相关。程序服务处理程序主要是为应用程序和操作系统服务,这些服务主要与输入输出设备有关,例如读磁盘、文件输出到打印机等。为了完成这些操作,BIOS 必须直接与计算机的 I/O 设备打交道,它通过端口发出命令,向各种外部设备传送数据以及从它们那儿接收数据,使程序能够脱离具体的硬件操作,而硬件中断处理则分别处理 PC 硬件的需求,因此这两部分分别为软件和硬件服务,组合到一起,使计算机系统正常运行。

(3) BIOS 的服务功能是通过调用中断服务程序来实现的,这些服务分为很多组,每组有一个专门的中断。例如视频服务,中断号为 10H;屏幕打印服务,中断号为 05H;磁盘及串行口服务,中断号为 14H 等。每一组又根据具体功能细分为不同的服务号。应用程序需要使用哪些外设、进行什么操作只需要在程序中用相应的指令说明即可,无须直接控制。

2. UEFI 组成

目前 UEFI 主要由 UEFI 初始化模块、UEFI 驱动执行环境、UEFI 驱动程序、兼容性支持模块、UEFI 高层应用和 GUID 磁盘分区组成。

UEFI 初始化模块和驱动执行环境通常被集成在一个只读存储器中,就好比如今的 BIOS 固化程序一样。UEFI 初始化程序在系统开机的时候最先得到执行,它负责最初的 CPU、北桥、南桥及存储器的初始化工作,当这部分设备就绪后,紧接着它就载入 UEFI 驱动执行环境(Driver Execution Environment,DXE)。当 DXE 被载入时,系统就可以加载硬件设备的 UEFI 驱动程序。DXE 使用了枚举的方式加载各种总线及设备驱动,UEFI 驱动程序可以放置于系统的任何位置,只要保证它可以按顺序被正确枚举。借助这一点,可以把众多设备的驱动放置在磁盘的 UEFI 专用分区中，当系统正确加载这个磁盘后，这些驱动就可以被读取并应用了。在这个特性的作用下，即使新设备再多，UEFI 也可以轻松地一一支持，由此克服了传统 BIOS 捉襟见肘的情形。UEFI 能支持网络设备并轻松联网，原因就在于此。

值得注意的是，一种突破传统 MBR（主引导记录）磁盘分区结构限制的 GUID（全局唯一标志符）磁盘分区系统将在 UEFI 规范中被引入。MBR 结构磁盘只允许存在 4 个主分区，而这种新结构却不受限制，分区类型也改由 GUID 来表示。在众多的分区类型中，UEFI 系统分区用来存放驱动和应用程序。大家或许对这一点感到担心：当 UEFI 系统分区遭到破坏时怎么办？而容易受病毒侵扰更是 UEFI 被人诟病的一大致命缺陷。事实上，系统引导所依赖的 UEFI 驱动通常不会存放在 UEFI 系统分区中，当该分区的驱动程序遭到破坏，可以使用简单方法加以恢复，根本不用担心。

x86 处理器能够取得成功，与它良好的兼容性是分不开的。为了让不具备 UEFI 引导功能的操作系统提供类似于传统 BIOS 的系统服务，UEFI 还特意提供了一个兼容性支持模块，这就保证了 UEFI 在技术上的良好过渡。

图 10-1 所示为传统 BIOS 和 UEFI 运行流程，UEFI 初始化比传统 BIOS 初始化和 BIOS 自检要快很多。

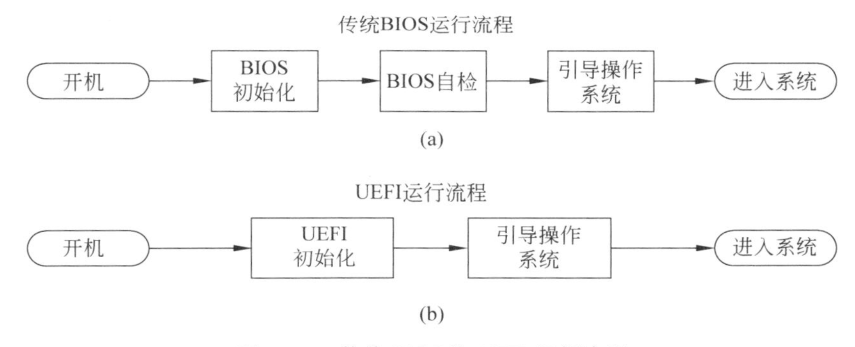

图 10-1　传统 BIOS 和 UEFI 运行流程

10.4　BIOS 和 UEFI 参数设置

10.4.1　BIOS 和 UEFI 设置程序的进入

因生产时间、产品线、机型等的不同，进入传统 BIOS/UEFI Setup 的操作方法有所不同，通常会在开机画面有提示。下面以联想计算机为例。

（1）对于 2010 年后发布的台式机，以及所有一体机、Think 全系列产品，全部使用 F1 键进入 BIOS/UEFI Setup 界面。

（2）对于 2012 年后发布的昭阳 K 系列、E 系列和扬天 V 系列、B 系列、M 系列，全部使用 F1 键进入 BIOS/UEFI Setup 界面。

（3）对于 IdeaPad 全系列笔记本、Lenovo G 系列、Erazer 系列笔记本全部使用 F2 键进入 BIOS/UEFI Setup 界面。

(4) 对于 2011 年前发布的昭阳 K 系列、E 系列和扬天 V 系列、B 系列产品，全部使用 F2 键进入 BIOS/UEFI Setup 界面。

(5) 较早的台式机产品，使用键盘的 Del 键进入 BIOS/UEFI Setup 界面。

(6) 标配 Windows 8 操作系统的机器，需要在系统下选择重启，才能按对应的键进入 BIOS/UEFI Setup 界面。

如图 10-2 所示，在开机自检 Lenovo 画面处，快速、连续多次按键盘的 F2 键，即可进入 BIOS/UEFI Setup 界面。

图 10-2　进入 BIOS/UEFI 设置前的画面

F2 键是联想计算机进入 BIOS/UEFI 设置的键，需注意不同计算机厂商进入 BIOS/UEFI 的键不一致，可察看开机画面或主板说明书。

10.4.2　传统 BIOS 常用参数设置

传统 BIOS 主要由 Award 和 AMI 两大厂商开发。通过开机自检画面，可以识别采用何种 BIOS，如图 10-3 所示。

图 10-3　Award 和 AMI BIOS 的开机画面

下面介绍一下 Award BIOS 的设置，其实 Award BIOS 和 AMI BIOS 里面有很多东西是相同的，可以说基本上是一样的，虽然有些名字叫法不同，但是实际作用是一样的。下面就通过对 Award BIOS 作为一个例子来进行学习来了解传统 BIOS 设置(关于不同主板 BIOS 参数的详细资料，主板的说明书上均有介绍，这里不再赘述)。图 10-4 为 Award BIOS 设置主界面。

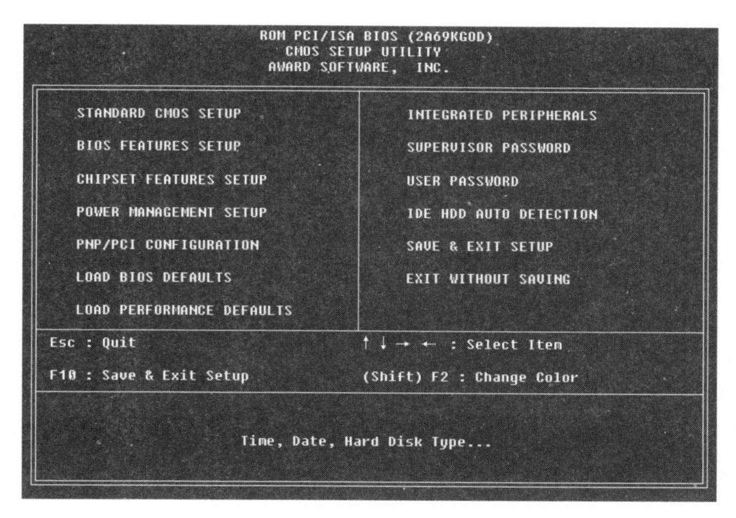

图 10-4　Award BIOS 设置主界面

BIOS 的主菜单内容如下。

(1) STANDARD CMOS SETUP(标准 CMOS 功能设定)。

设定日期\时间、软硬盘规格及显示器种类等。

(2) BIOS FEATURES SETUP(高级 BIOS 功能设定)。

设定 BIOS 提供的特殊功能,例如病毒警告、开机引导顺序等。

(3) CHIPSET FEATURES SETUP(主板芯片组功能设定)。

设定主板芯片组的相关参数,例如 DRAM Timing、ISA Clock 等。

(4) POWER MANAGEMENT SETUP(电源管理设定)。

设定 CPU、硬盘、显示器等设备的节电功能运行方式。

(5) PNP/PCI CONFIGURATIONS(即插即用与 PCI 参数设定)。

设定 ISA 的 PNP 即插即用界面以及 PCI 界面的相关参数。

(6) LOAD BIOS DEFAULTS(装载最安全的默认值)。

(7) LOAD PERFORMANCE DEFAULTS(装载优化的默认值)。

(8) INTEGRATED PERIPHERALS(外部设备设定)。

此设定菜单包括所有外围设备的设定,如 USB 键盘是否打开等。

(9) SUPERVISOR PASSWORD(设置管理员密码)。

(10) USER PASSWORD(设置一般用户密码)。

(11) IDE HDD AUTO DETECTION(自动检测 IDE 硬盘参数)。

(12) SAVE & EXIT SETUP(存储后退出设置程序)。

(13) EXIT WITHOUT SAVING(不存储退出设置程序)。

主界面中间靠下部分是键盘操作提示,其功能建如下。

↑(向上键)	移到上一个项目
↓(向下键)	移到下一个项目
←(向左键)	移到左边的项目
→(向右键)	移到右边的项目

Esc 键	退出当前画面或不存储退出
Page Up 或－键	改变设定状态，或增加栏位中的数值内容
Page Down 或＋键	改变设定状态，或减少栏位中的数值内容
F1 功能键	显示目前设定项目的相关说明或相应键的功能
F5 功能键	装载上一次设定的值
F6 功能键	装载最安全的值
F7 功能键	装载最优化的值
F10 功能键	储存设定值并离开 BIOS SETUP 程序

主菜单下部是上面各设置选项的解释信息。当光标移到某个选项上时，信息栏就会显示这个选项的相关提示。图 10-4 中的这部分是对第一个设置选项 STANDARD CMOS FEATURES 的信息显示“Time，Date，Hard Disk Type…”，表示该选项与设置时间、日期、硬盘类型等有关。

通常，在 BIOS 设置参数时，只简单地做以下几步：设置出厂设定值，设置启动顺序，如果有必要可以设置密码，保存设置并退出。下面将主要介绍这几个方面的内容，相信通过对这些设置的学习，大家将会对传统 BIOS 设置不再陌生。

1. 设置出厂设定值

主板的 BIOS 中有出厂时设定的值。若 BIOS 参数被破坏，则要使用该项进行恢复。LOAD PERFORMANCE DEFAULTS 是调入推荐设置，即在一般情况下的优化设置，如图 10-5 所示。

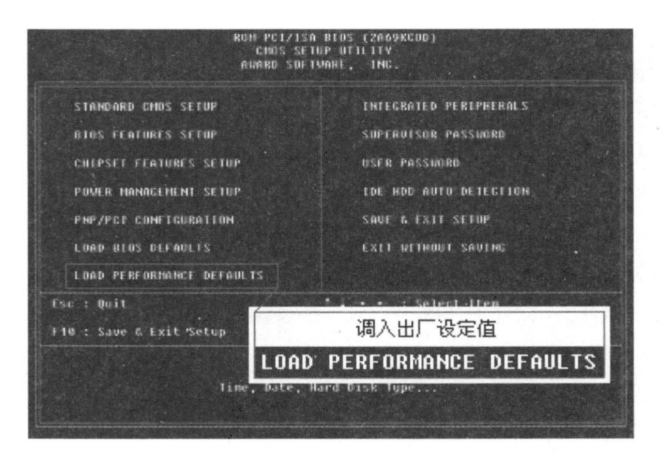

图 10-5　调入出厂设置值 1

将光标用上下箭头移到这一项，然后按 Enter 键，屏幕提示“是否载入默认值”，如图 10-6 所示。输入 Y 表示“Yes，是”的意思，这样，以上几十项设置都是默认值了。

如果在这种设置下，计算机出现异常现象，可以用另外这项 LOAD BIOS DEFAULTS 用来恢复 BIOS 默认值，它是最基本的也是最安全的设置，这种设置下不会出现设置问题，但计算机性能有可能不能得到最充分的发挥，如图 10-7 所示。

2. 设置启动顺序

下面设置计算机开机启动顺序的设置过程，如图 10-8 所示。

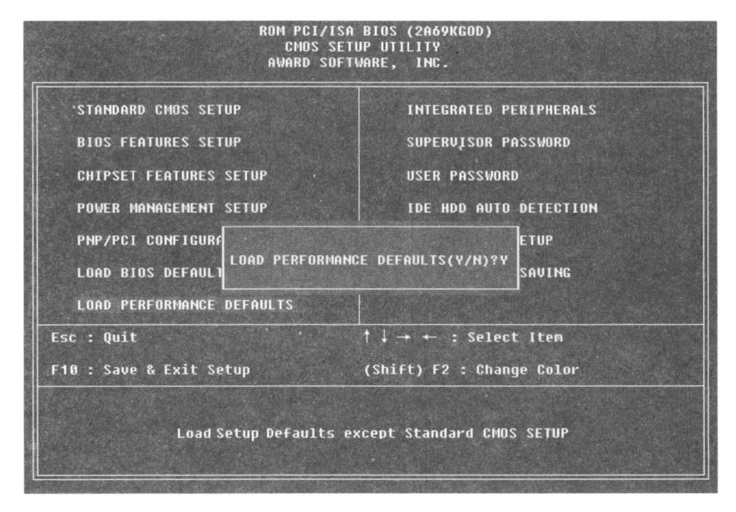

图 10-6 调入出厂设置值 2

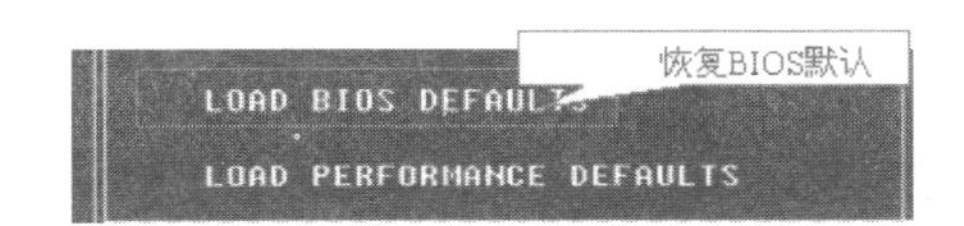

图 10-7 调入出厂设置值 3

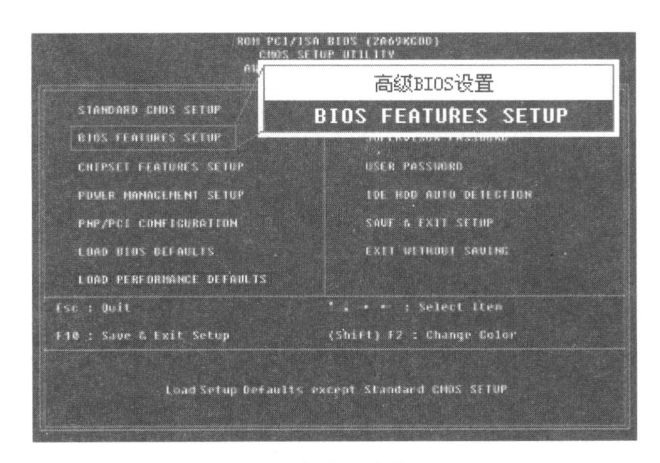

图 10-8 启动顺序的设置 1

将光标移到 BIOS FEATURE SETUP 这一项，按 Enter 键后，出现设置画面，如图 10-9 所示。

Boot Sequence 这一项就是指计算机的启动顺序。此 BIOS 版本过旧，此处仅用来做例子演示。常见引导设备如下。

(1) CD/DVD、SATA ODD、ATAPI CD、CD-ROM Drive 等表示光驱设备。

(2) SATA HDD、ATA HDD、Hard Drive 等表示硬盘设备。

(3) ATA SSD 表示固态硬盘设备。

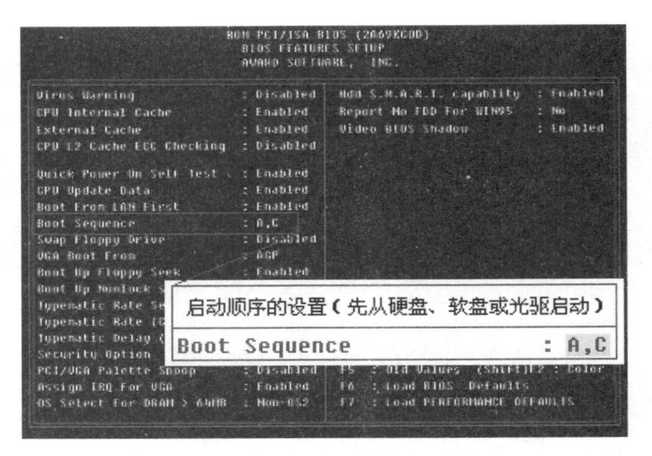

图 10-9　启动顺序的设置 2

(4) USB CD-ROM 表示外接 USB 光驱引导，需要在开机前连接好，否则无法识别。

(5) USB FDD、USB HDD、USB ZIP 表示外接 USB 设备引导，需要在开机前连接好，否则无法识别。

(6) Removable Devices 也表示外接 USB 设备引导，需要在开机前连接好，否则无法识别。

(7) PCI LAN、Network、Legacy LAN 等表示网络设备。

(8) Windows Boot Manager(硬盘型号)表示采用 GPT 磁盘格式且经过 Windows 8/8.1 系统认证通过的引导设备。

3. 设置密码

将光标移到密码设置处，按 Enter 键，输入密码，再按 Enter 键，计算机提示重新再输入密码确认一下，输入后再按 Enter 键就可以了，如图 10-10 所示；如果想取消已经设置的密码，就在提示输入密码时直接按 Enter 键即可，计算机提示密码取消，请按任意键，按键后密码就取消了。

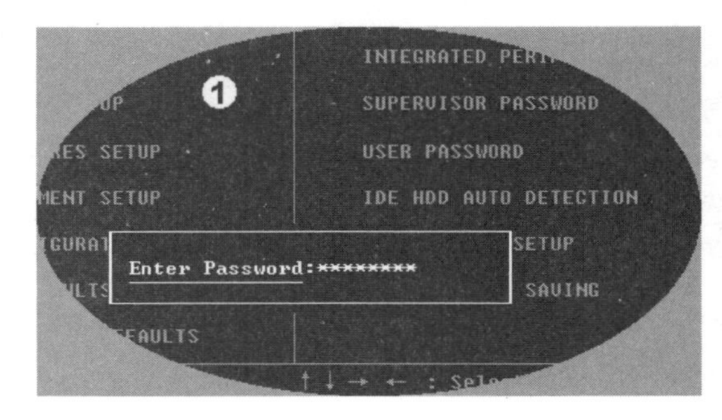

图 10-10　设置密码

为了防止泄露，在输入密码时，屏幕上显示的是 *；密码最多能设置 8 个数字或符号，而且有大小写之分。

为了使密码生效，还必须选择 BIOS FEATURE SETUP 选项，将其中 Security Option 项的值设置为 Setup，表示只在进入 BIOS 设置时要求输入密码，可以直接进入系统；如将此项值设置为 System，则每次开机都要求输入密码，密码正确后才能进入系统。设置密码完成后，计算机在启动时会询问一个密码，回答其中一个密码计算机就可以启动；如果要进入BIOS设置则需要高级用户密码。计算机将BIOS设置认为是高度机密，防止他人乱改，而高级密码比用户密码的权限就高在BIOS的设置上。

简单地说，如果两个密码都设好了，那么用高级密码可以进入工作状态，也可以进入BIOS设置；而用户密码只能进入工作，也能进入BIOS修改用户自身的密码，但除此之外不能对BIOS进行其他的设置。如果只设置了一个密码，无论是谁，都同时拥有这两个权限。

注意：一旦设置了密码，就要牢牢记住。如果给计算机设置了开机密码，又把它忘了，就无法启动计算机了，但是只要拆开计算机主机，然后进行CMOS放电，就可以让计算机将密码忘掉，同时，CMOS在忘掉密码的同时，把所有设定好的值也都忘掉了，必须重新全部设置。

4. 保存设置并退出

最后最关键的一步，就是要将刚才设置的所有信息进行保存，选择SAVE & EXIT SETUP这一项，它是“保存并退出”的意思，如图10-11所示。

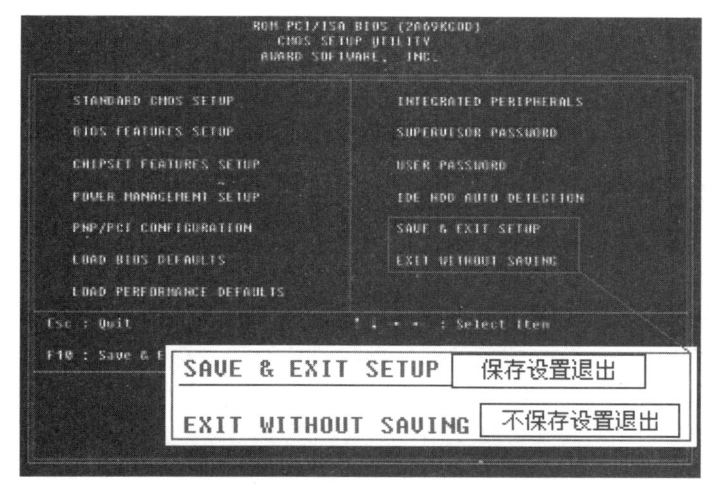

图10-11 保存设置1

如果不想保存刚才的设置，那就选择EXIT WITHOUT SAVING这一项，它表示“退出不保存”，那么本次进入BIOS所做的任何改动都不起作用。

如果需要保存设置，选择SAVE & EXIT SETUP这一项，按Enter键，计算机提示确认，输入Y即可，如图10-12所示。计算机会重新启动，这样所做的设置就全部完成了。

以上是常用的BIOS基本设置，其他选项中的内容在实际操作的过程中会慢慢接触，在此不再赘述。

10.4.3 UEFI常用参数设置

前面介绍了UEFI，UEFI属于公开源代码，各主板厂商都可以在UEFI标准之上进行扩展，因此和传统BIOS界面相比，UEFI界面多种多样，但基本功能是一致的。如图10-13所示为华硕主板计算机开机画面，按Del或F2键进入UEFI BIOS设置。

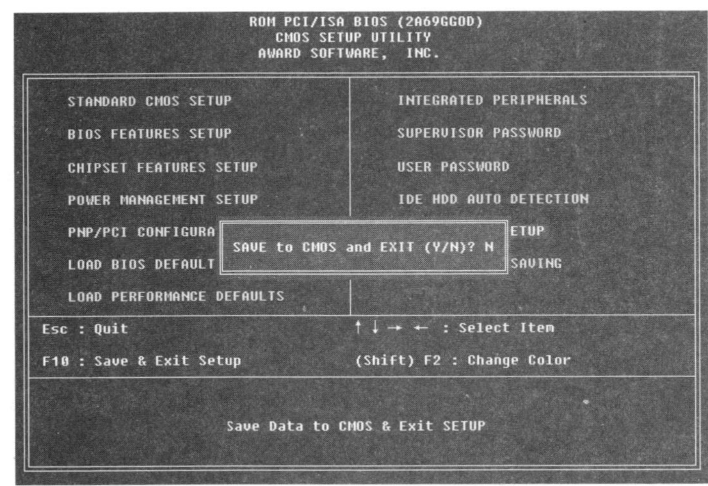

图 10-12　保存设置 2

图 10-13　华硕主板开机画面

1. 华硕主板 UEFI 主界面

图 10-14 所示为华硕主板 UEFI 界面。界面可更改显示语言，简体中文显示可让普通用户更方便地设置参数。该界面可让人们了解计算机基本信息。单击高级模式可进行进一步设置。

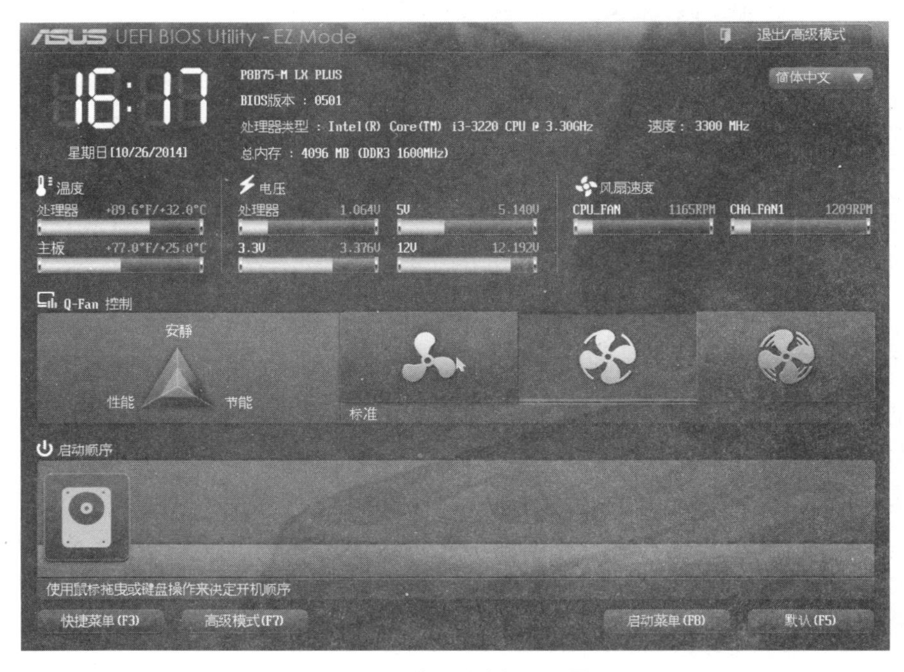

图 10-14　华硕主板 UEFI 界面

2. 一般帮助

图 10-15 所示为华硕主板 UEFI BIOS 设置常用的功能键。

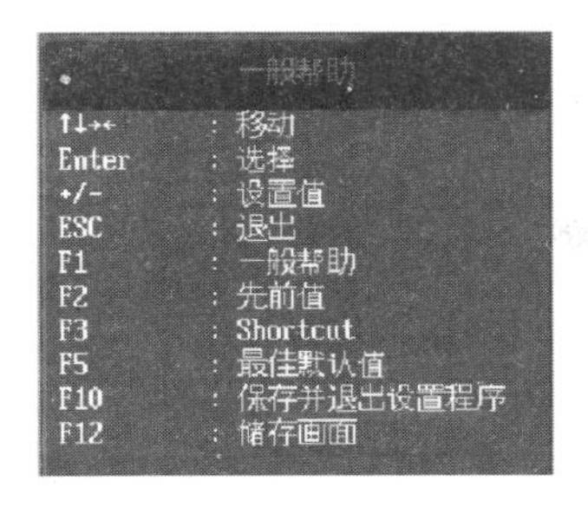

图 10-15 华硕主板 UEFI BIOS 设置常用功能键

3. 高级模式之概要

进入高级模式后，第一个画面是概要，显示 BIOS 信息、CPU 信息、内存信息，还可以设置系统语言、系统日期、系统时间，还可以安全性设置密码，如图 10-16 所示。

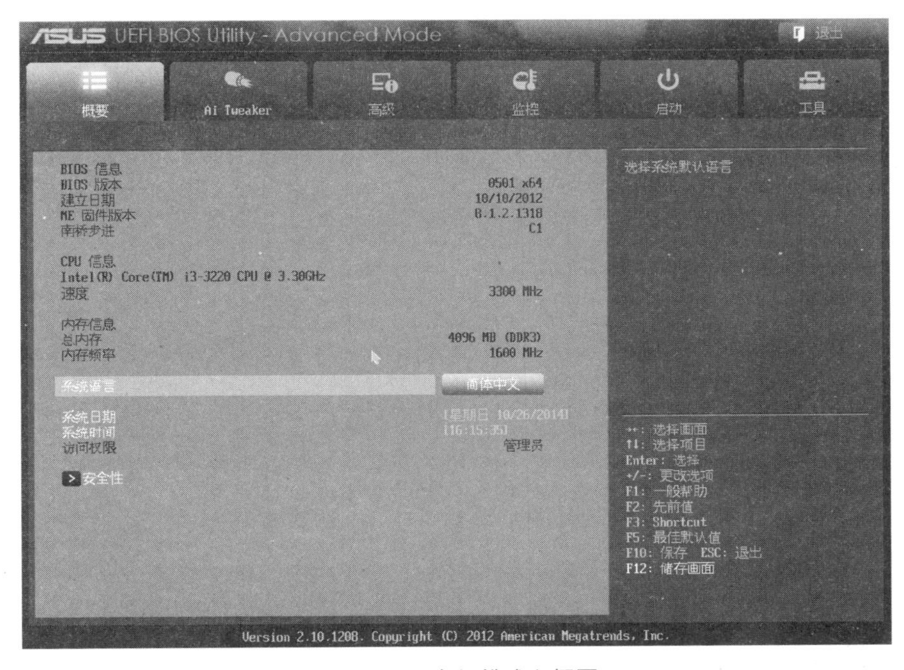

图 10-16 高级模式之概要

4. 概要之安全性界面

图 10-17 所示为设置安全性密码界面。

5. 概要之系统语言界面

图 10-18 所示为系统语言界面。

6. Ai Tweaker 选项界面

Ai Tweaker 选项可提供超频设置，主要是电压与频率设置。如果超频知识不是很丰富的话，建议选择自动，如图 10-19 所示。

7. 高级选项界面

在高级选项中，可以对 CPU 部分参数、南北桥芯片、SATA 接口、USB 接口和板载声卡/网卡等进行设置，如图 10-20 所示。

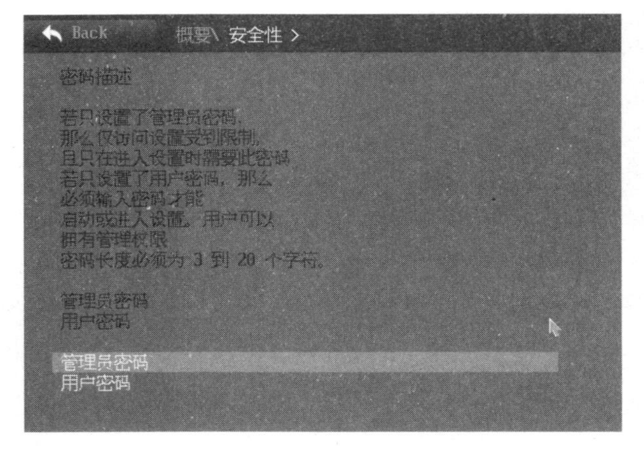

图 10-17　概要之安全性界面

图 10-18　概要之系统语言界面

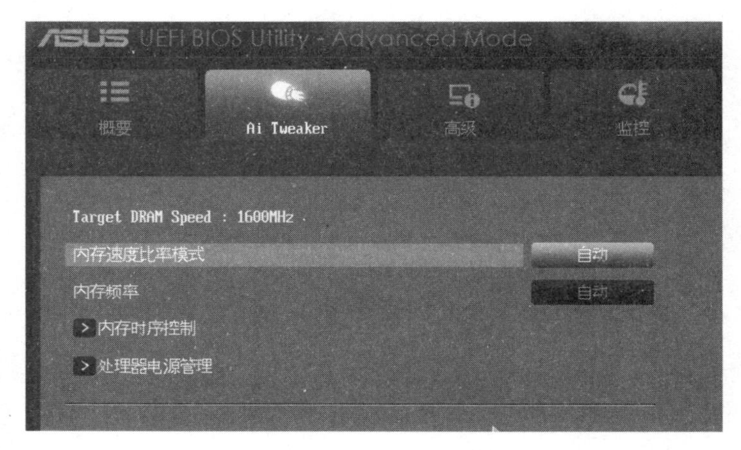

图 10-19　Ai Tweaker 界面

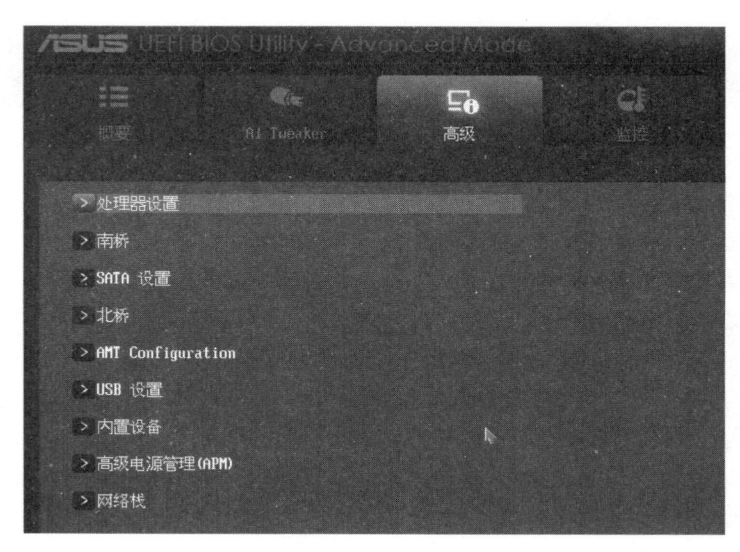

图 10-20　高级界面

8. 高级选项界面之处理器设置

在 CPU 设置中,可以任意开关 CPU 核心,控制超线程开关,以及其他一些 CPU 相关设置,如 EDB 防毒和虚拟化技术,如图 10-21 所示。

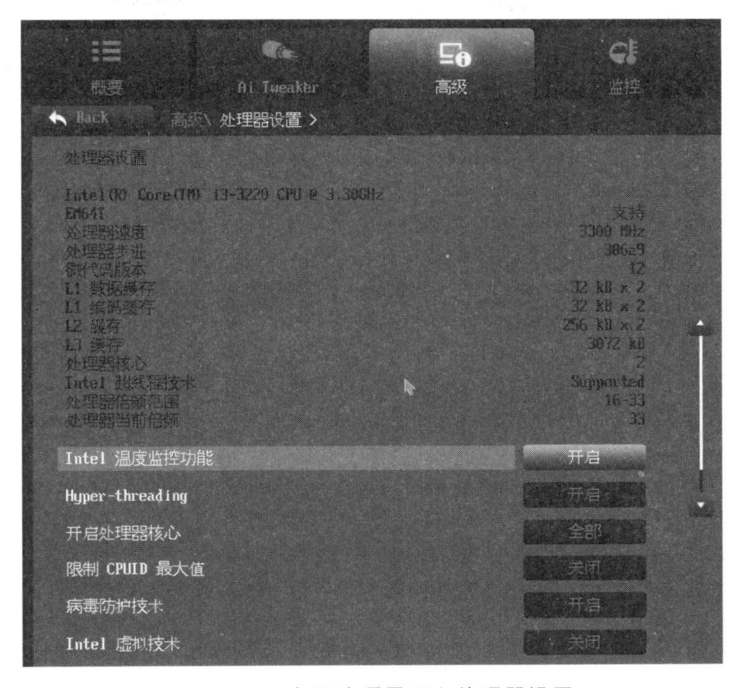

图 10-21　高级选项界面之处理器设置

9. 高级选项界面之 SATA 设置

在 SATA 接口设置页面中可以选择 AHCI、RAID 和 IDE 模式。IDE 模式就是把 SATA 硬盘接口转换为 IDE 接口,AHCI 模式是原生 SATA 接口,RAID 模式是磁盘阵列。建议选择 AHCI 模式,这样能充分发挥出磁盘的性能,如图 10-22 所示。

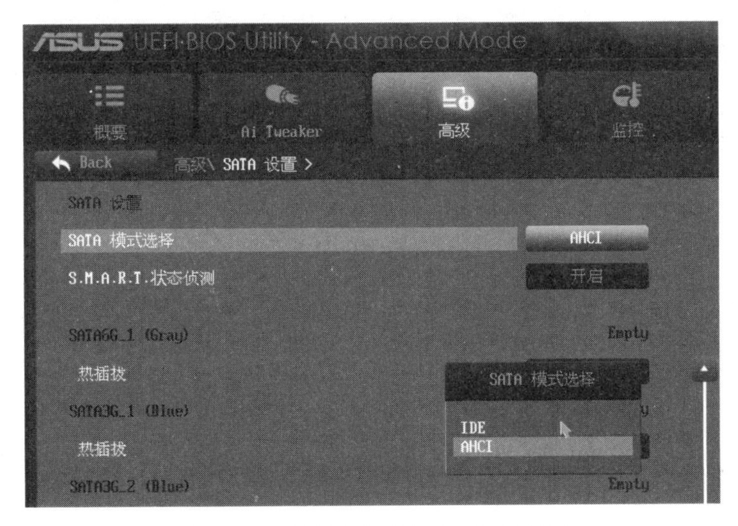

图 10-22　高级选项界面之 SATA 设置

10. 高级选项界面之北桥设置

北桥可进行显卡设置，如图 10-23 所示。iGPU 为核心显卡，即集成在 CPU 内部的显卡，PCI 为 PCI 声卡。

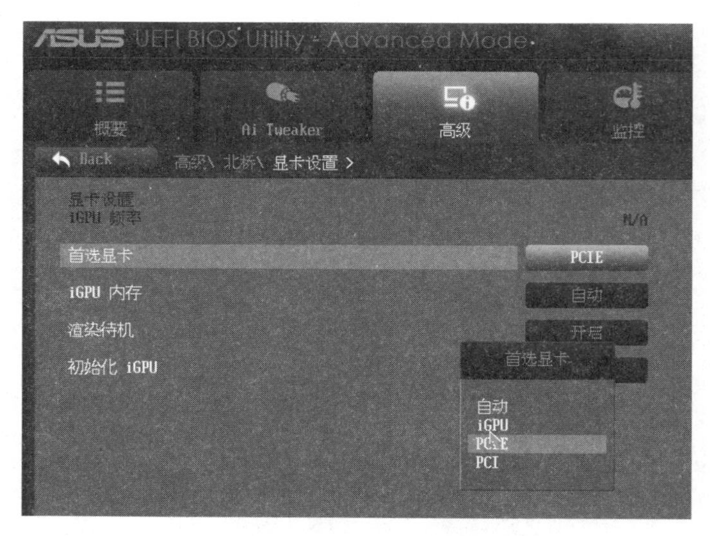

图 10-23　高级选项界面之北桥下显卡设置

11. 高级选项界面之 USB 设置

USB 设置选项如图 10-24 所示。USB 控制器如果选择关闭，则系统无法使用 USB 设备。Legacy(传统)USB 支持就是支持旧的 USB 1.1 设备，USB 键盘、USB 鼠标都属于传统 USB，使用 USB 键盘、USB 鼠标必须设置为 Enabled 或自动。

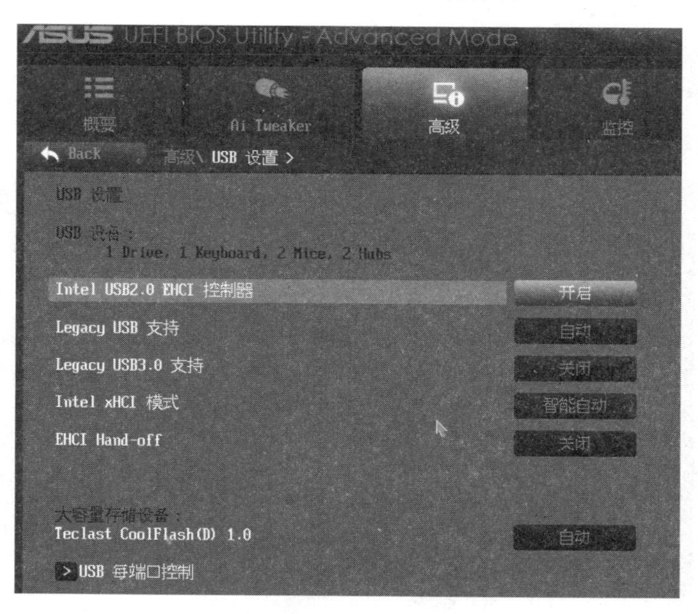

图 10-24　高级选项界面之 USB 设置

12. 监控选项界面

监控选项可查看 CPU 温度、CPU 电压、CPU 风扇转速和机箱风扇转速等，可以了解计算机健康状态。

13. 启动选项界面

启动选项设置开机启动顺序。如图 10-25 所示，第一启动设备为硬盘；第二启动设备为 U 盘；第三启动设备为 UEFI 设备。

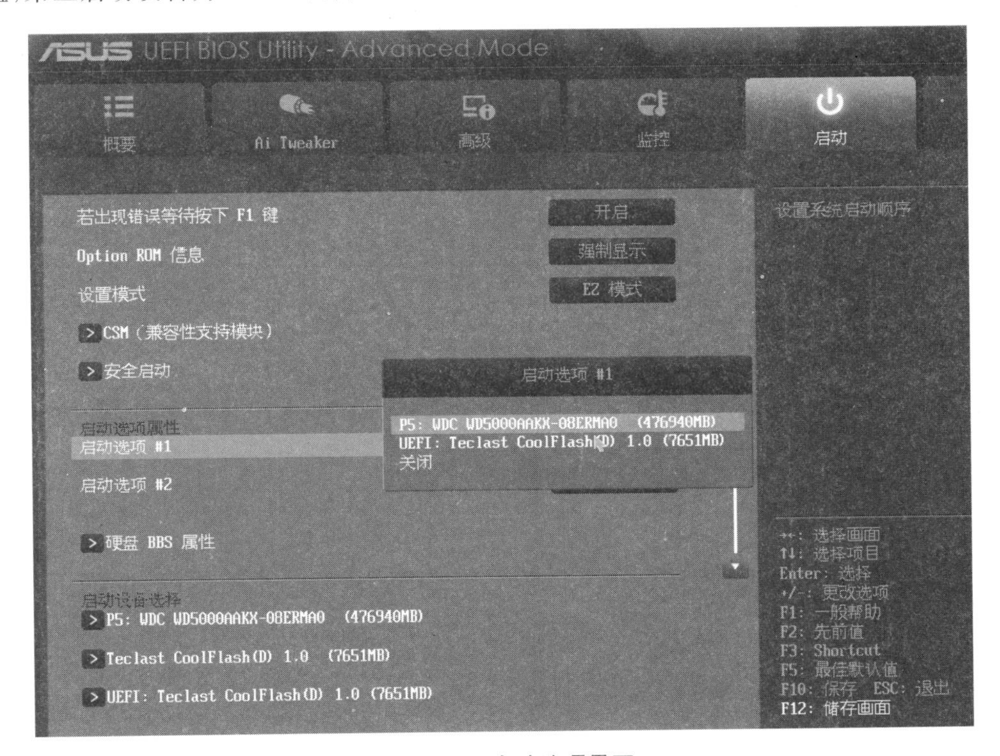

图 10-25 启动选项界面

BIOS 启动模式有以下 4 种方式。

(1) UEFI Only。该模式使用 GPT 分区格式引导，而对于 U 盘等第三方设备需要支持 UEFI 启动才可以。

(2) Legacy Support。提供传统引导模式支持。

(3) UEFI First 或 Legacy First。这两个模式基本上是一样，对于传统的引导设备都可以支持。区别是优先引导对应的设备。

(4) Legacy Only。只支持传统引导模式，这种模式下兼容性最好，可以引导众多 USB 设备，但是不支持 Secure Boot 等安全引导技术。

14. 退出界面

设置完毕，可按 F10 键存盘退出，也可按 Esc 键不存盘退出。不管按 F10 键还是按 Esc 键，都会弹出如图 10-26 所示界面。

图 10-26　退出界面

10.5　本章小结

本章介绍 BIOS 和 UEFI 参数设置。目前主流计算机都采用 UEFI 参数设置。本书 UEFI 参数设置，采用中文界面，好处是容易理解，但中文界面有时的翻译不够精确。所以大家在熟悉中文界面情况下，还要转到英文界面熟悉一下。

习题

1. 找一台较旧机器，根据本书进行传统 BIOS 参数设置。
2. 熟悉 UEFI 界面，根据本书进行常用参数设置。

第11章 软件系统安装

本章学习目标

- 熟练掌握计算机的启动过程。
- 熟练掌握虚拟机设置。
- 熟练掌握硬盘分区操作。
- 熟练掌握操作系统安装。

本章介绍计算机软件系统的安装，包括操作系统和应用软件的安装。在具体安装之前，还应熟悉计算机的启动过程和硬盘初始化有关的知识。

11.1 计算机的启动过程

随着UEFI在计算机上的普及，特别是最新Windows 8操作系统的推出，计算机的启动就分为传统BIOS启动和原生UEFI启动。目前，大多数计算机还是使用传统BIOS启动或者UEFI下启用BIOS兼容模式启动。

11.1.1 传统BIOS启动过程

1. 执行跳转指令

按下电源开关，主板开关电路工作，使电源开始向主板和其他设备供电。主板上的控制芯片组向CPU发出RESET信号，让CPU内部自动恢复到初始状态，但CPU并不工作。当芯片组检测到电源已经稳定供电后(即Power Good信号电压已升为+5V)，便撤去RESET信号(如果手工按下RESET按钮，那么松开时，就相当于撤去RESET信号，计算机才重启)，CPU就从地址FFFF0H处开始执行一条跳转指令，转到系统BIOS中真正的启动代码处。

2. 进入POST自检

系统BIOS启动代码首先执行加电自检(Power On Self Test，POST)。

POST的主要任务是检测系统中的一些关键设备是否存在和能否正常工作。由于POST是最早进行的检测过程，此时显卡还没有初始化，如果系统BIOS在进行POST的过程中发现一些致命错误，如没有找到内存或内存有问题(此时只会检查640KB常规内存)，会直接控制喇叭发声来报告错误，声音的长短和次数代表了错误的类型。

3. 初始化显卡

接下来系统BIOS查找显卡BIOS，存放显卡BIOS的ROM芯片的起始地址通常在C0000H处，找到显卡BIOS之后就调用它的初始化代码，由显卡BIOS来初始化显卡，此时会在屏幕上显示出一些初始化信息，有生产厂商、图形芯片类型、显存大小等内容，如图11-1所示，不过这个画面几乎一闪而过。

4. 显示 BIOS 画面

查找完所有其他设备的 BIOS 之后，系统 BIOS 将显示自己的画面，如图 11-2 所示，其中包括系统 BIOS 类型、序列号和版本号等内容。同时屏幕底端左下角会出现主板信息代码，即 BIOS-ID。

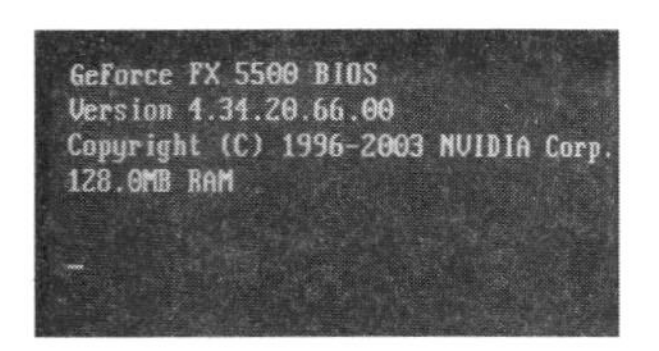

图 11-1　显卡初始化信息

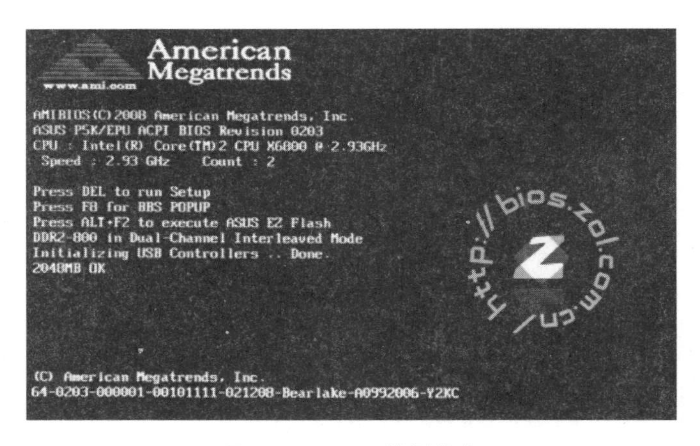

图 11-2　BIOS 检测信息

5. 测试 CPU 和内存

接着系统 BIOS 将检测和显示 CPU 类型和工作频率，然后开始测试 RAM，同时在屏幕上显示内存测试的进度。

6. 检测标准设备

然后系统 BIOS 将开始检测系统中安装的一些标准硬件设备，包括硬盘、CD-ROM、软驱、串口、并口等设备，另外较新版本的 BIOS 在这一过程中还会自动检测和设置内存的定时参数、硬盘参数和访问模式等。如图 11-2 所示显示检测到的硬盘和光驱的信息。

显示 BIOS 画面、测试 CPU 和内存、检测标准设备画面的出现是有先后次序的。但用户肉眼感觉一起出现。很多计算机开机看不到这一画面，被品牌 LOGO 或主板 LOGO 遮盖，可在 BIOS 设置去掉 LOGO 显示或者按 Tab 键不显示 LOGO。

7. 检测即插即用设备

接下来系统 BIOS 内部支持即插即用的代码将开始检测和配置系统中安装的即插即用设备，每找到一个设备之后，系统 BIOS 为该设备分配中断号、DMA 通道和 I/O 端口等资源。

8. 显示配置表

到这一步为止，所有硬件都已经检测配置完毕了，系统 BIOS 会重新清屏并在屏幕上方显示出一个表格，其中概略地列出了系统中安装的各种标准硬件设备，以及它们使用的资源和一些相关工作参数，如图 11-3 所示。

9. 更新 ESCD

接下来系统 BIOS 将更新扩展系统配置数据（Extended System Configuration Data，ESCD）。ESCD 是系统 BIOS 用来与操作系统交换硬件配置信息的一种数据，这些数据存

```
CPU Type          : Intel  Celeron(R)        BaSe Memory          :      640KB
CPU ID/ucode ID   : 0F29/00                  Extended  Memory     :   228352KB
CPU Clock         : 2.40GHz                  Cache  Memory        :       None

Diskette Drive A : 1.44MB, 3.5 in.           Display  Type        :  EGA/VGA
Diskette BriUe B : None                      Serial  Port(s)      :  3F8 2F8
Pri. Master Disk : LBA, ATA 100, 40062MB     Parallel  Port(s)    :  378
Pri. Slave  DiSk : None                      DDR SDRAM at Bank    :  2
Sec. Mastey DiSk : None
Sec. Slave  Disk : CDROM, ATA 33

Pri.Master Disk HDD S.M.A.R.T. capabllity....Disable

PCI device listing...
BUS NO. Device NO. Func No. Vendoy/Device  Class  Device Class          IRQ

  0         8          0       10EC  8139    0200  Network Cntrlr         11
  0        17          1       1106  0571    0101  IDE Cntrlr             14
  0        17          2       1106  3038    0C03  Serial Bus Cntrlr       9
  0        17          3       1106  3038    0C03  Serial Bus Cntrlr       9
  0        17          4       1196  3038    0C03  SePial Bus Cntrlr       9
  0        17          5       1106  3050    0401  Multmedia Device        5
  1         0          0       5333  8D04    0300  Display Cntrlr         11
Verifying DMI Fool Data..........
```

图 11-3 系统配置信息

放在 CMOS 之中。通常 ESCD 数据只在系统硬件配置发生改变后才会更新，因此不是每次启动机器都能够看到“Update ESCD…Success”这样的信息。

然后显示检测到的多媒体设备的信息，如中断号、请求号等。

10. 按指定的顺序启动磁盘

ESCD 更新完毕后，系统 BIOS 的启动代码将根据用户指定的启动顺序从软盘、硬盘或光驱启动。以从硬盘启动为例，系统 BIOS 将读取并执行硬盘上的主引导记录(MBR)，至此传统 BIOS 完成自己的启动任务，控制权转交给主引导记录，主引导记录接着从分区表中找到活动分区，然后读取并执行这个活动分区的分区引导记录，而分区引导记录将负责读取操作系统引导程序，不同操作系统引导程序有区别。控制权又从主引导记录转交给操作系统引导程序，开始启动操作系统。

11.1.2 原生 UEFI 启动

UEFI 与传统 BIOS 完全不同，UEFI 的启动原理与传统 BIOS 也绝对不同。不能把传统 BIOS 启动的原理直接套用到原生 UEFI 启动上。也不能把专为传统 BIOS 启动设计的工具应用到原生 UEFI 启动的系统上。

还需要了解一个重点，许多 UEFI 固件实现了某种 BIOS 兼容模式(有时候称为 CSM)。许多 UEFI 固件可以像 BIOS 固件一样启动系统，可以查找磁盘上的 MBR，然后从 MBR 中执行启动装载程序，接着将后续工作完全交给启动装载程序。这种启动其实是通过 UEFI 固件的一项功能，以“BIOS 风格”启动系统，而不是采用原生 UEFI 方式启动系统。使用这项兼容功能，在启动过程中，计算机看起来就是基于 BIOS 的。只需要像 BIOS 启动一样进行所需操作即可。对于日常使用的操作系统，强烈建议不要混合使用原生 UEFI 启动和 BIOS 兼容启动，尤其不要在同一块磁盘上混用。

1. 基本概念

在学习原生 UEFI 启动前，要搞清楚 5 个概念。

1）EFI 可执行文件

UEFI 规范定义了一种可执行文件格式，并要求所有 UEFI 固件能够执行此格式的代码。当开发人员为原生 UEFI 编写启动装载程序时，就必须按照这种格式编写。

2）GPT（GUID 分区表）格式

GUID 分区表格式与 UEFI 规范具有密切联系，而且它并不特别复杂。GPT 是 UEFI 规范提供的良好基础架构之一。GPT 仅仅是分区表的一种标准，磁盘起始位置的信息定义了磁盘所包含的分区。相比 MBR 分区表，这种分区表对分区的定义要好得多，并且 UEFI 规范要求 UEFI 兼容固件必须能识别 GPT（也要求固件能识别 MBR，以保证向后兼容）。

3）EFI 系统分区

EFI 系统分区是采用 FAT 变种（UEFI 规范定义的变种之一）格式化的任意分区，该分区被赋予特定 GPT 分区类型，以帮助固件识别该分区。操作系统可以创建、格式化和挂载分区，并将启动装载程序的代码和固件可能需要读取的所有其他内容放到这个分区中，而不用像 MBR 磁盘一样，将启动装载程序的代码写入磁盘的起始位置空间。

4）UEFI 启动管理器

UEFI 规范对 UEFI 启动管理器作出了如下规定：UEFI 启动管理器是一种固件策略引擎，可通过修改固件架构中定义的全局 NVRAM 变量来进行配置。启动管理器将尝试按全局 NVRAM 变量定义的顺序依次加载 UEFI 驱动和 UEFI 应用程序（包括 UEFI 操作系统启动装载程序）。

5）“回退”路径（Fallback Path）

UEFI 规范定义了一种“回退”路径，其工作原理类似于 BIOS 驱动器启动，它会在标准位置查找某些启动装载程序代码。但是其中的细节和 BIOS 不同。

当尝试以这种方式启动时，固件真正执行的操作相当简单。固件会遍历磁盘上的每个 EFI 系统分区（按照磁盘上的分区顺序）。在 ESP 内，固件将查找位于特定位置的具有特定名称的文件。在 x86-64 PC 上，固件会查找文件\EFI\BOOT\BOOTx64.EFI。其中 x64 是 x86-64 PC 计算机类型简称。文件名还有可能是 BOOTIA32.EFI（x86-32）、BOOTIA64.EFI、BOOTARM.EFI（AArch32，即 32 位 ARM）和 BOOTAA64.EFI（AArch64，即 64 位 ARM）。然后固件将执行找到的第一个有效文件（当然，文件需要符合 UEFI 规范中定义的可执行格式）。

这种机制的设计目的不在于启动日常使用的操作系统。它的设计目的更像是为了启动可热插拔、与设备无关的介质，如 Windows 7 操作系统各种安装介质有光盘、U 盘、移动硬盘等。BOOTx64.EFI（或其他）文件将处理剩余启动过程，从而启动介质上包含的真正操作系统。

2. 原生 UEFI 启动和 BIOS 兼容启动注意事项

用户有时会忽略以下事项。

（1）如果以“原生 UEFI”模式启动安装介质，安装介质将以原生 UEFI 模式安装操作系统。它将尝试向 EFI 系统分区写入 EFI 格式的启动装载程序，并尝试向 UEFI 启动管理器的“启动菜单”中添加启动项,用于启动该启动装载程序。

(2) 如果以“BIOS兼容”模式启动安装介质,安装介质将以BIOS兼容模式安装操作系统。它将尝试向磁盘上的MBR空间写入MBR类型的启动装载程序。

如果以BIOS兼容模式启动安装介质,那么绝对无法成功进行操作系统的原生UEFI安装,因为安装程序无法配置UEFI启动管理器(除非以原生UEFI模式启动安装介质)。

3. 确定启动模式

有时候,在启动操作系统安装程序之后,不确定启动模式为原生UEFI模式还是BIOS兼容模式。最简单的方法之一是尝试读取UEFI启动管理器。如果启动了Linux安装程序或环境,并且可以运行shell,请运行efibootmgr -v。如果启动的是原生UEFI模式,那么就可以看到UEFI启动管理器配置。如果启动的是BIOS兼容模式,那么会看到类似以下内容:

Fatal: Couldn't open either sysfs or procfs directories for accessing EFI variables.

Try 'modprobe efivars' as root.

如果启动了其他操作系统,可以尝试运行该操作系统的内置实用程序,读取UEFI启动管理器,并查看是否显示了明确输出或类似错误。

4. 启用原生UEFI启动

若要启用原生UEFI模式的启动,那么操作系统安装介质必须明确符合如下规范:具有GUID分区表,EFI系统分区,启动装载程序位于正确的“回退”路径\EFI\BOOT\BOOTx64.EFI(其他平台可能会有其他名称)中。如果无法以原生UEFI模式启动安装介质,并且无法查出原因,那么请检查安装介质是否满足上述条件。

11.2 硬盘初始化

在系统硬件参数设置(BIOS SETUP)正确进行后,系统硬件便可以正常工作了,下一步就应当为计算机安装操作系统软件和应用软件。但此时硬盘还无法使用,还需要对计算机硬盘初始化。

硬盘初始化是指在硬盘使用前必须进行低级格式化、分区、高级格式化等操作。而一般硬盘出厂就已经低级格式化,除非硬盘故障,一般不再进行低级格式化。因此硬盘初始化主要是分区和高级格式化。分区和高级格式化的具体操作详见Windows 7操作系统安装一节。下面先学习和分区有关的几个概念。

1. 磁盘

一般是从硬件(物理)角度来说的,磁盘是通过磁介质存储数据的设备,包括人们常见的硬盘。另外,U盘及用内存虚拟的磁盘等虽然不是严格意义上的“磁盘”,但它们也可以使用同磁盘一样的文件系统。这里讨论的磁盘对象主要是硬盘。

2. 分区

硬盘分区实质上是对硬盘的一种格式化。通过硬盘分区,可以让一个大的硬盘空间划分成若干个小的区域,每个区域就是一个分区。在Windows下看到的C区、D区、E区等,就是硬盘分区,其目的主要是为了更合理、有效地去保存数据,为文件安放提供更宽松的余地。

硬盘分区信息保存在硬盘特定区域，称为硬盘分区表（DPT）。硬盘分区表类型有 MBR 分区表和 GPT 分区表。

（1）主引导记录（Master Boot Record，MBR）分区表，仅仅 64B 空间。由于每个分区信息需要 16B，所以对于采用 MBR 型分区结构的硬盘，最多只能识别 4 个主分区（Primary Partition）。要想使用更多分区，就需要扩展分区。扩展分区也是主要分区的一种，且只有一个主分区为扩展分区。它与主分区的不同在于理论上可以划分为无数个逻辑分区。另外，最关键的是 MBR 分区方案无法支持超过 2TB 容量的硬盘。因为这一方案用 4B 存储分区的总扇区数，最大能表示 2^{32} 的扇区个数，按每扇区 512B 计算，每个分区最大不能超过 2TB。硬盘容量超过 2TB 以后，分区的起始位置也就无法表示了。

（2）全局唯一标识分区表（Globally Unique Identifier Partition Table，GPT）是新的磁盘分区架构，它是 UEFI 标准的一部分，用来逐步替代传统 BIOS 中的 MBR 分区表。GPT 分区与 MBR 分区相比，硬盘的分区数没有上限，只受到操作系统限制，因为 Windows 系统最多只允许划分 128 个分区，所以通常说 GPT 支持 128 个分区，这是 UEFI 标准规定的分区表的最小尺寸。由于 GPT 硬盘并不限制 4 个主分区，因而不必创建扩展分区或逻辑驱动器。GPT 分区表支持 18EB(1EB＝1024TB)的大硬盘。

3. 文件系统

文件系统是指文件命名、存储和组织的总体结构。例如，Windows 系列操作系统支持的 FAT、FAT32 和 NTFS 都是文件系统。其实文件系统也就是人们经常所说的“磁盘格式”或“分区格式”，总体都是一个概念，只不过“分区”只针对硬盘来说，而文件系统是针对所有磁盘及存储介质的。

（1）FAT32 是 Windows 系统硬盘分区格式的一种。这种格式采用 32 位的文件分配表，使其对磁盘的管理能力大大增强，突破了 FAT16 对每一个分区的容量只有 2GB 的限制。

（2）NTFS 是 Windows NT 以及之后的 Windows 2000、Windows XP、Windows Server 2003、Windows Server 2008、Windows Vista 和 Windows 7 的标准文件系统。NTFS 取代了文件分配表（FAT）文件系统，为 Microsoft 的 Windows 系列操作系统提供文件系统。NTFS 对 FAT 和 HPFS(高性能文件系统)进行了若干改进，例如，支持元数据，并且使用了高级数据结构，以便于改善性能、可靠性和磁盘空间利用率，并提供了若干附加扩展功能，如访问控制列表（ACL）和文件系统日志。该文件系统的详细定义属于商业秘密，Microsoft 已经将其注册为知识产权产品。

NTFS 格式分区相比 FA32 分区具有更强大的功能，如可以将每个磁盘分更大空间，拥有更高的安全属性等。对用户影响最大的是 FAT32 的硬盘格式并不能支持 4GB 以上的文件，而现在的很多应用程序以及游戏大作都超过了 4GB 容量，因此用户必须将大程序安装的硬盘改成 NTFS 格式。另外目前普遍硬盘容量都比较大，所以一般建议硬盘分区格式为 NTFS 格式。

4. 常用分区工具

对硬盘进行分区一般需借助分区软件来进行操作，安装操作系统时常用的分区软件包括 Windows 操作系统自带的 DiskPart 和 DiskGenius、Partition Magic、Acronis Disk Director

Suite 等分区软件。

1）DiskPart

正式版 Windows 7 安装时，可以打开命令行，使用 DiskPart 命令定义分区。在“您想将 Windows 安装在何处?”界面按住 Shift＋F10 组合键，调出命令行界面。由于 DiskPart 是命令行界面，很多初学者不会使用。

2）DiskGenius

DiskGenius 的中文名称为磁盘精灵，是一款硬盘分区及数据恢复软件。它是在最初的 DOS 版的基础上开发而成的。Windows 版本的 DiskGenius 软件，除了继承并增强了 DOS 版的大部分功能外，还增加了许多新的功能，如已删除文件恢复、分区复制、分区备份、硬盘复制等功能。另外，还增加了对 VMware、Virtual PC 和 VirtualBox 虚拟硬盘的支持。

3）Partition Magic

Partition Magic 的中文名称为分区魔术师，是一款在对分区进行调整时，可保证不损坏硬盘中现有数据的软件。不过该软件对 Windows 7 以后操作系统不能很好支持，慢慢很少使用。

4）Acronis Disk Director Suite

Acronis Disk Director Suite 可以分区管理和在不损失硬盘数据的情况下对现有硬盘进行重新分区或优化调整，可以对损坏或删除的分区中的数据进行修复。

11.3 VMware Workstation 虚拟机

VMware Workstation 虚拟机是一款在 Windows 或 Linux 计算机上运行的应用程序，它可以模拟一个基于 x86 的标准 PC 环境。这个环境和真实的计算机一样，都有芯片组、CPU、内存、显卡、声卡、网卡、软驱、硬盘、光驱、串口、并口、USB 控制器和 SCSI 控制器等设备，提供这个应用程序的窗口就是虚拟机的显示器。

在使用上，这台虚拟机和真正的物理主机没有太大的区别，都需要分区、格式化、安装操作系统、安装应用程序和软件，总之，一切操作都跟一台真正的计算机一样。

VMware Workstation 10.0 于 2013 年 9 月发布，它延续了 VMware 的一贯传统，提供专业技术人员每天所依赖的创新功能，支持 Windows 8.1、平板电脑传感器和即将过期的虚拟机，可使工作无缝、直观、更具关联性，还有重要的一点就是该版本开始自带简体中文，用户无须再下载汉化包了。其主要特性如下。

（1）支持微软公司的最新操作系统 Windows 8.1。

（2）增强的 Unity 模式，可与 Windows 8.1 UI 更改无缝配合工作。

（3）支持多达 16 个虚拟 CPU、8 TB SATA 磁盘和 64 GB RAM。

（4）新的虚拟 SATA 磁盘控制器。

（5）支持最多 20 个虚拟网络。

（6）优化对 USB 3.0 设备的支持，拥有更快的文件复制功能。

（7）为虚拟机设定过期时间——受限虚拟机可设置具体到期日期和时间。到期的虚拟机可自动暂停，没有管理员的干预不会重新启动。

（8）平板电脑传感器——VMware Workstation 10 首次加入虚拟加速度计、陀螺仪、罗盘和四周光感应器，支持运行在虚拟机里的应用程序能够在用户与其平板电脑交互时，对用户作出响应。

(9) 在 PC 上运行云——VMware Workstation 10 支持用户在其 PC 上构建云，从而运行 Pivotal、Puppet Labs 和 Vagrant 等流行应用程序。

11.3.1 VMware Workstation 安装

(1) 运行 VMware Workstation 安装程序，其安装界面如图 11-4 所示。

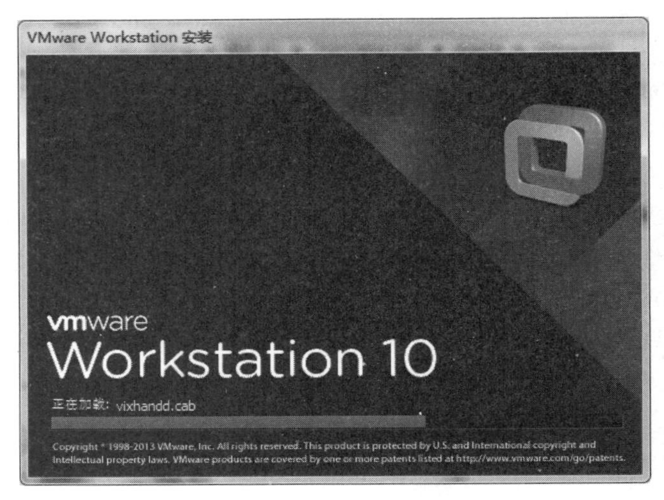

图 11-4 虚拟机安装界面

(2) 出现 VMware Workstation 安装向导，如图 11-5 所示。

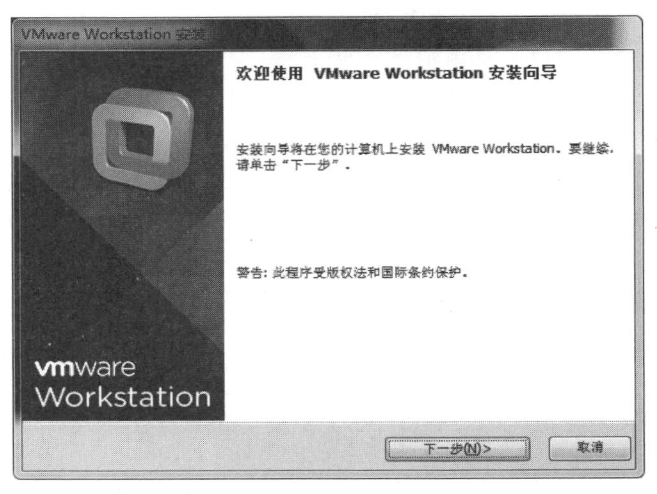

图 11-5 虚拟机安装向导

(3) 单击"下一步"按钮，选择安装类型，这里选择典型安装，如图 11-6 所示。

(4) 单击"下一步"按钮，选择安装到哪个文件夹下，如图 11-7 所示。

(5) 单击"下一步"按钮，开始安装，可能需要几分钟时间，如图 11-8 所示。

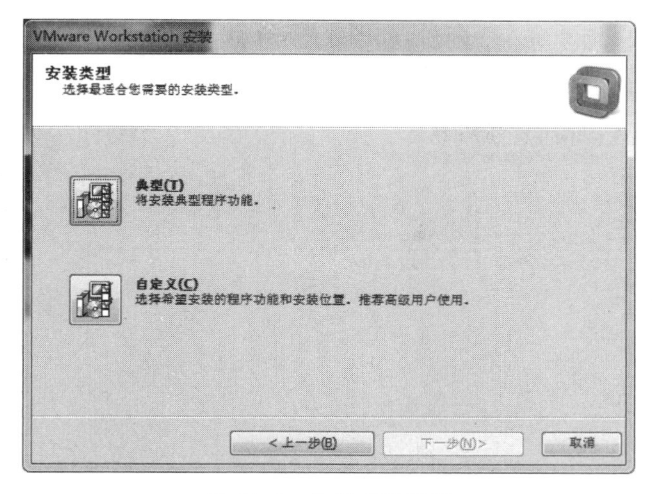

图 11-6　选择安装类型

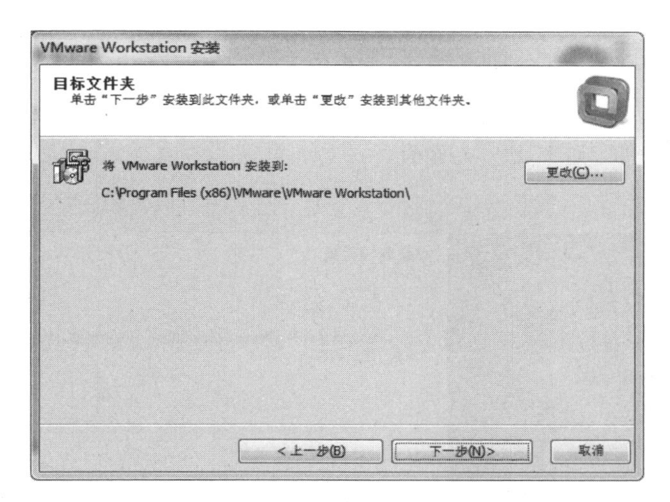

图 11-7　选择安装目录

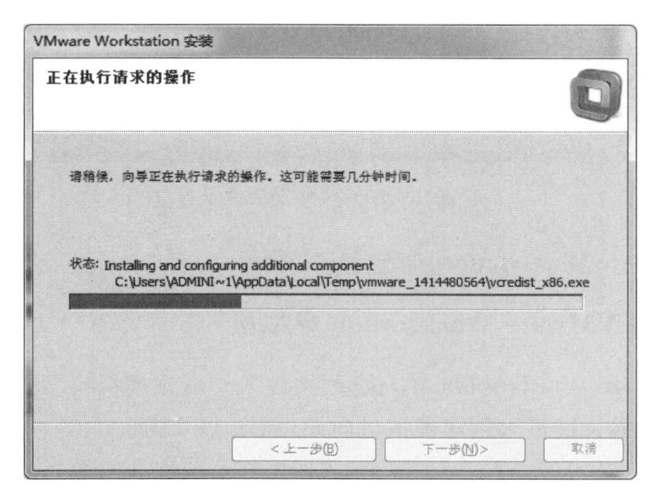

图 11-8　正在安装界面

(6) 安装过程中，需要输入序列号，如图 11-9 所示。

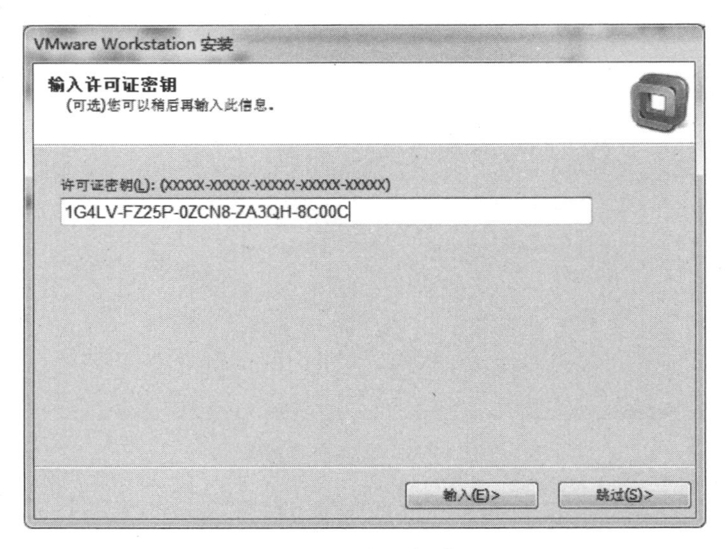

图 11-9　输入序列号

(7) 软件安装完成，如图 11-10 所示。

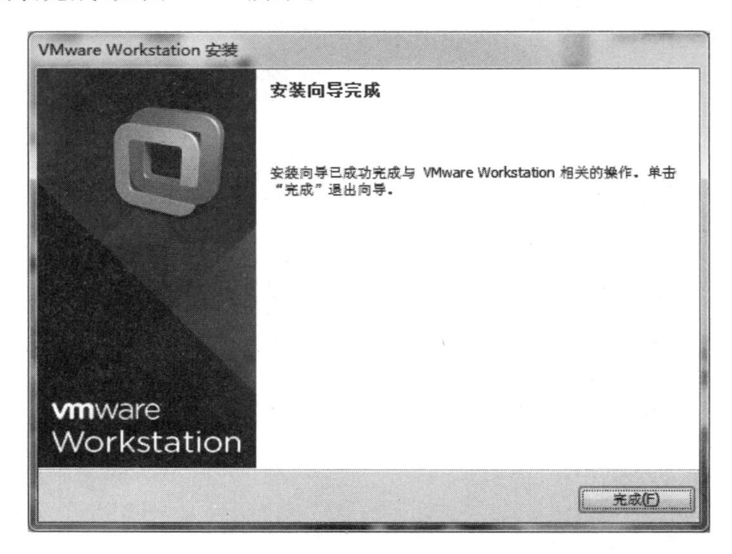

图 11-10　软件安装完成

(8) 运行 VMware Workstation，如图 11-11 所示。

11.3.2　创建 VMware Workstation 虚拟机

(1) 运行 VMware Workstation 10，执行“文件”→“新建虚拟机”命令，进入创建虚拟机向导，或按 Ctrl+N 组合键进入创建虚拟机向导，如图 11-12 所示。

(2) 选择典型安装，单击“下一步”按钮，选择操作系统安装来源，先选择“稍后安装操作系统”单选按钮，创建一个空白硬盘，如图 11-13 所示。

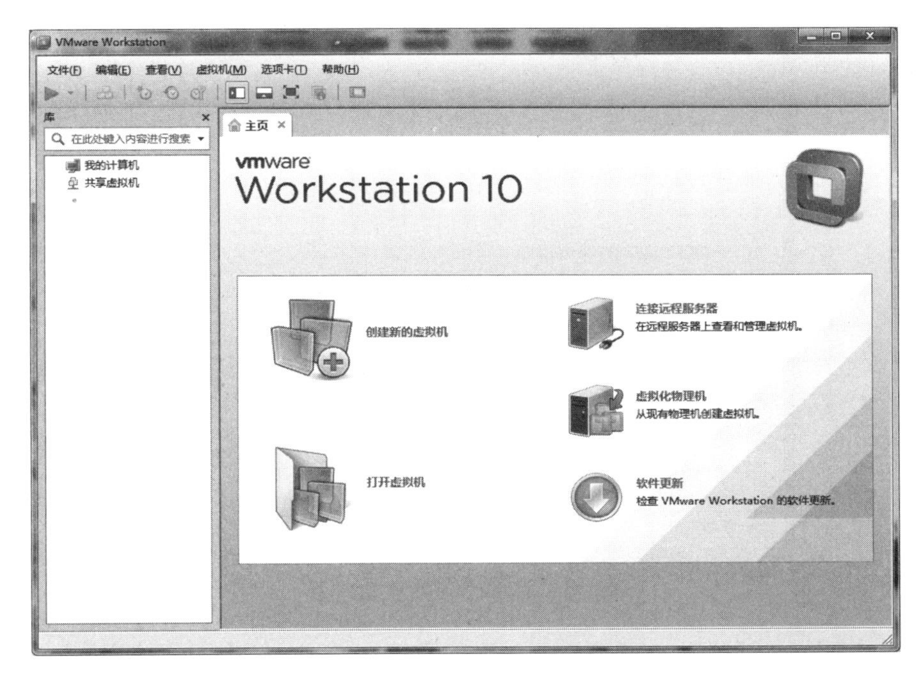

图 11-11 运行 VMware Workstation

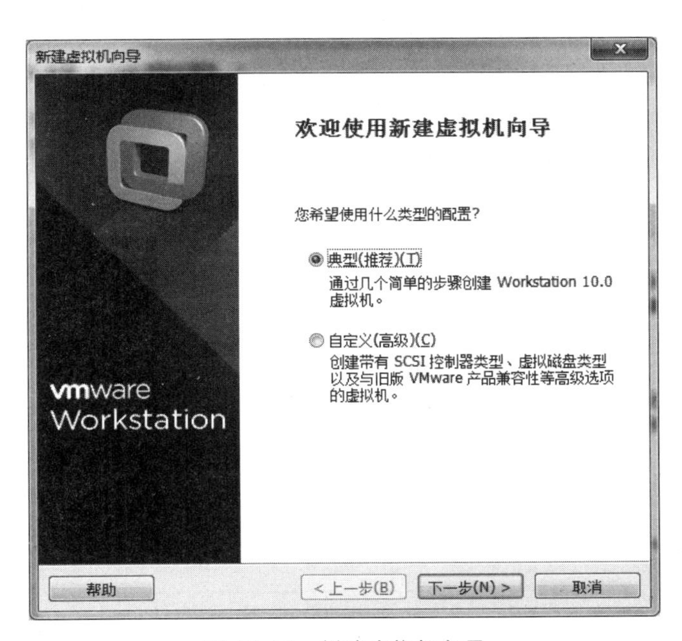

图 11-12 新建虚拟机向导

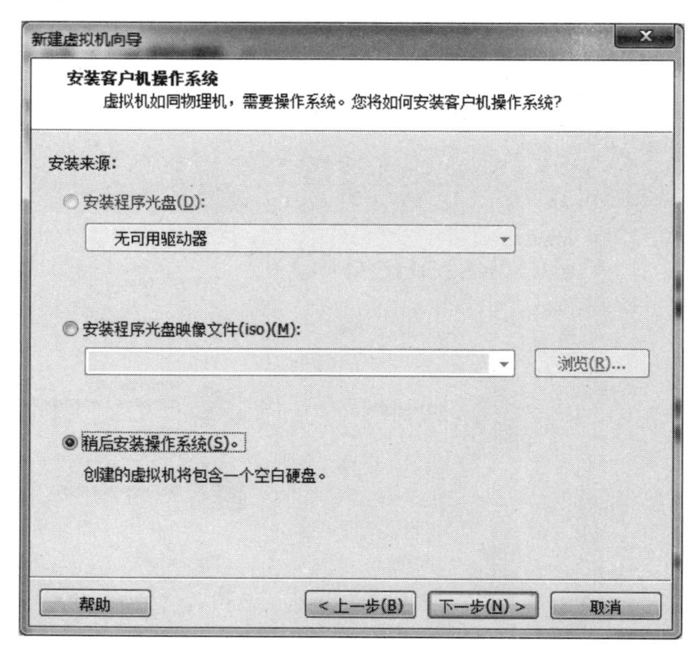

图 11-13　操作系统安装来源

(3) 单击“下一步”按钮，先选择客户级操作系统，例如选择 Microsoft Windows，再选择版本，可通过下拉列表选择版本，例如选择 Windows 7 x64，如图 11-14 所示。

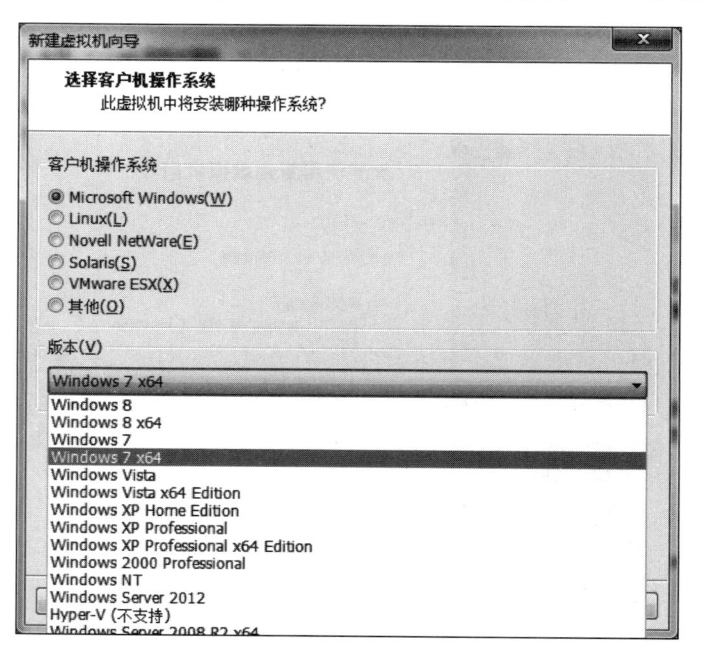

图 11-14　选择操作系统及其版本

(4) 单击“下一步”按钮，为虚拟机命名以及确定保存位置，如图 11-15 所示。

(5) 单击“下一步”按钮，指定磁盘容量，如图 11-16 所示。

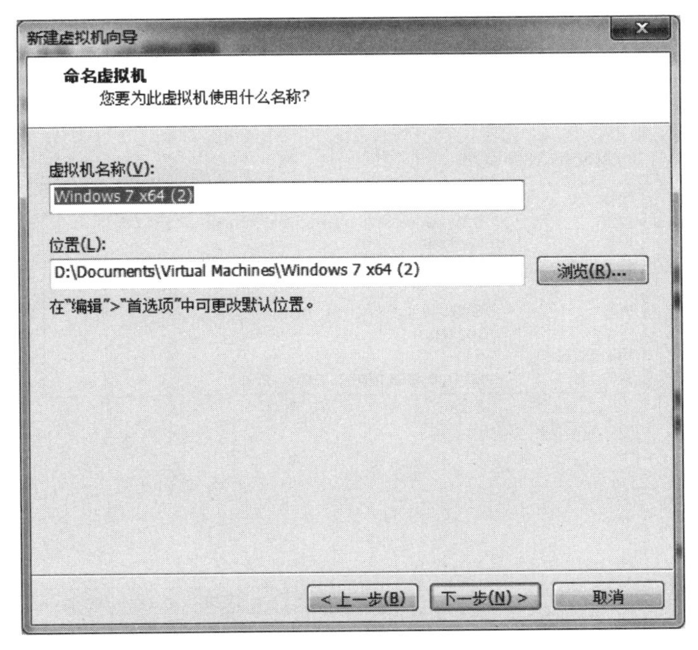

图 11-15　为虚拟机命名

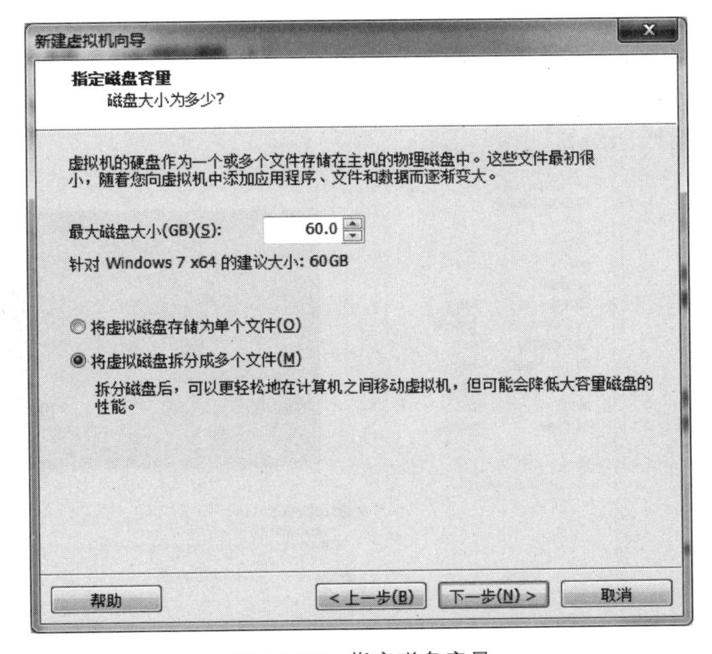

图 11-16　指定磁盘容量

(6) 单击“下一步”按钮,列出虚拟机配置,如图 11-17 所示,单击“完成”按钮,虚拟机创建成功。

(7) 如图 11-18 所示为新创建的虚拟机。列出虚拟机的“硬件”配置,如果对硬件配置不满意,可单击“编辑虚拟机设置”按钮。

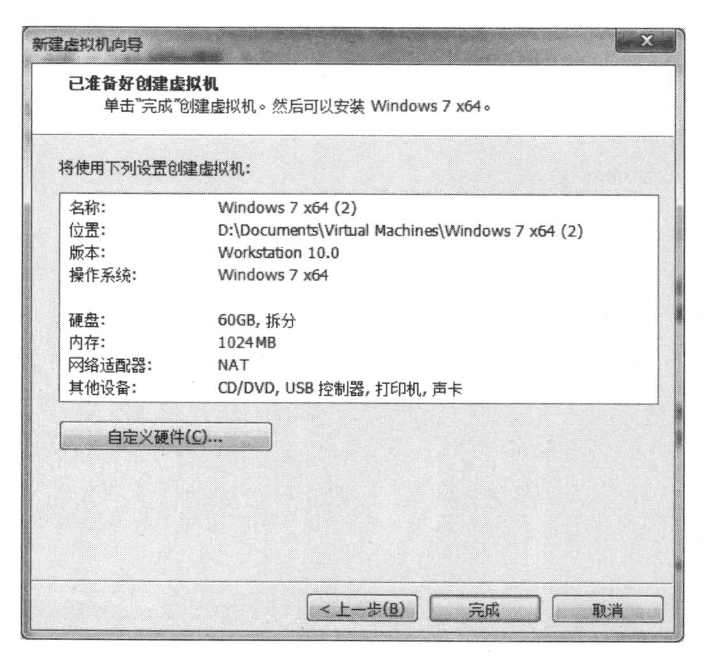

图 11-17 虚拟机创建成功

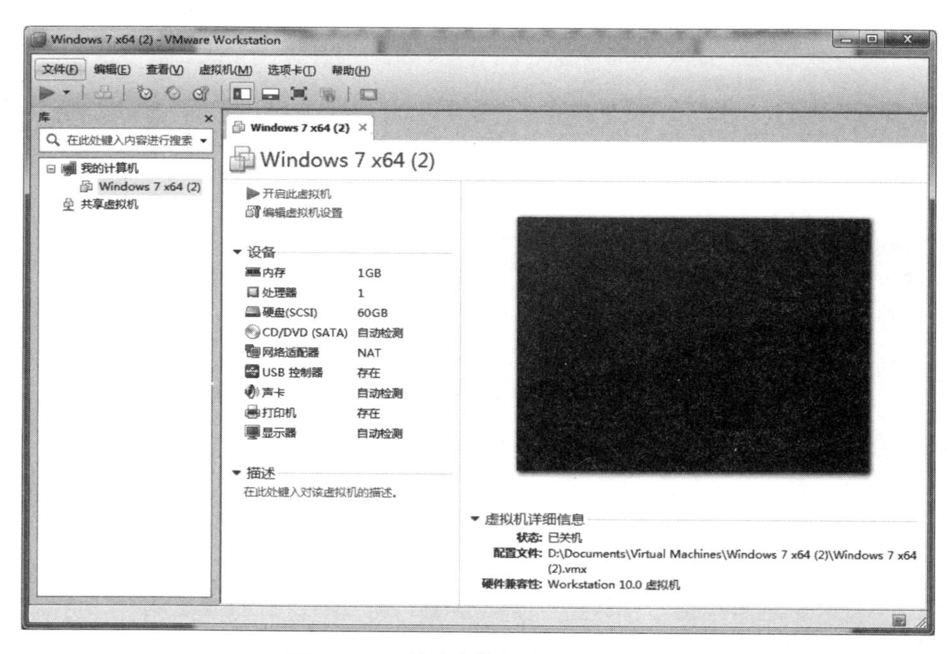

图 11-18 新建虚拟机未开机前界面

(8) 进入虚拟机设置,如图 11-19 所示,可以移除或添加“硬件”,可以更改内存容量、增加硬盘数量、更改硬盘接口类型和容量等。图 11-19 中所示的硬盘为 SCSI 接口,删除此硬盘,更改成 SATA 接口硬盘。

图 11-19　虚拟机设置

11.4　Windows 7 操作系统安装

本书操作系统安装都在虚拟机下进行。假设已创建好虚拟机，虚拟机配置如图 11-18 所示，注意硬盘接口类型已改成 SATA 接口。相当于已经新组装了一台计算机。下面开始安装 Windows 7 x64 操作系统。

11.4.1　安装前准备工作

1. U 盘启动

制作好可引导 U 盘，虚拟机将从 U 盘启动，并且能够运行 WinPE。U 盘上存放 Windows 7 操作系统 ISO 光盘镜像文件或 GHO 硬盘镜像文件，准备从 U 盘安装操作系统。

2. 虚拟机连接 U 盘

打开 VMware Workstation 窗口，执行“虚拟机”→“可移动设备”命令，找到 U 盘(本例为 USB Flash Disk)，确保前面打上对钩，表明已连接上 U 盘，如图 11-20 所示。如果安装系统从光驱启动，则 CD/ROM 前打上对钩。

3. 添加 U 盘为虚拟机硬盘

为了能从 U 盘启动，必须添加 U 盘为虚拟机硬盘。单击图 11-19 中的“添加”按钮，弹出“硬件类型”对话框，选择“硬盘”，单击“下一步”按钮，虚拟磁盘类型选择 IDE，单击“下一

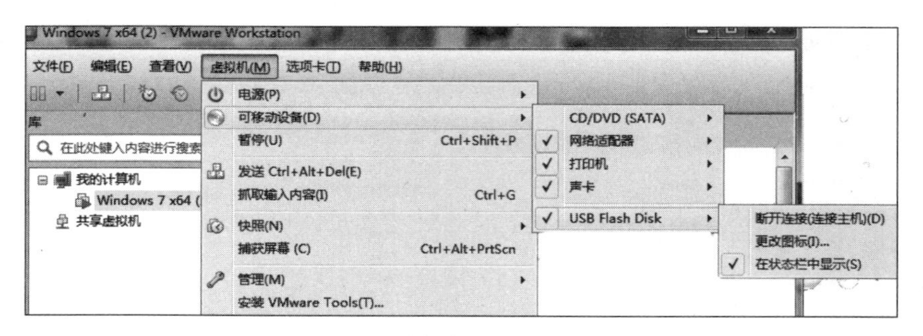

图 11-20 虚拟机连接可移动设备

步”按钮，出现“选择磁盘”对话框，如图 11-21 所示。

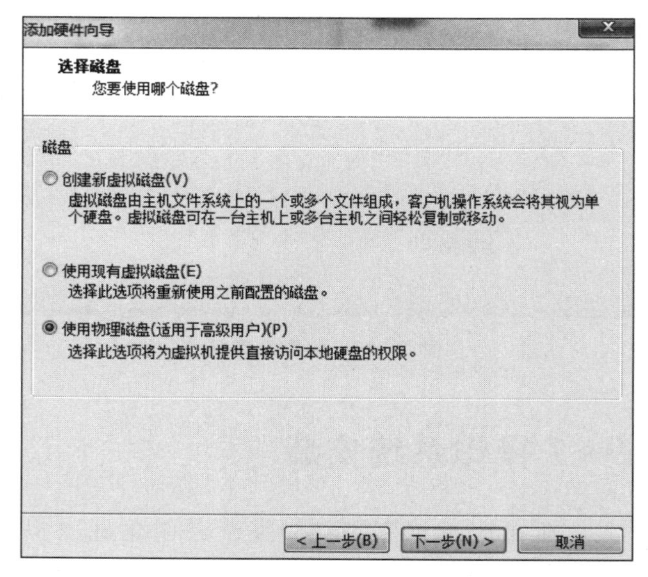

图 11-21 添加 U 盘为虚拟机硬盘

选中“使用物理磁盘”单选按钮，单击“下一步”按钮。弹出“选择物理磁盘”对话框，如图 11-22 所示。选择 PhysicalDrive1（前提已经插入 U 盘），单击“下一步”按钮，弹出“指定磁盘文件”对话框，单击“确定”按钮。

如图 11-23 所示，添加了一个新硬盘，就是 U 盘。装完操作系统后，最好移除，否则影响虚拟机启动。

4. 虚拟机设置虚拟光驱

如果操作系统是 ISO 镜像文件，需要虚拟光驱支持。在真正计算机上安装操作系统，需 U 盘启动，运行 WinPE，再运行虚拟光驱工具加载 ISO 文件。而虚拟机自带虚拟光驱，单击“编辑虚拟机设置”，进入虚拟机设置，如图 11-23 所示，再单击 CD/DVD，选中“使用 ISO 映像文件”单选按钮，也就是虚拟光驱。单击“浏览”按钮，在 U 盘上找到操作系统 ISO 文件，单击加入，如图 10-24 所示。相当于已经在光驱中放好操作系统安装光盘。

如果操作系统是 GHO 镜像文件，则不需要设置虚拟光驱，需要 U 盘启动，运行 WinPE，再运行 Ghost 硬盘复制软件进行还原。

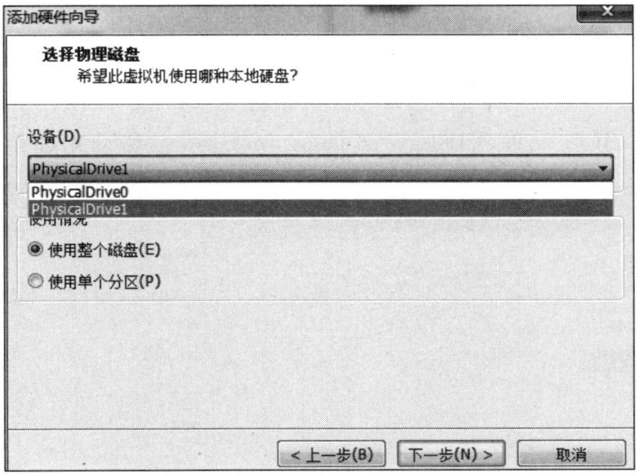

添加硬件向导

选择物理磁盘

希望此虚拟机使用哪种本地硬盘?

设备(D)

PhysicalDrive1

PhysicalDrive0

PhysicalDrive1

使用整个磁盘(E)

使用单个分区(P)

< 上一步(B)　下一步(N) >　取消

图 11-22　选择 U 盘设备

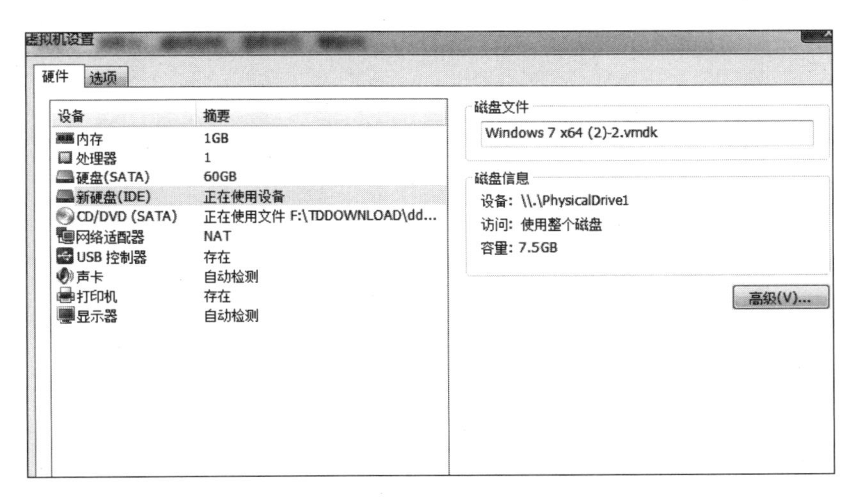

图 11-23　添加 U 盘为虚拟机硬盘

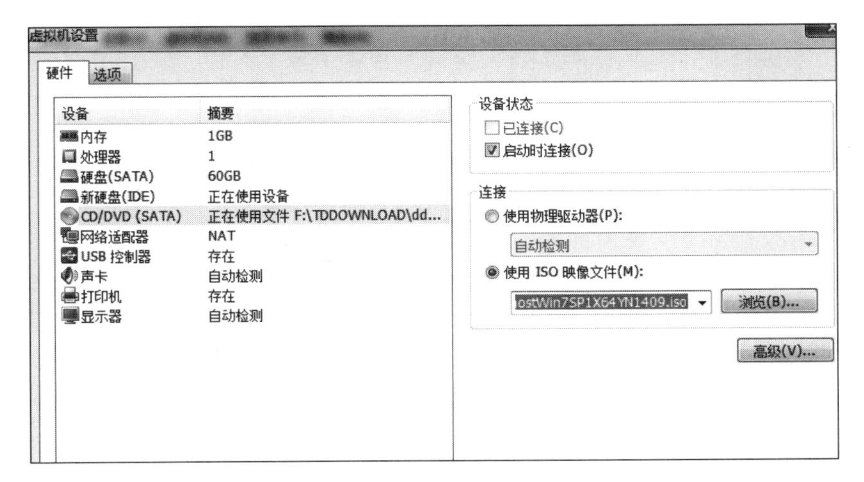

图 11-24　设置虚拟光驱

5. 进入 BIOS 设置

虚拟机也有 BIOS 设置，和真正计算机 BIOS 界面是相似的。在 VMware Workstation 界面中执行“虚拟机”→“电源”命令，选择“启动时进入 BIOS”，如图 10-25 所示。虚拟机开始启动，并直接进入 BIOS 设置，如图 10-26 所示。通过键盘移动光标至 Boot(启动)菜单。

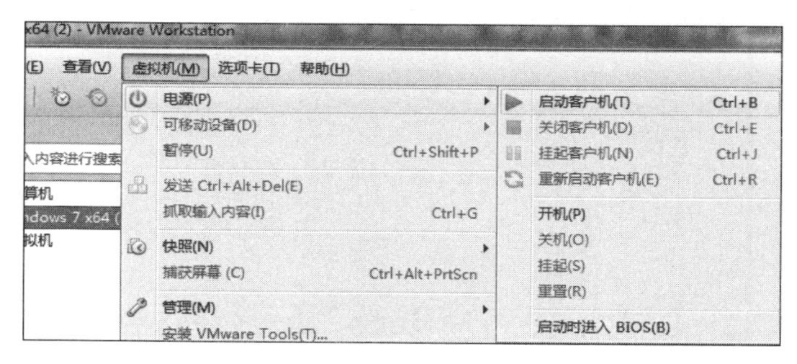

图 11-25　选择开机进入 BIOS

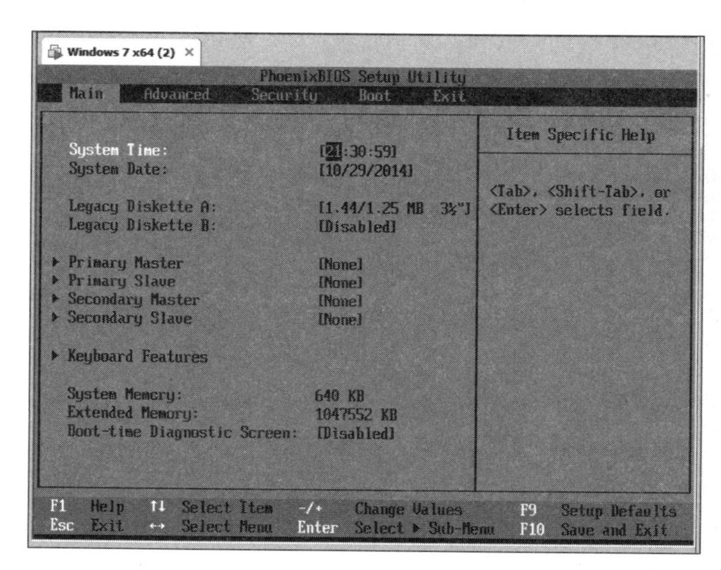

图 11-26　虚拟机 BIOS 界面

6. BIOS 设置第一启动设备

如果操作系统在光盘上，那么第一启动设备为 CD-ROM Drive(光驱)。如果操作系统在 U 盘上，则第一启动设备为 U 盘。在虚拟机 BIOS 设置中，U 盘看作是硬盘(Hard Drive)，如图 10-27 所示，设置前面添加 IDE 硬盘即 U 盘为 Hard Drive 下第一顺序。通过一/＋来调整启动顺序，让 Hard Drive 或者 CD-ROM Drive 为第一启动设备。

注意：如果不能从 U 盘启动，除了注意前面操作，右击“我的电脑”，选择“管理”，去“服务”里启动 VMware USB Arbitration Service 和 Virtual Disk 服务，重启 VMware Workstation(一定要重启工作站)。

7. 启动界面

图 11-28 所示为第一启动设备为 CD-ROM 的启动画面，图 11-29 所示为第一启动设备为 VMware Virtual IDE Hard(即 U 盘)的启动画面。

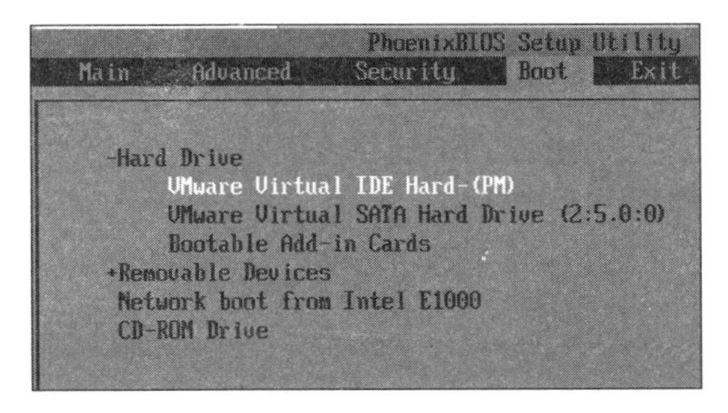

图 11-27 设置启动顺序

图 11-28 CD-ROM 启动画面

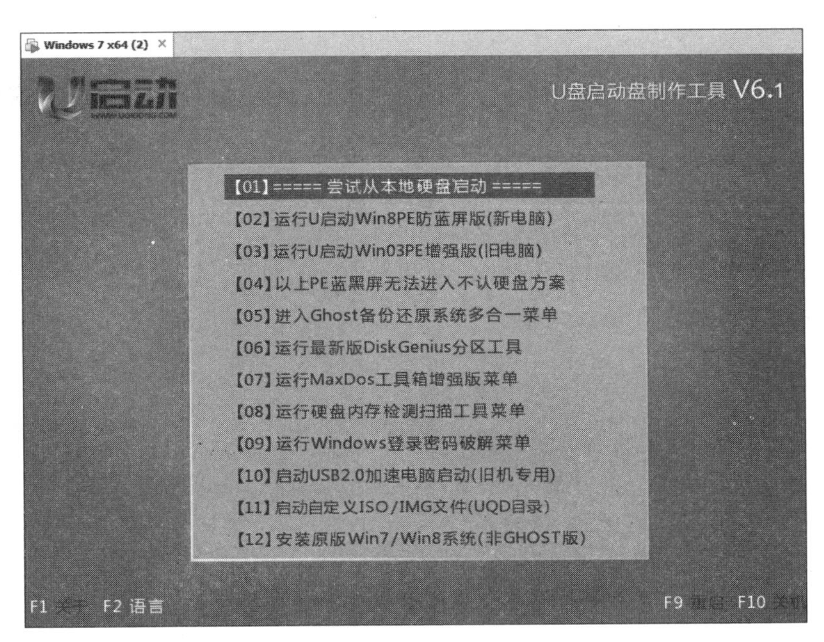

图 11-29 U 盘启动画面

11.4.2 硬盘分区和高级格式化

(1) 单击图 11-28 所示菜单中的"硬盘分区/格式化"选项，将启动 DiskGenius。或者单击图 11-29所示"运行 U 启动 Win8PE 防蓝屏版"选项，在 Win8PE 下运行 DiskGenius。如图 11-30 所示为 DiskGenius 界面。

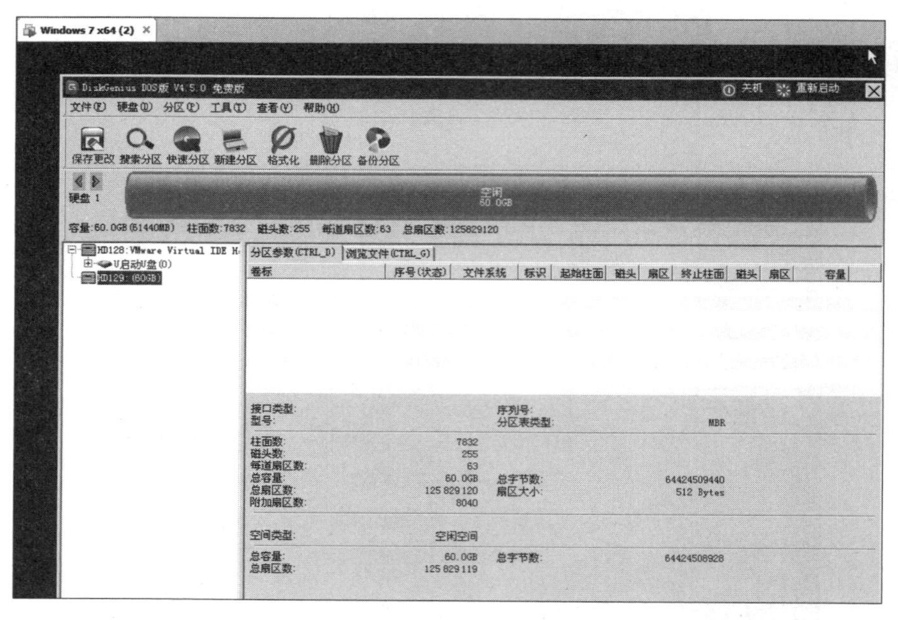

图 11-30　DiskGenius 界面

(2) 选择要分区硬盘，在本例中有 U 盘和 60GB 的 SATA 接口硬盘，一定选择 60GB 硬盘，如图 11-30 所示。单击工具栏"新建分区"，如图 11-31 所示。

(3) 本例硬盘分区采用 MBR 分区表格式，要先创建"主磁盘分区"，分区格式为 NTFS，新分区大小为 20GB，如图 11-31 所示，单击"确定"按钮。

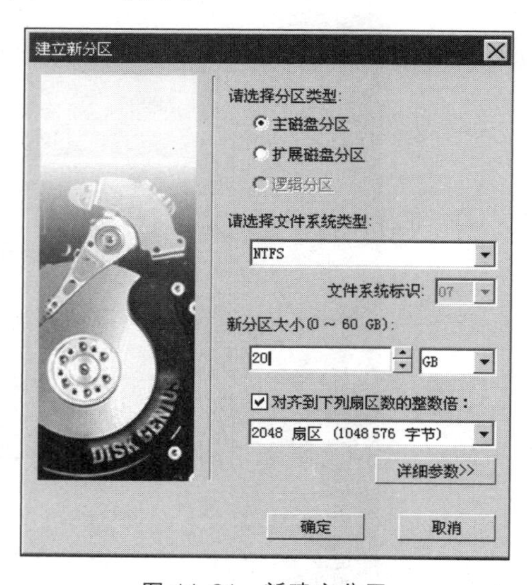

图 11-31　新建主分区

(4) 其次单击工具栏"新建分区"，选择分区类型为"扩展磁盘分区"，如图 11-32 所示，分区大小为硬盘剩余空间 40GB，单击"确定"按钮。

(5) 再次单击工具栏"新建分区"，选择分区类型为"逻辑分区"，如图 11-33 所示，分区格式为 NTFS，分区大小为 20GB，单击"确定"按钮。同样操作，再创建一个逻辑分区，分区格式为 NTFS，分区大小为剩余 20GB，单击"确定"按钮。

(6) 最终分区结果如图 11-34 所示，一个主分区，一个扩展分区，在扩展分区下创建了两个逻辑分区。

图 11-32　新建扩展分区

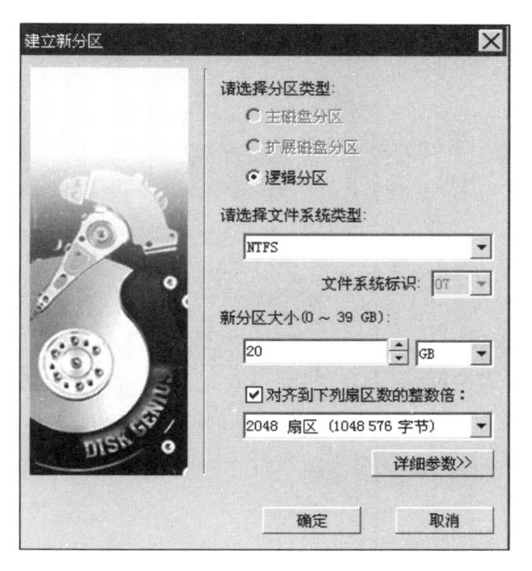

图 11-33　新建逻辑分区

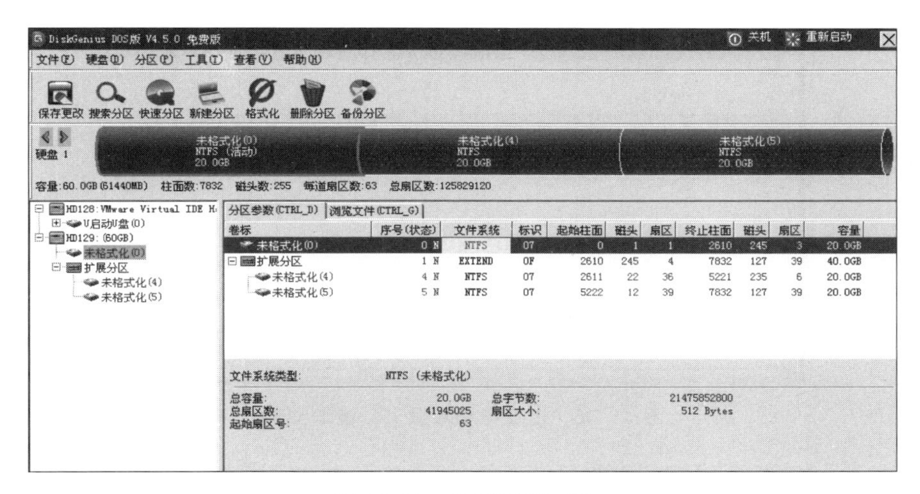

图 11-34　分区创建完毕

(7) 分区创建完毕，单击工具栏“保存更改”，将对刚才分区操作立即生效，如图 11-35 所示。

(8) 选中分区，单击工具栏“格式化”，会对所选分区进行高级格式化。

11.4.3　复制版操作系统安装

(1) 重新启动虚拟机，运行 Win8PE。单击桌面虚拟光驱，加载操作系统 ISO 镜像文件，如图 11-36 所示。

(2) 运行 Ghost，依次执行 Local→Partition→From Image 命令，如图 11-37 所示。

(3) 选择 WINDOWS.GHO 文件加载路径，即找到 ISO 镜像文件所在虚拟磁盘，单击 WINDOWS.GHO，如图 11-38 所示。

(4) 从镜像文件选择源分区，单击 OK 按钮，如图 11-39 所示。

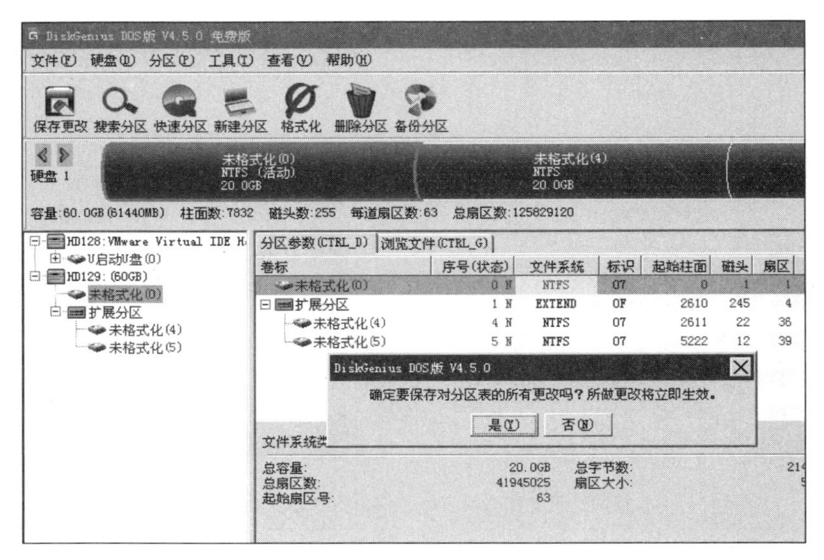

图 11-35 保存更改

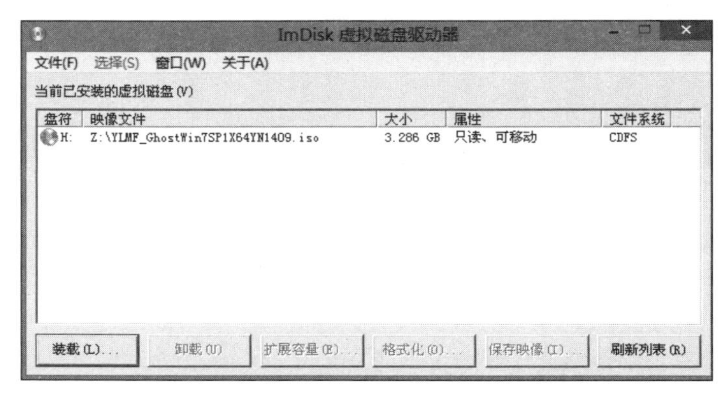

图 11-36 虚拟光驱加载 ISO 镜像文件

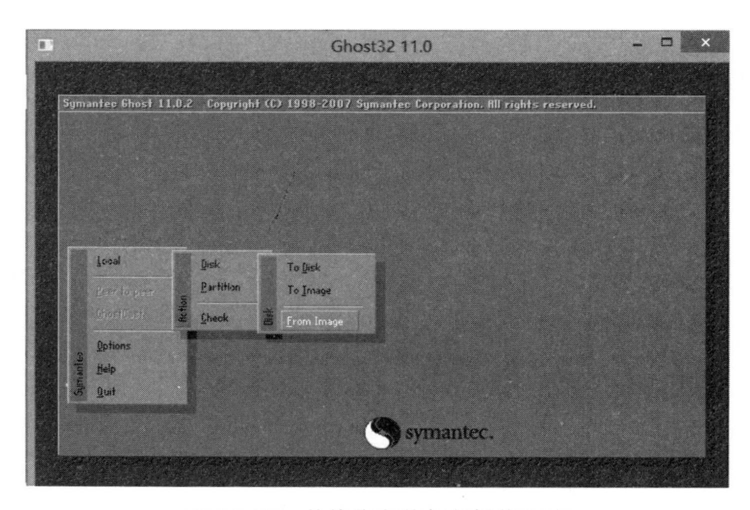

图 11-37 从镜像文件复制操作系统

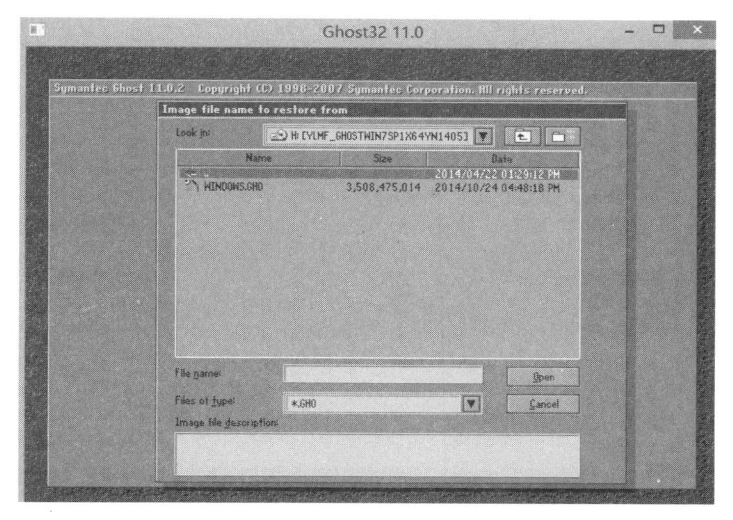

Ghost32 11.0
Symantec Ghost 11.0.2 Copyright (C) 1998-2007 Symantec Corporation. All rights reserved.
Image file name to restore from
Look in:
H: [YLMF_GHOSTWIN7SP1X64YN1405]
Name
Size
Date
2014/04/22 01:29:12 PM
WINDOWS.GHO
3,508,475,014
2014/10/24 04:48:18 PM
File name:
Open
Files of type:
*.GHO
Cancel
Image file description:

图 11-38　寻找 GHO 文件

Symantec Ghost 11.0.2 Copyright (C) 1998-2007 Symantec Corporation. All rights reserved.
Select source partition from image file
Part
Type
ID
Description
Label
Size
Data Size
1
Primary
07
NTFS
No name
20481
6606
Total
20481
6606
OK
Cancel
symantec.

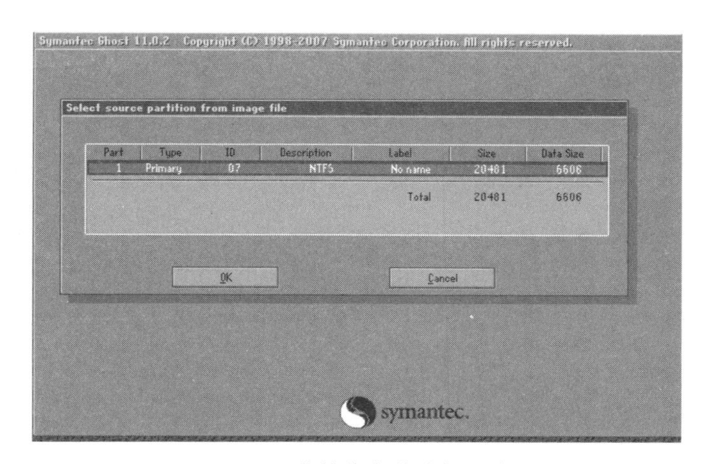

图 11-39　从镜像文件选择源分区

（5）选择目标分区所在硬盘，本例中选择 2，切记不要选择 1，1 所在硬盘为 U 盘。单击 OK 按钮，如图 11-40 所示。

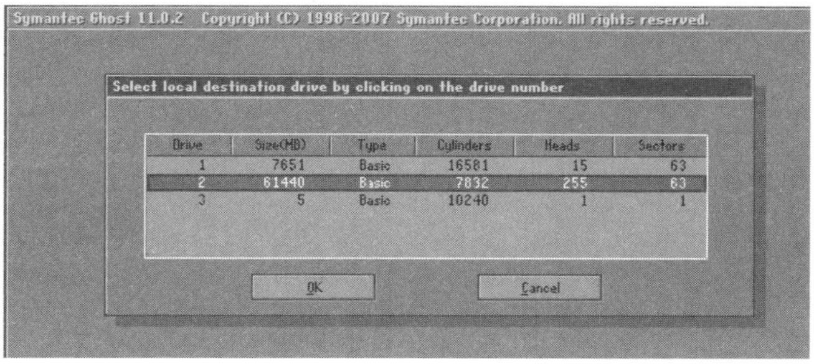

Symantec Ghost 11.0.2 Copyright (C) 1998-2007 Symantec Corporation. All rights reserved.
Select local destination drive by clicking on the drive number
Drive
Size(MB)
Type
Cylinders
Heads
Sectors
1
7651
Basic
16581
15
63
2
61440
Basic
7832
255
63
3
5
Basic
10240
1
1
OK
Cancel

图 11-40　目标分区所在硬盘

(6) 选择目标分区，目标分区选择主分区(Primary)，如图 11-41 所示，单击 OK 按钮。

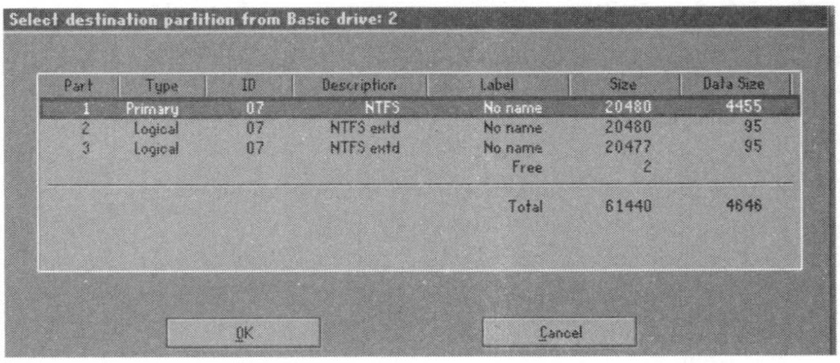

Select destination partition from Basic drive: 2

Part	Type	ID	Description	Label	Size	Data Size
1	Primary	07	NTFS	No name	20480	4455
2	Logical	07	NTFS extd	No name	20480	95
3	Logical	07	NTFS extd	No name	20477	95
				Free	2	
				Total	61440	4646

OK　　Cancel

图 11-41　目标分区

(7) 如图 11-42 所示，Ghost 软件正在复制操作系统。

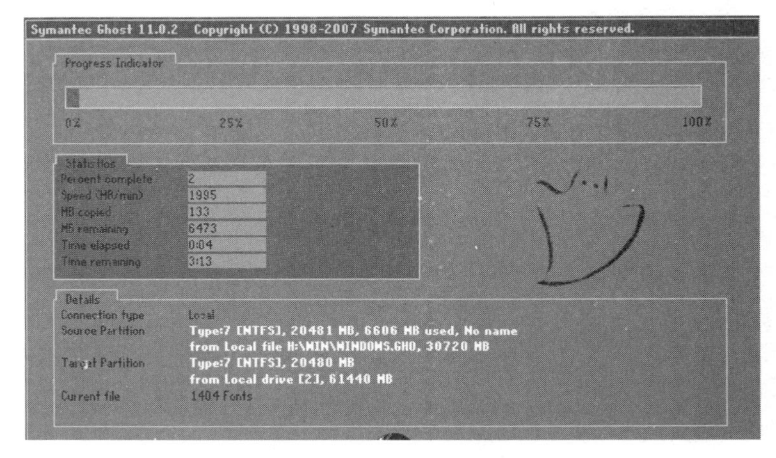

图 11-42　正在复制操作系统

(8) 如图 11-43 所示显示复制成功，单击 Reset Computer 按钮，重启计算机。

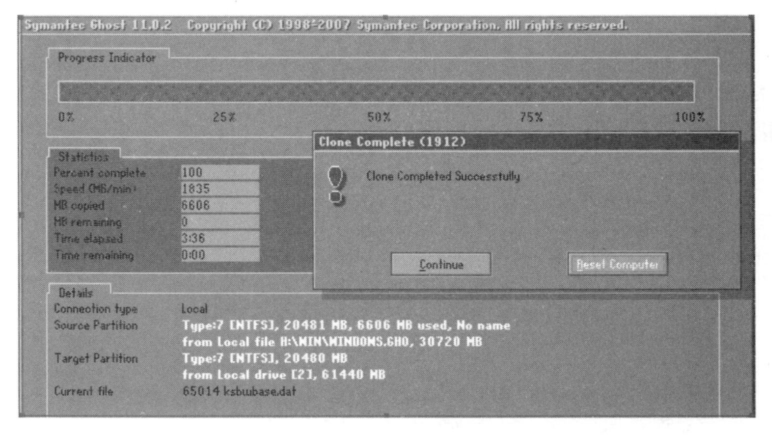

图 11-43　复制成功

(9) 计算机第一次重启，启动菜单都选择从硬盘启动，界面如图 11-44 所示。

图 11-44　第一次重启界面

(10) 依次启动服务,安装设备,如图 11-45 所示。

(a)　(b)

图 11-45　启动服务和安装设备

(11) 计算机进行第二次启动,界面如图 11-46 所示。

图 11-46　第二次启动界面

(12) 出现欢迎界面,如图 11-47 所示。

(13) 操作系统安装完毕,如图 11-48 所示。

图 11-47 欢迎界面

图 11-48 进入操作系统

11.5 安装驱动程序

11.5.1 驱动程序的作用

驱动程序是直接工作在各种硬件设备上的软件。正是通过驱动程序,各种硬件设备才能正常运行,达到既定的工作效果。

从理论上讲,所有的硬件设备都需要安装相应的驱动程序才能正常工作。但像 CPU、内存、主板、键盘、显示器等设备却并不需要安装驱动程序也可以正常工作。这主要是由于这些硬件对于一台个人计算机来说是必需的，所以设计人员将这些硬件列为 BIOS/UEFI 能直接支持的硬件。换句话说，上述硬件安装后就可以被 BIOS/UEFI 和操作系统直接支持，不再需要安装驱动程序。但是对于其他的硬件，例如，网卡、声卡、显卡等却必须要安装驱动程序，不然这些硬件就无法正常工作。所以在安装完系统之后，紧接着要安装各种驱动程序。

11.5.2 获取驱动程序

既然驱动程序有着如此重要的作用，那该如何取得相关硬件设备的驱动程序呢？这主要有以下 3 种途径。

1. 使用操作系统提供的驱动程序

Windows 操作系统中已经附带了大量的通用驱动程序，这样在安装系统后，无须单独安装驱动程序就能使这些硬件设备正常运行。不过操作系统附带的驱动程序总是有限的，如果操作系统附带的驱动程序并不适用，这时就需要手动来安装驱动程序了。

2. 使用附带的驱动程序盘中提供的驱动程序

一般来说，各种硬件设备的生产厂商都会针对自己硬件设备的特点开发专门的驱动程序，并采用光盘的形式在销售硬件设备的同时一并免费提供给用户。这些由设备厂商直接开发的驱动程序都有较强的针对性，它们的性能无疑比 Windows 附带的驱动程序要高一些。

3. 通过网络下载

除了购买硬件时附带的驱动程序盘之外，许多硬件厂商还会将相关驱动程序放到网上供用户下载。由于这些驱动程序大多是硬件厂商最新推出的升级版本，它们的性能及稳定性无疑比用户驱动程序盘中的驱动程序更好，下载这些最新的硬件驱动程序，以便对系统进行升级。

网络下载驱动程序的最大问题是用户不知道自己硬件的型号。例如，要下载计算机独立显卡驱动，只知道是 nVIDIA 显卡，但不知道具体型号。此时可借助一些小软件来查看硬件具体型号，如 AIDA64（前身名为 Everest）、驱动精灵等。

AIDA64 是一款测试软硬件系统信息的工具，它可以详细地显示出 PC 的每一个方面的信息，如图 11-49 所示。AIDA64 不仅提供了诸如协助超频、硬件侦错、压力测试和传感器监测等多种功能，而且还可以对处理器、系统内存和磁盘驱动器的性能进行全面评估。AIDA64 兼容所有的 32 位和 64 位微软 Windows 操作系统，包括 Windows 7 和 Windows Server 2008。

图 11-50 所示为计算机显卡信息，本例计算机显卡为核心显卡。

11.5.3 驱动程序的安装顺序

一般来说，在操作系统安装完成之后紧接着要安装的就是驱动程序了。各种驱动程序安装的顺序比较普遍的是主板→各种板卡→各种外设。

1. 主板

这里的主板在很多时候指的是芯片组的驱动程序。

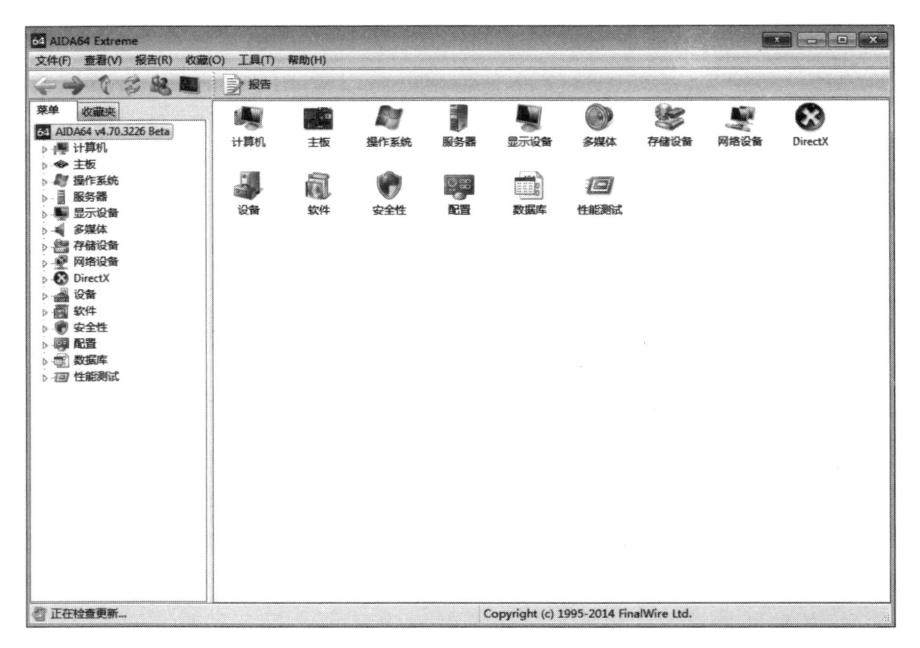

图 11-49　AIDA64 界面

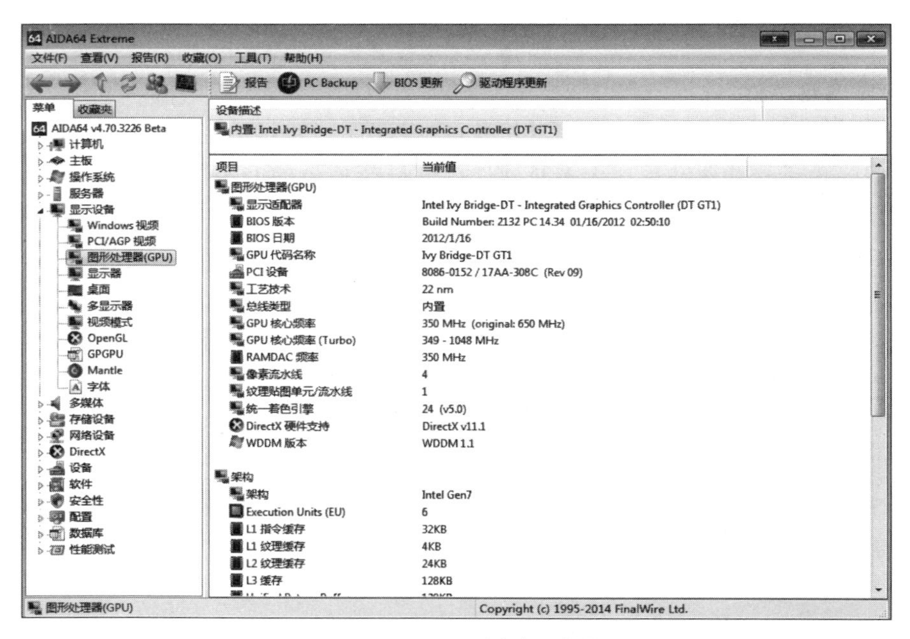

图 11-50　AIDA64 测试显卡界面

2. 各种板卡

在安装完主板驱动之后，接着要安装的就是各种插在主板上的板卡的驱动程序。例如，显卡、声卡、网卡之类。

3. 各种外设

在进行完上面的两步工作之后，接下来要安装的就是各种外设的驱动程序。例如，打印机、鼠标、键盘等。

11.5.4 驱动程序的安装事项

(1) 安装方式。

驱动程序的发布可以通过两种方式,一种是通过若干文件和一个 INF 文件来发布;另一种是通过安装程序来发布。

在打开所有的外围设备之后,计算机能够找到所有的硬件,对于找不到驱动的设备,打开“控制面板”→“系统”→“设备管理器”,会在硬件设备中看到黄色的提示符号,此时就要手工安装驱动程序了。

对于第一种驱动程序,可以通过打开此设备然后安装新驱动程序,安装时指定从磁盘安装并选择驱动程序所在的位置即可。

对于第二种驱动程序,也就是通过安装程序方式发布的驱动程序则简单得多,只要执行这个文件,然后按提示一步一步进行就可以了。

(2) 驱动安装后是否重启。

对于驱动程序要求重新启动系统的问题,有些人可能会一次一重启,有些人可能会安装完所有驱动之后再重启。其实,这要看驱动程序是否重要、前后安装的驱动程序是否会发生冲突来分别对待,如果安装的是主板的补丁之类重要的驱动程序,那么必须按规定重新启动;但如果安装完显卡后要安装声卡,此时两个驱动一般说来没有冲突,所以可以全部安装完毕之后再重新启动。

(3) 有时安装了错误的驱动程序,系统不能正常启动,可以先把系统启动到安全模式,把相应驱动程序删除后启动到正常模式,再安装正确的驱动程序。对于那些非常顽固的错误驱动程序,要到系统安装文件夹中查找相关的包括错误信息的 INF 文件,并将其删除,才能安装正确的驱动程序。

(4) 对于驱动程序的版本,不要求新,只要求稳,而且某些设备如显卡,高版本的驱动程序对旧硬件并不一定最适合,旧设备一旦安装了新驱动,反而会造成种种不便,影响系统整体的稳定性。

11.5.5 如何获取正确版本的驱动程序

如何才能知道各种设备的驱动程序是否安装好了呢? 如何来更新硬件的驱动程序呢? 要想了解驱动程序的信息,必须首先知道计算机中都装有哪些硬件设备,并且对这些设备的型号、厂商等要有进一步的了解。通常情况下,可以通过计算机中的“设备管理器”来对它们进行详细查看。

右击“计算机”,单击“设备管理器”选项,打开设备管理器界面,如图 11-51 所示。

这时看到的都是当前系统中的所有硬件设备。在此可以对其中某一设备信息进行相应的了解。这里以查看网卡的设备信息和驱动程序为例,具体的操作如下。

在设备管理器界面,找到“网卡”设备,然后单击该硬件设备前的+号,这时看到的是该网卡的名称,然后在该设备名称上右击,选择“属性”命令。打开相应的“属性”对话框,如图 11-52 所示。

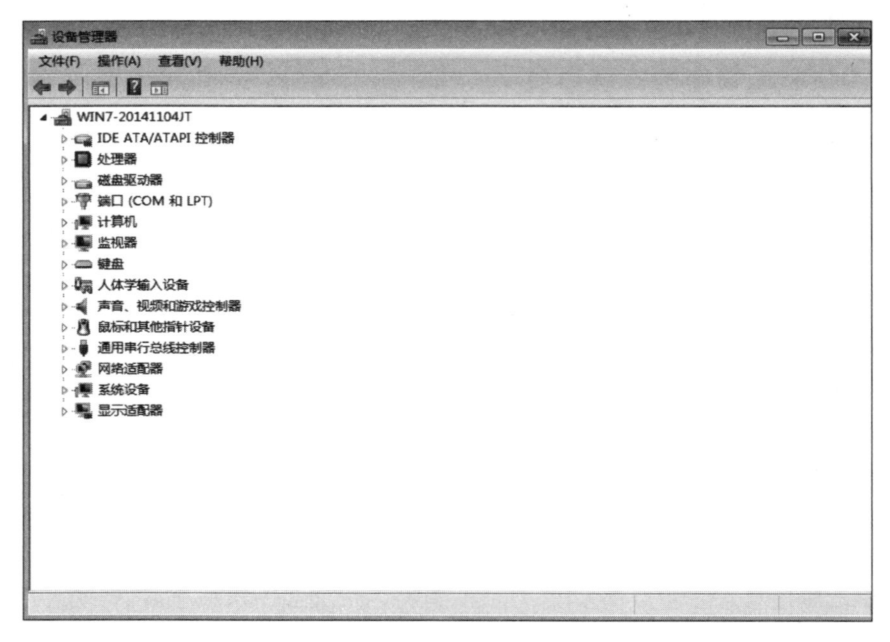

图 11-51　设备管理器界面

单击“驱动程序”选项卡，在此可以对当前驱动程序提供商、驱动程序日期、驱动程序版本、数字签名程序等信息进行进一步的了解，如图 11-53 所示。

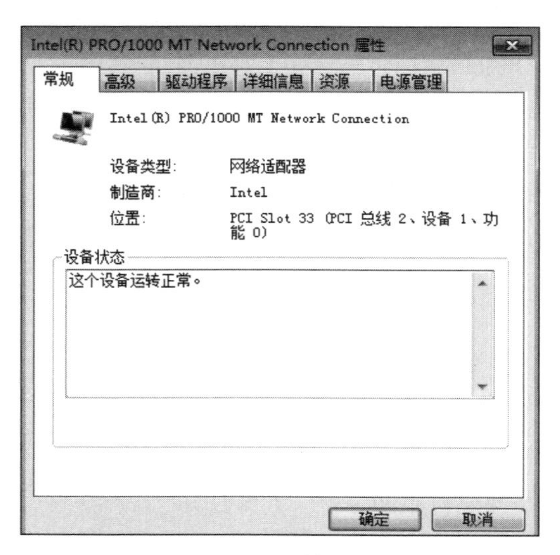

图 11-52　“属性”对话框

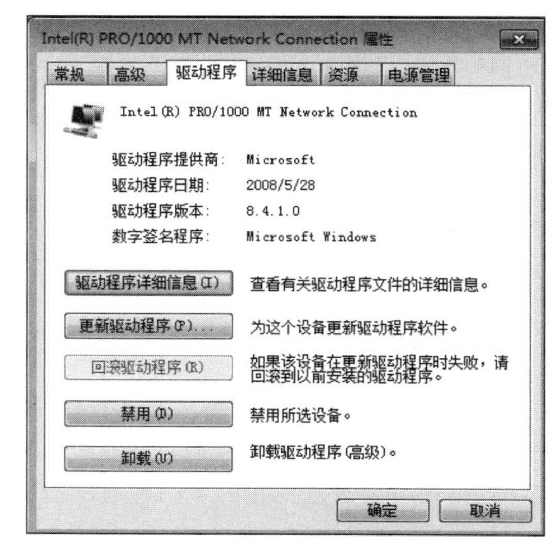

图 11-53　驱动程序信息

11.6　安装补丁程序

计算机操作系统是一个由人编写的大型程序，不可避免会有这样那样的缺陷或漏洞(Bug)，需要在使用过程中不断地调试、纠正。而一些用户在使用过程中，会根据这些漏洞对别人的计算机进行攻击，成为系统不稳定的因素。系统漏洞又称为安全缺陷，对用户造成的不良后果如下。

(1) 如果漏洞被恶意用户利用，会造成信息泄露，如黑客攻击网站即利用网络服务器操作系统的漏洞。

(2) 对用户操作造成不便，如不明原因的死机和丢失文件等。

这些 Bug 在软件运行一段时间后才会被发现，这就要对错误程序进行修改，这种经过修改的程序就是补丁程序。然而这时又不能逐个用户通知它们进行修改，于是好的软件通常会留有自动打补丁的接口，一旦接口程序发现有新的补丁程序就会自动进行下载安装，即使没有自动安装接口，开发者也会在网站上发布补丁程序，由用户自己进行下载和安装。微软公司的网站会不断发布补丁程序，通过操作系统自动更新功能会自动下载安装补丁程序，当然也可以手动下载补丁程序，也可通过专门安全软件下载，如 360 安全卫士就是一款不错的软件。

11.7 安装应用软件

安装完驱动程序后，紧接着安装常见应用软件，如 WinRAR(解压缩软件)、Office(办公自动化软件)、杀毒软件和 RealPlayer(多媒体播放软件)等。不一定一次把所有应用软件装全，特别是备份系统之前，尽量少安装应用软件，以减少备份文件的大小。

应用软件的发布方式也是多种多样，有的是通过光盘发布，有的通过网络以压缩包方式发布，虽然发布方式不同，但安装方法基本相同。

(1) 光盘发布的软件一般都是自运行的，只要把它插入光驱，就会进入安装界面。如果光驱禁止了自动运行功能，那么可以打开光盘根目录上的 Autorun.inf 文件，看里面指定了哪个自动运行的程序，手工启动它即可。

(2) 压缩包方式发布的软件要先把它解压到磁盘的某一个目录中，一般情况下是执行其中的 Setup.exe 程序进行安装。此外，还有一种绿色软件，只要把它解压出来，执行其中的可执行文件就能运行，不需要安装。另外，在安装网络下载的软件前，建议先阅读它的说明文件，里面一般都包括安装方法。

目前软件的安装都比较简单，一般采取安装向导的方式，可供用户选择的一般有安装模式、安装目录等内容。安装模式也就是都安装哪些内容，小型软件一般分为全部安装、快速安装和自定义安装等，如果对软件不是非常了解，那么不建议使用自定义安装，一般使用快速安装就可以了，当然如果怕安装不全，可以使用全部安装方式。

对于应用软件的安装目录问题，如果软件没有明确非得安装到哪个目录中，就尽量不要把它与操作系统安装到同一个分区里。这是因为操作系统的分区不仅要保存操作系统，而且一般情况下还要负责保存系统所需的页面文件，也就是虚拟内存，如果经常在系统分区中安装/卸载程序，这个分区中的磁盘碎片会迅速增加，从而影响页面文件的连续性，从而影响系统的整体性能。同理，对于通过应用软件生成的文档，也尽量不要保存在系统分区中。

总的来说，无论是操作系统的安装，还是驱动程序和应用软件的安装，都要尽量围绕保持系统的稳定做文章，想方设法让系统更加稳定、更加安全。

11.8 本章小结

本章介绍了软件系统安装。首先学习计算机启动过程,对诊断计算机启动故障很有帮助。其次学习了硬盘初始化,为安装操作系统做准备。操作系统在虚拟机下安装,和真实环境安装没有多大区别。操作系统安装完毕,检查驱动程序是否正确,最后安装常用应用软件。一般先安装安全卫士、杀毒软件,给系统修复漏洞,防止病毒侵入。至此,软件系统安装基本完毕。

习题

1. 网上查阅,制作一个最新版本的可引导 U 盘。
2. 安装虚拟机软件,并创建虚拟机。
3. 在虚拟机下,对硬盘进行分区。
4. 在虚拟机下安装 Windows 7 操作系统。

第三篇　计算机系统维护软件

本篇学习计算机系统维护常用的一些维护工具软件以及相关的注册表技术，通过对该篇的学习，可以借助相关维护工具软件完成大多数系统维护必备的工作。

第 12 章 Windows 7 自带的维护软件

本章学习目标

- 熟练掌握磁盘管理工具。
- 了解系统配置实用程序。
- 熟练掌握组策略管理器。
- 熟练掌握服务配置管理工具。

本章介绍了四款 Windows 7 自带的维护软件,可以不借助第三方软件进行系统维护工作。

12.1 磁盘管理

Windows 7 系统自带磁盘管理工具,大家可以轻松简单地完成分区操作。最常见的应用就是将空间过大的分区一分为二,下面一起来看看具体的操作方法和步骤。

1. 运行磁盘管理

(1) 右击桌面"计算机",弹出快捷菜单,单击"管理"选项,打开"计算机管理"界面,如图 12-1 所示。

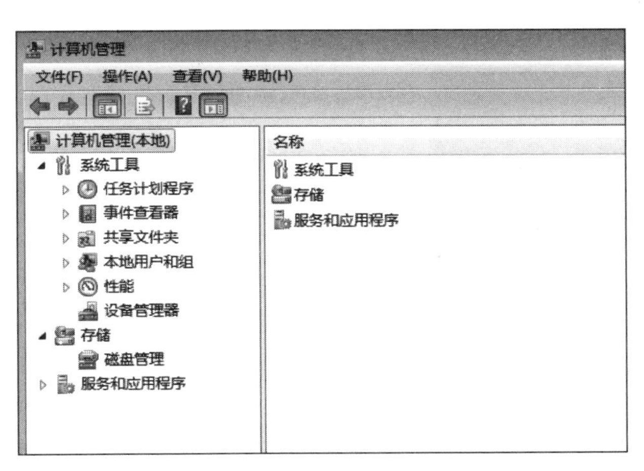

图 12-1 计算机管理界面

(2) 在 Windows 7 系统"计算机管理"界面中单击"存储"下面的"磁盘管理",窗口右边显示出当前 Windows 7 系统的磁盘分区现状,包含不同分区的卷标、布局、类型、文件系统和状态等,如图 12-2 所示。

2. 新建分区

(1) 如图 12-2 所示磁盘空间有 238.18GB 的可用空间,可以创建新分区。右击可用空间,弹出快捷菜单,单击"新建简单卷",弹出"新建简单卷向导"对话框,如图 12-3 所示。

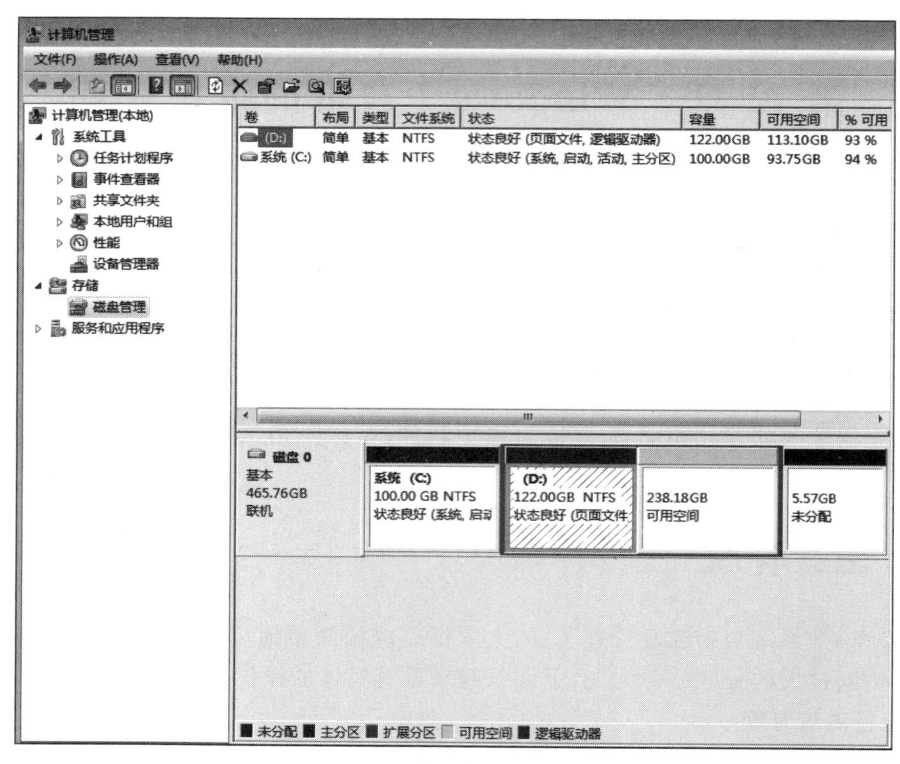

图 12-2 磁盘管理

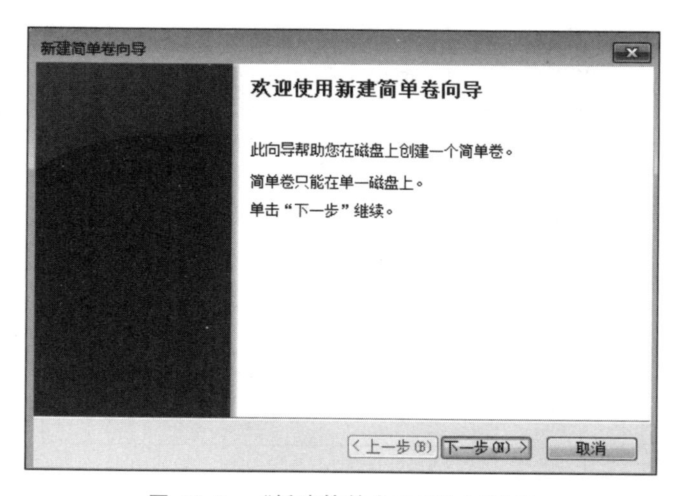

图 12-3 “新建简单卷向导”对话框

(2) 单击“下一步”按钮,弹出“指定卷大小”对话框,这里用最大磁盘空间量,后面再把该分区分成两个分区,如图 12-4 所示。

(3) 单击“下一步”按钮,弹出“分配驱动器号和路径”对话框,这里分配启动器号 E,如图 12-5 所示。

(4) 单击“下一步”按钮,弹出“格式化分区”对话框,如图 12-6 所示。

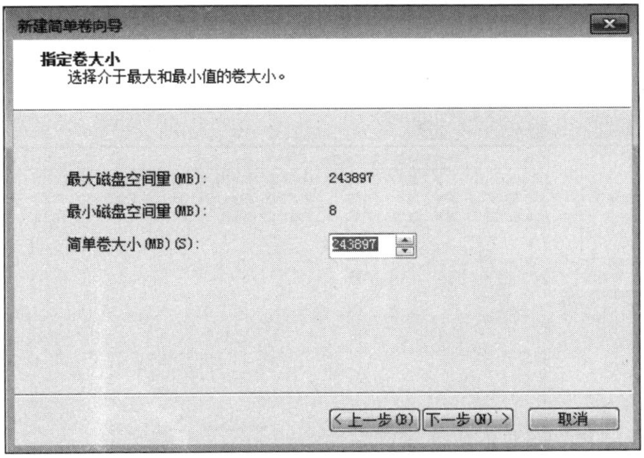

新建简单卷向导

指定卷大小
选择介于最大和最小值的卷大小。

最大磁盘空间量(MB): 243897

最小磁盘空间量(MB): 8

简单卷大小(MB)(S): 243897

< 上一步(B) 下一步(N) > 取消

图 12-4 “指定卷大小”对话框

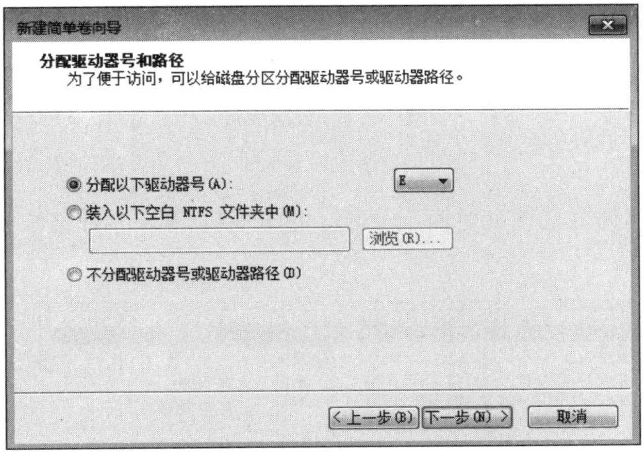

新建简单卷向导

分配驱动器号和路径
为了便于访问，可以给磁盘分区分配驱动器号或驱动器路径。

◉ 分配以下驱动器号(A): E

○ 装入以下空白 NTFS 文件夹中(M):

浏览(R)...

○ 不分配驱动器号或驱动器路径(D)

< 上一步(B) 下一步(N) > 取消

图 12-5 “分配驱动器号和路径”对话框

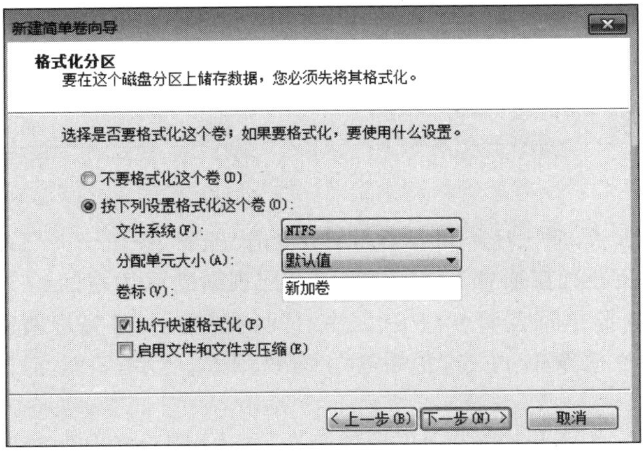

新建简单卷向导

格式化分区
要在这个磁盘分区上储存数据，您必须先将其格式化。

选择是否要格式化这个卷；如果要格式化，要使用什么设置。

○ 不要格式化这个卷(D)

◉ 按下列设置格式化这个卷(O):

文件系统(F): NTFS

分配单元大小(A): 默认值

卷标(V): 新加卷

☑ 执行快速格式化(P)

☐ 启用文件和文件夹压缩(E)

< 上一步(B) 下一步(N) > 取消

图 12-6 “格式化分区”对话框

(5) 单击“下一步”按钮,再单击“完成”按钮,新建分区成功,如图 12-7 所示。

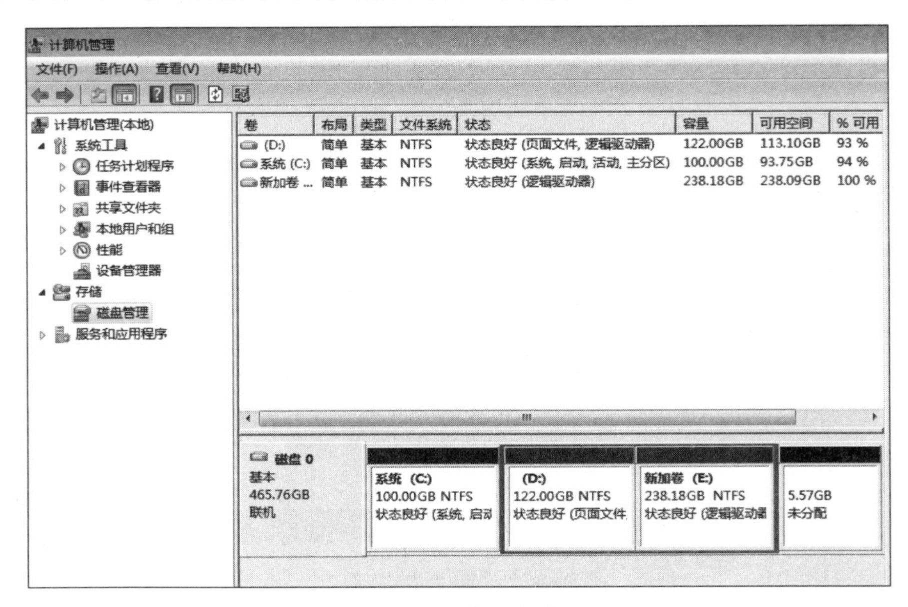

图 12-7　分区完成

3. 调整分区

(1) 下面将刚建的分区调整成两个分区。右击“新加卷 E”,弹出快捷菜单,如图 12-8 所示,单击“压缩卷”。

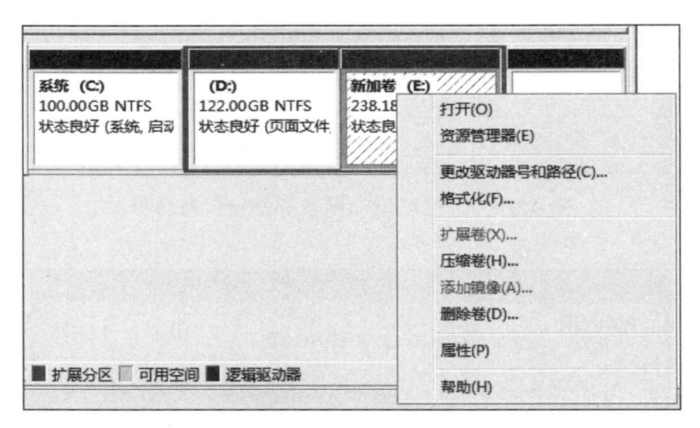

图 12-8　压缩卷

(2) 如图 12-9 所示,输入压缩磁盘空间量,单击“压缩”按钮。

(3) 如图 12-10 所示,新加卷 E 空间变小,又出现新的可用空间。

(4) 如果新加卷 E 空间容量小,在有可用空间的前提下,还可以将新加卷 E 容量增加。右击新加卷 E,弹出快捷菜单,单击“扩展卷”,如图 12-11 所示。

4. 删除分区

某个分区要删除,右击该分区,弹出快捷菜单,单击“删除卷”,如图 12-11 所示。

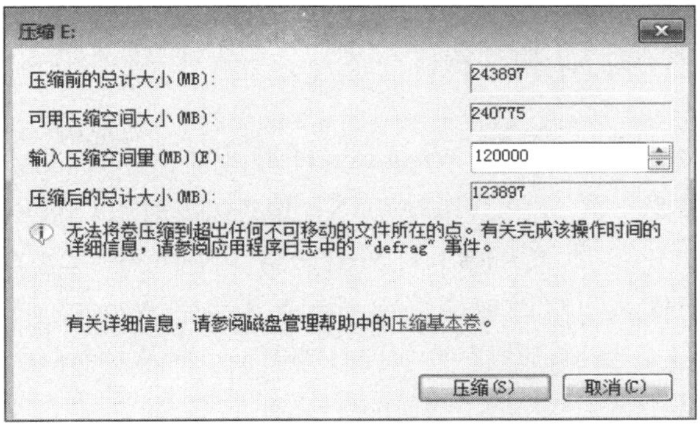

压缩 E:

压缩前的总计大小(MB): 243897

可用压缩空间大小(MB): 240775

输入压缩空间量(MB)(E): 120000

压缩后的总计大小(MB): 123897

无法将卷压缩到超出任何不可移动的文件所在的点。有关完成该操作时间的详细信息，请参阅应用程序日志中的"defrag"事件。

有关详细信息，请参阅磁盘管理帮助中的压缩基本卷。

压缩(S)　取消(C)

图 12-9　压缩磁盘空间量

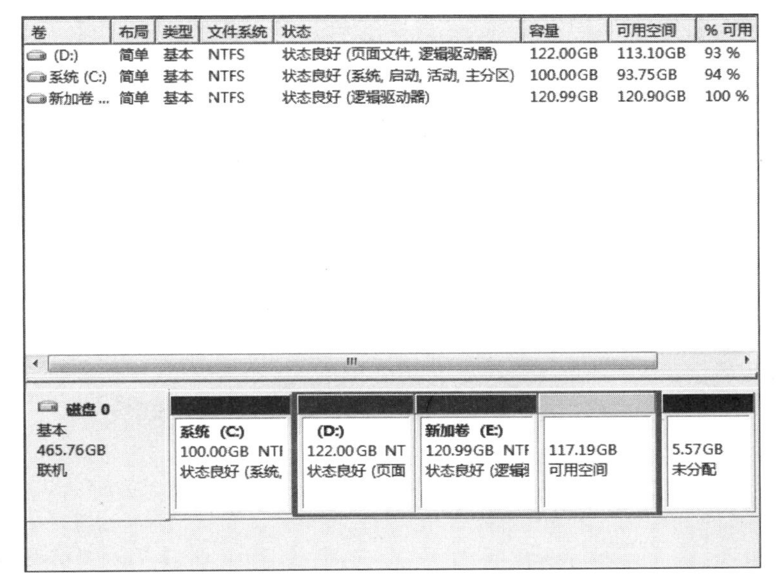

图 12-10　压缩完成

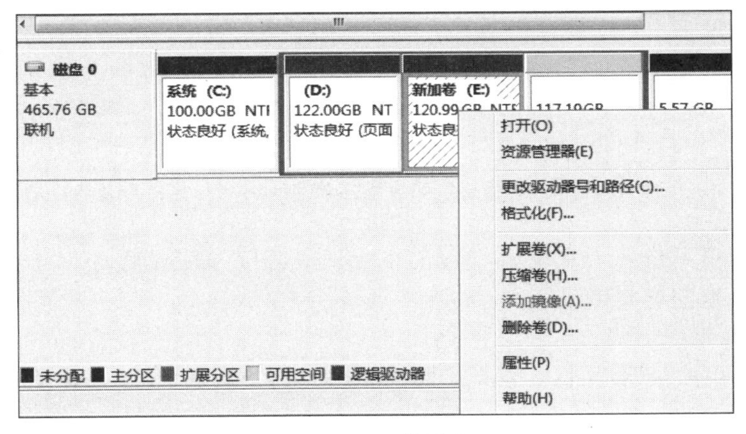

图 12-11　扩展卷

12.2 系统配置实用程序

系统配置实用程序(Msconfig)是 Windows 自带的维护软件,它是配置 Windows 98 启动时系统资源占用的重要工具。在 Windows XP 中,考虑到用户对以前系列操作系统的习惯性,这个在 Windows 2000 中消失的工具又被保留了下来,所以不少从 Windows 98 升级到 Windows XP 的用户依然习惯性地使用它来配置系统。Windows 7 操作系统仍然保留该工具,只不过界面不同了。如图 12-12 所示,图 12-12(a)为 Windows XP 的系统配置实用程序,图 12-12(b)为 Windows 7 系统配置程序。

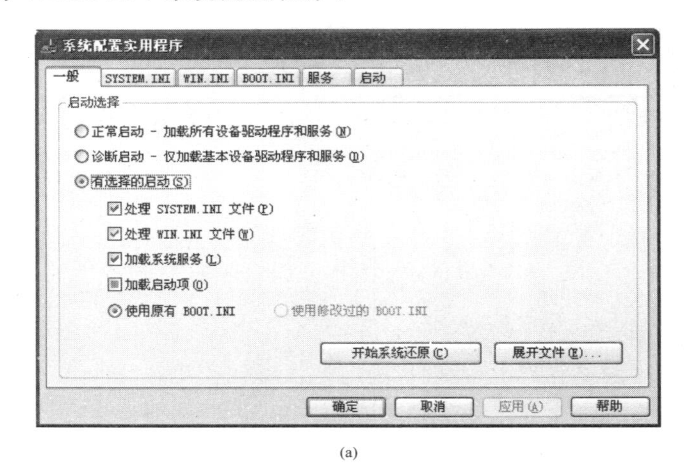

(a)

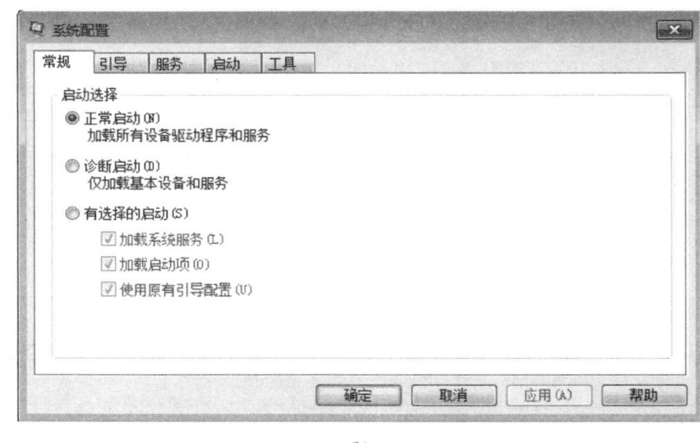

(b)

图 12-12 Windows XP 的系统配置程序和 Windows 7 系统配置程序界面

以系统管理员身份登录系统后,单击"开始"→"运行"命令,输入 Msconfig 后按 Enter 键后即可启动系统配置实用程序。

1. 常规

如图 12-12(b)所示,Windows 7 常规选项卡可以进行"启动选择"。默认情况下,Windows 采用的是正常启动模式(即加载所有驱动和系统服务),但是有时候由于设备驱动程序遭到破坏或服务故障,常常会导致启动出现一些问题,这时可以利用 Msconfig 的其他启动模式来解决问题。诊断启动是指系统启动时仅加载基本设备驱动程序如显卡驱动，而不加载Modem、网卡等设备，服务也仅是系统必需的一些服务。这时系统是最干净的，如果启动没有问题，可以选择“有选择的启动”单选按钮，依次加载设备和服务来判断问题出在哪里。

2. 引导

单击“引导”选项卡，如图 12-13 所示。

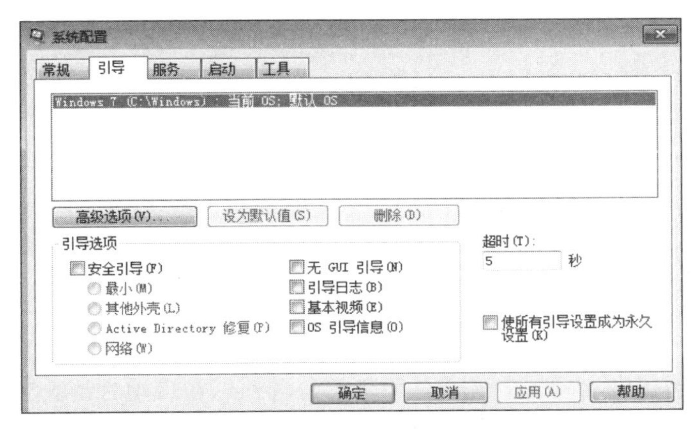

图 12-13 “引导”选项卡

显示操作系统的配置选项和高级调试设置，包括如下。

(1) 安全引导以最小启动时，在仅运行关键系统服务的安全模式下打开 Windows 图形用户界面。网络已禁用。

(2) 安全引导以其他外壳启动时，在仅运行关键系统服务的安全模式下打开 Windows 命令提示符。网络和图形用户界面已禁用。

(3) 安全引导以 Active Directory 修复启动时，在运行关键系统服务和 Active Directory 的安全模式下打开 Windows 图形用户界面。

(4) 安全引导以网络启动时，在仅运行关键系统服务的安全模式下打开 Windows 图形用户界面。网络已禁用。

(5) 无 GUI 引导启动时不显示 Windows 欢迎屏幕。

(6) 引导日志将启动进程中的所有信息都存储在操作系统目录下 Ntbtlog.txt 文件中。

(7) 基本视频启动时，在最小 VGA 模式下打开 Windows 图形用户界面。这样会加载标准的 VGA 驱动程序，而不显示特定于计算机上视频硬件的驱动程序。

(8) OS 引导信息显示启动过程中加载的驱动程序的名称。

(9) 使所有引导设置成为永久设置。不跟踪在系统配置中所做的更改。之后可以使用系统配置更改选项，但是一定要手动更改。当选中该选项时，无法通过选择“常规”选项卡上的“正常启动”回滚更改。

3. 服务

列出计算机启动时启动的所有服务及其当前状态(正在运行还是已停止)。使用“服务”选项卡启用或禁用启动时的各个服务，以解决可能引起启动问题的服务，如图 12-14 所示。

选择“隐藏所有 Microsoft 服务”复选框在服务列表中仅显示第三方应用程序，通过“制造商”、“状态”信息查看是否有非法程序运行。可以清除某服务的复选框，以在下次启动计

图 12-14　“服务”选项卡

算机时禁用该服务。如果已选择“常规”选项卡上的“有选择的启动”单选按钮，则必须选择“常规”选项卡上的“正常启动”，或选中该服务的复选框以在启动时再次启动此服务。

禁用启动时正常运行的服务可能会造成某些程序出现故障或导致系统不稳定。除非知道计算机操作不需要该列表中的服务，否则不要禁用这些服务。单击“全部禁用”按钮将不会禁用某些操作系统启动时所需的安全的 Microsoft 服务。

要查看服务的详细说明，在桌面右击“计算机”，选择“管理”，在弹出窗口依次展开“计算机管理”→“服务和应用程序”→“服务”，即可在右侧窗口看到所有服务及详细描述。

4. 启动

单击“启动”选项卡便可列出计算机开机时的启动项目，如图 12-15 所示。列出计算机启动时运行的应用程序及其发布者的名称、可执行文件的路径、注册表项的位置或运行此应用程序的快捷方式。

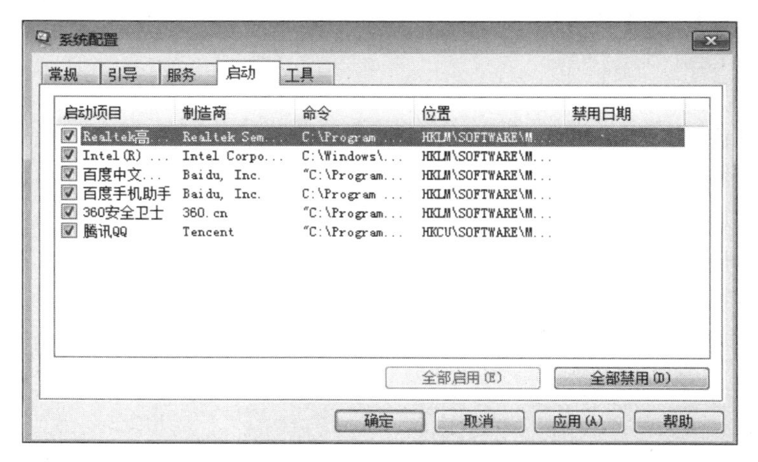

图 12-15　“启动”选项卡

清除某启动项的复选框，从而在下次启动时禁用该启动项。如果已选择“常规”选项卡上的“有选择的启动”，则必须选择“常规”选项卡上的“正常启动”，或选中该启动项的复选框以在启动时再次启动此启动项。

如果怀疑某个应用程序已经不太安全，检查“命令”列查看该可执行文件的路径。

12.3 组策略编辑器

对于大部分计算机用户来说，管理计算机基本上是借助某些第三方工具，如 360 安全卫士、金山卫士等，甚至是自己手工修改注册表来实现。注册表是 Windows 操作系统中保存系统软件和应用软件配置的数据库，而随着 Windows 功能越来越丰富，注册表里的配置项目也越来越多，很多配置都可以自定义设置，但这些配置分布在注册表的各个角落，如果是手工配置，可以想象是多么困难和繁杂。而组策略则将系统重要的配置功能汇集成各种配置模块，供用户直接使用，从而达到方便管理计算机的目的。其实简单地说，组策略设置就是修改注册表中的配置。当然，组策略使用了更完善的管理组织方法，可以对各种对象中的设置进行管理和配置，远比手工修改注册表方便、灵活，功能也更加强大。

在“开始”菜单中，单击“运行”，在打开对话框中输入 gpedit.msc 后单击“确定”按钮，即可运行组策略，如图 12-16 所示。一定要注意，在操作过程中，有的选项对某些操作系统支持，对某些操作系统不支持。如图 12-17 所示操作不适用于 Windows 7 操作系统。

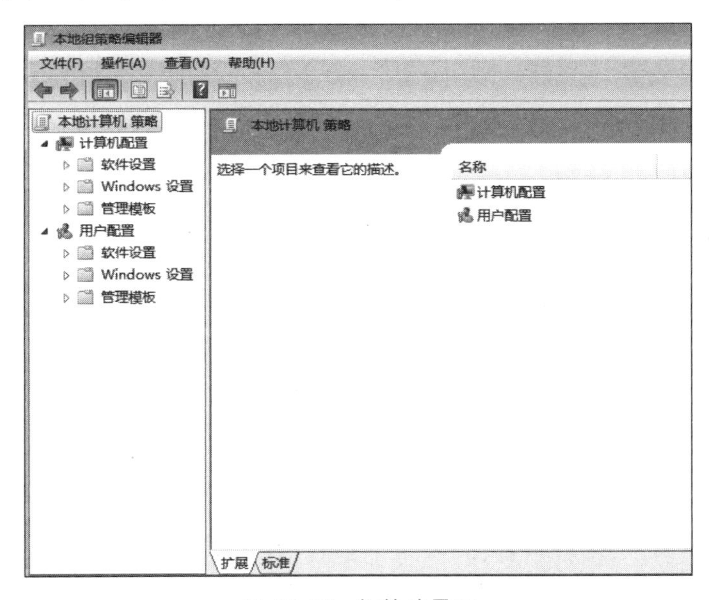

图 12-16 组策略界面

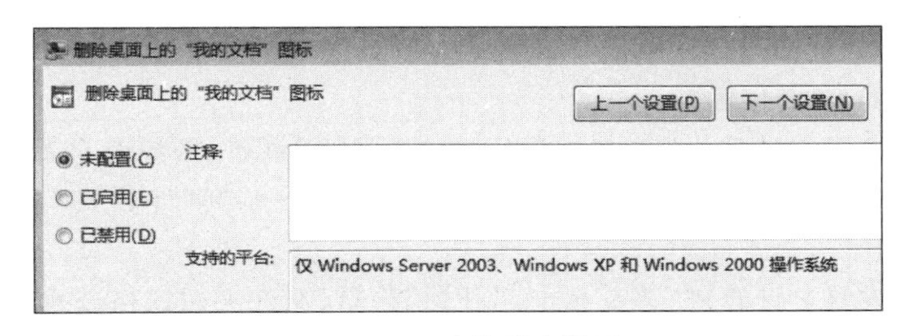

图 12-17 支持平台提示

组策略编辑器包括“计算机配置”和“用户配置”两大项。“计算机配置”对所有用户有效,“用户配置”对当前用户有效。

组策略编辑器中设置项目非常多,在此操作一些典型项目,其他项目大家自行练习。

1. 桌面项目设置

在“本地组策略编辑器”的左窗口依次展开“用户配置”→“管理模板”→“桌面”节点,便能看到有关桌面的所有设置,如图 12-18 所示。此节点主要作用在于管理用户使用桌面的权利和隐藏桌面图标。

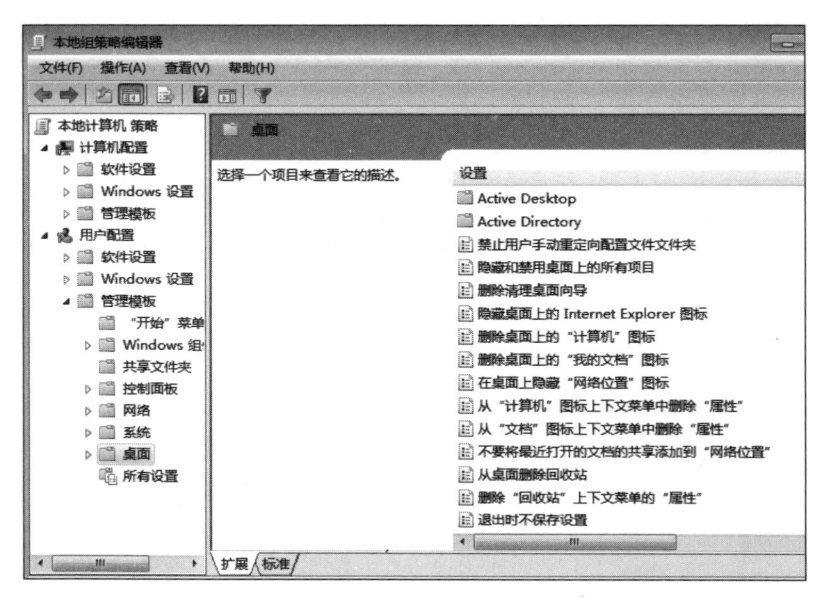

图 12-18　设置桌面

1）隐藏和禁用桌面上所有项目

从桌面删除图标、快捷方式、其他默认项和用户定义项,包括“公文包”、“回收站”、“计算机”和“网络位置”。

删除图标和快捷方式不会防止用户使用其他方法启动程序,也不会防止用户打开图标和快捷方式所代表的项目。

2）删除桌面上“计算机”图标

此设置隐藏桌面上及新的“开始”菜单上的“计算机”。它还在所有资源管理器窗口的 Web 视图中隐藏指向“计算机”的链接,并在资源管理器文件夹树窗格中隐藏“计算机”。如果启用此设置,则当用户通过“向上”按钮导航到“计算机”时,会看到一个空的“计算机”文件夹。通过此设置,管理员可以限制其用户看到外壳命名空间中的“计算机”,从而向其用户展示一个更为简洁的桌面环境。

如果启用此设置,“计算机”就会在桌面、新的“开始”菜单、资源管理器文件夹树窗格以及资源管理器 Web 视图中隐藏起来。如果用户设法导航到“计算机”,此文件夹将会是空的。

如果禁用此设置,“计算机”将在桌面、“开始”菜单、文件夹树窗格以及 Web 视图上正常显示,除非受到其他设置的限制。

如果未配置此设置，则在默认情况下将正常显示“计算机”。

注意：在 Microsoft Windows Vista 之前的操作系统中，此策略应用于“我的电脑”图标。隐藏“计算机”及其内容并不会隐藏“计算机”的子文件夹中的内容。例如，如果用户导航到某个硬盘驱动器中，用户将会在那里看到其所有文件夹和文件，即使启用了此设置也是如此。

3）从桌面删除回收站

删除出现在很多位置中的“回收站”图标。

此设置将“回收站”图标从桌面、Windows 资源管理器、使用 Windows 资源管理器窗口的程序和常见的“打开”对话框中删除。

此设置不防止用户使用其他方法访问回收站文件夹中的内容。

注意：必须注销并重新登录，才能使对于此设置的更改生效。

4）从“计算机”的上下文菜单中删除“属性”

设置在“计算机”的上下文菜单中隐藏“属性”。如果启用此设置，则当用户右击“我的电脑”或单击“计算机”并转到“文件”菜单时，不会显示“属性”选项。同样，当选择“计算机”时，按 Alt＋Enter 组合键不会执行任何操作。此操作也需重新登录才能生效。

2. 隐藏或禁止控制面板项目

这里讲到的控制面板项目设置是指配置控制面板程序的各项设置，主要用于隐藏或禁止控制面板项目。在组策略左边窗口依次展开“用户配置”→“管理模板”→“控制面板”项，便可看到“控制面板”节点下面的所有设置和子节点，如图 12-19 所示。

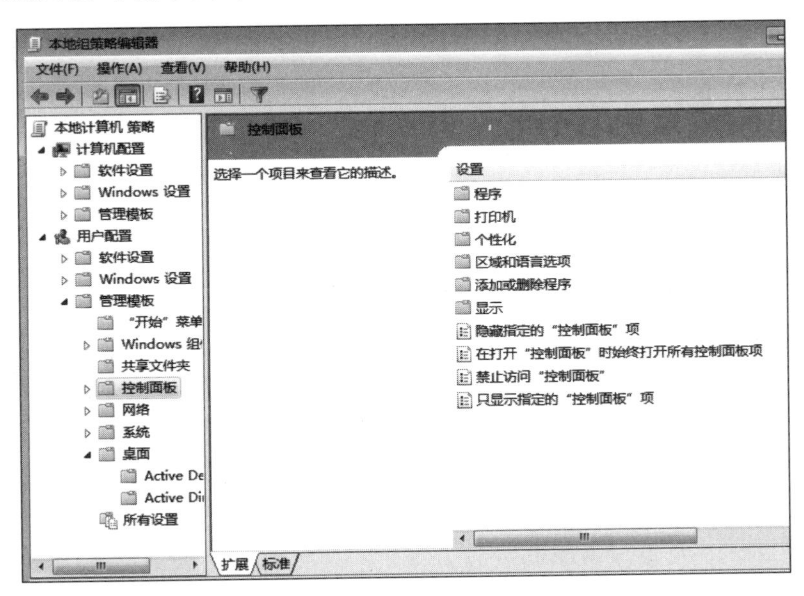

图 12-19 设置控制面板

1）禁止访问“控制面板”

禁用所有“控制面板”程序。此设置防止“控制面板”的程序文件 Control.exe 启动。这样，用户无法启动“控制面板”或运行任何“控制面板”项。

此设置还从“开始”菜单删除“控制面板”。此设置还从 Windows 资源管理器删除“控制面板"文件夹。

如果用户尝试从上下文菜单上的"属性"项选择"控制面板"项,则会显示一条消息,说明某设置阻止此操作。

2) 禁用"显示控制面板"

禁用"显示控制面板"。如果启用此设置,则"显示控制面板"不会运行。用户尝试启动"显示"时,会显示一条消息,说明某设置阻止此操作。有的版本会弹出显示控制面板,但灰色显示,不能更改。

3. 系统项目设置

组策略中对系统的设置涉及登录、电源管理、组策略、脚本等很多项目。在组策略左边窗口依次展开"用户配置"→"管理模板"→"系统"项,便可看到"系统"节点下面的所有设置和子节点,如图 12-20 所示。

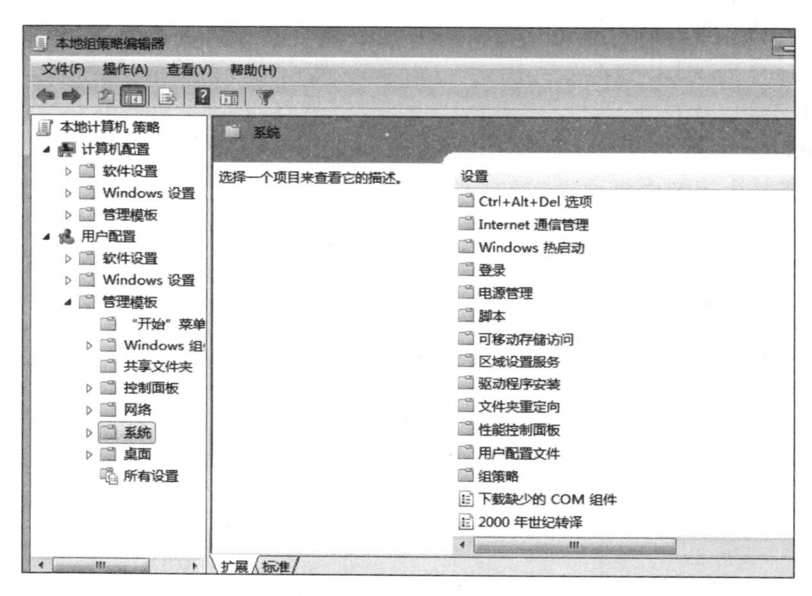

图 12-20 设置系统项目

1) 阻止访问注册表编辑工具

禁用 Windows 注册表编辑器 Regedit. exe。如果启用此设置,并且用户试图启动注册表编辑器,则会出现一条消息,提示"注册编辑已被管理员停用"。另外,如果注册表编辑器被锁死,也可双击此设置,在弹出对话框中点选"未配置"项,这样注册表便解锁了。如果要防止用户使用其他注册表编辑工具打开注册表,请启用"只运行许可的 Windows 应用程序"。

2) 自定义用户界面

指定替代的用户界面。资源管理器程序(%windir%\explorer. exe)可创建常见的 Windows 界面,但可以使用此设置指定一个替代界面。如果启用此设置,系统将启动您指定的界面,替代 Explorer. exe。

若要使用此设置,请将界面程序复制到网络共享位置或系统驱动器上。然后启用此设置,并在 Shell 名称文本框中输入该界面程序的名称,包括文件扩展名。如果该界面程序文件不在系统的 Path 环境变量所指定的文件夹中，请输入该文件的完全限定路径。若要查找 Path 环境变量所指定的文件夹，请单击“控制面板”中的“系统属性”，单击“高级”选项卡，再单击“环境变量”按钮，然后在“系统变量”框中单击 Path。

3）阻止访问命令提示符

阻止用户运行交互式命令提示符 Cmd. exe。此设置还确定是否可以在计算机上运行批处理文件(. cmd 和 . bat)。如果启用此设置，并且用户试图打开命令窗口，则系统会显示一条消息，说明设置会阻止此操作。

4）Ctrl＋Alt＋Del 选项

该选项可删除更改密码、锁定计算机、任务管理器、注销选项。例如，选择删除“任务管理器”，如果启用了此设置，则防止用户启动“任务管理器”。当用户尝试启动“任务管理器”时，系统会显示一则消息，说明某个策略阻止了该操作。

“任务管理器”允许用户启动或终止程序；监视计算机性能；查看和监视正运行在计算机上的所有程序（包括系统服务）；查找程序的可执行文件名；更改程序所运行的进程的优先级。

4．Windows 组件

组策略对 Windows 组件进行设置。比较常见的 Windows 组件如资源管理器、Windows Update、备份、自动播放等。依次展开“用户配置”→“管理模板”→“Windows 组件”，可以看到“Windows 组件”节点下的所有设置，如图 12-21 所示。

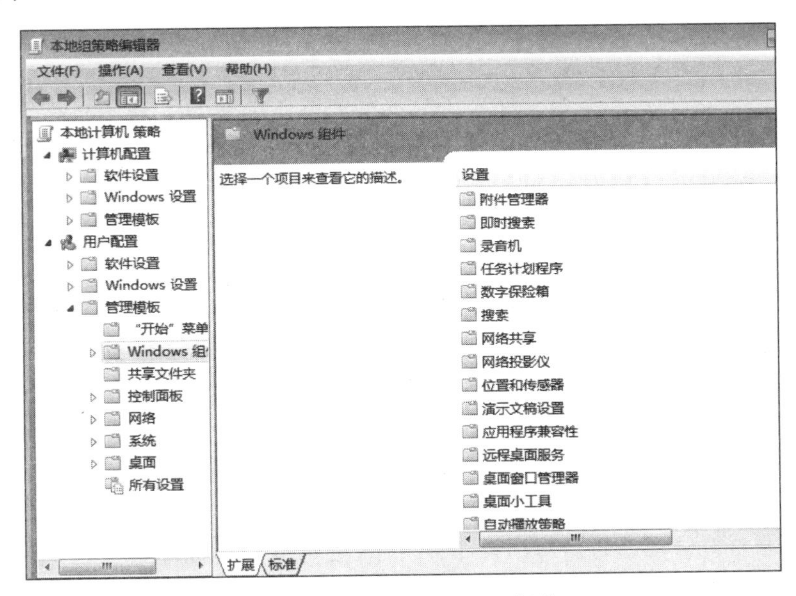

图 12-21　设置 Windows 组件

1）阻止绕过 SmartScreen 筛选器警告

Internet Explorer 子项下设置“阻止绕过 SmartScreen 筛选器警告”。SmartScreen 筛选器可阻止用户导航到含有恶意内容的已知站点（包括仿冒网站或恶意软件威胁），或从这些站点下载内容。

如果启用此策略设置，将不允许用户导航到被 SmartScreen 筛选器识别为不安全的站点。如果禁用或不配置此策略设置，则用户可以忽略 SmartScreen 筛选器的警告，并导航到不安全的站点。

2）Windows Media Player 允许运行屏幕保护程序

Windows Media Player 子项下"播放"设置"允许运行屏幕保护程序"。此策略根据在"屏幕保护程序"选项卡(位于"控制面板"中的"显示属性"对话框中)中选择的选项，在播放数字媒体时显示屏幕保护程序。

如果禁用此策略，即使用户选择了屏幕保护程序，屏幕保护程序也不会使播放中断。"播放时允许运行屏幕保护程序"复选框呈未选中状态，且不可用。如果未配置此策略，用户可以更改"播放时允许运行屏幕保护程序"复选框的设置。

3）删除对 Windows Update 的访问权限

Windows Update 子项下"删除使用所有对 Windows Update 的访问权限"。如果启用此设置，则所有 Windows Update 功能都将被删除。这包括阻止从"开始"菜单上的 Windows Update 超链接及 Internet Explorer 中的"工具"菜单访问 Windows Update 网站。Windows 自动更新也将禁用：Windows Update 不会向您发送有关重要更新的通知，也不会向您发送重要更新。此设置还阻止"设备管理器"从 Windows Update 网站自动安装驱动程序更新。

如果启用此设置，则可以配置以下某种通知选项：

0＝不显示任何通知　　1＝显示需要重新启动的通知

4）在 Windows 资源管理器搜索框中关闭最近搜索条目的显示

该设置在"资源管理器"子项下。用户在搜索框中输入内容时，Windows 资源管理器将显示建议弹出框。这些建议都基于过去在搜索框中输入的条目。如果启用此策略，则当用户在搜索框中输入内容时 Windows 资源管理器不显示建议弹出框，并且不会将搜索框条目存储到注册表中以供将来参考。如果用户输入一个属性，则将显示与此属性匹配的值，但不会将任何数据保存到注册表中，在以后使用搜索框时也不会再显示这些数据。

5）阻止从"我的电脑"访问指定的驱动器

该设置在"资源管理器"子项下。如果启用此设置，则用户可以浏览"我的电脑"或 Windows 资源管理器中所选驱动器的目录结构，但是无法打开文件夹或访问其中的内容。此外，用户也无法使用"运行"对话框或"映射网络驱动器"对话框来查看这些驱动器上的目录。

若要使用此设置，请从下拉列表中选择一个驱动器或多个驱动器的组合。若要允许访问所有驱动器目录，请禁用此设置或从下拉列表中选择"不限制驱动器"选项。

注意：代表指定驱动器的图标仍会出现在"我的电脑"中，但是如果用户双击这些图标，则会出现一条消息来解释设置防止这一操作。

同时，此设置不会防止用户使用程序来访问本地驱动器和网络驱动器。也不会防止用户使用"磁盘管理"管理单元查看并更改驱动器的特性。

6）关闭自动播放

该设置在"自动播放策略"子项下。如果启用此设置，则可以禁用 CD-ROM 和可移动介质驱动器上的自动播放，也可以禁用所有驱动器上的自动播放。

注意：此设置出现在"计算机配置"文件夹和"用户配置"文件夹中。如果两个设置发生冲突，则“计算机配置”中的设置优先于“用户配置”中的设置。

5. “开始”菜单和任务栏

此节点对“开始”菜单和任务栏进行设置，依次展开“用户配置”→“管理模板”→“‘开始’菜单和任务栏”，可以看到“‘开始’菜单和任务栏”节点下的所有设置，如图 12-22 所示。

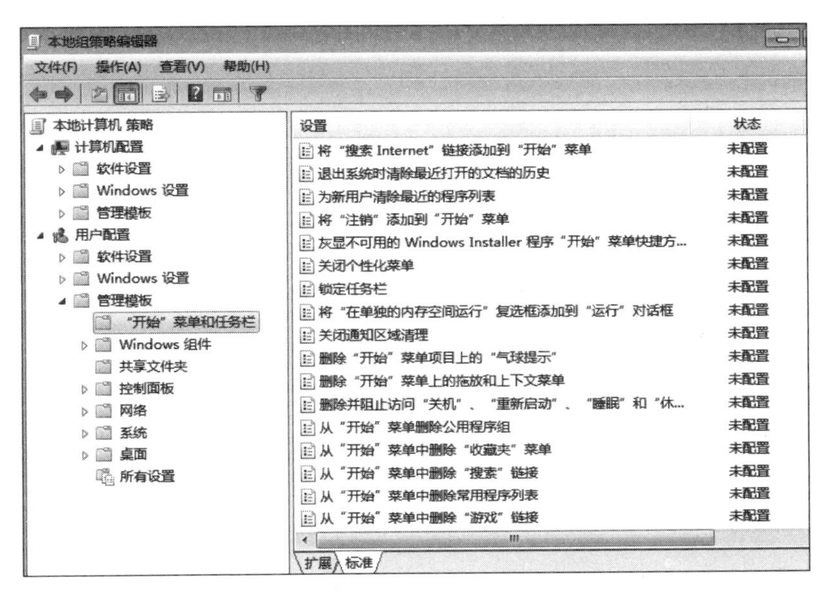

图 12-22　设置“开始”菜单和任务栏

1）从“开始”菜单中删除“所有程序”列表

如果启用此设置，“所有程序”项目将从简化“开始”菜单中被删除。

2）从“开始”菜单中删除“运行”菜单

如果启用此设置，则会发生下列更改。

（1）“运行”命令从“开始”菜单中删除。

（2）“新建任务（运行）”命令从“任务管理器”中删除。

（3）阻止用户在 Internet Explorer 地址栏中输入下列各项：

——UNC 路径：\\＜server＞\＜share＞

——访问本地驱动器：例如，C：

——访问本地文件夹：例如，\temp＞

此外，使用扩展键盘的用户无法再通过按应用程序键（具有 Windows 徽标的键）＋R 来显示“运行”对话框。

3）不允许将程序附加到任务栏

如果启用此设置，则用户无法更改当前已附加到任务栏的程序。如果程序已附加到任务栏，则这些程序将继续显示在任务栏中。但是，用户无法去除已附加到任务栏的程序，也无法将新程序附加到任务栏。

6. 账户密码安全策略

在组策略中可以对账户的密码安全性进行设置。依次展开“计算机配置”→“Windows 设置”→“安全设置”→“账户策略”→“密码策略”，如图 12-23 所示。

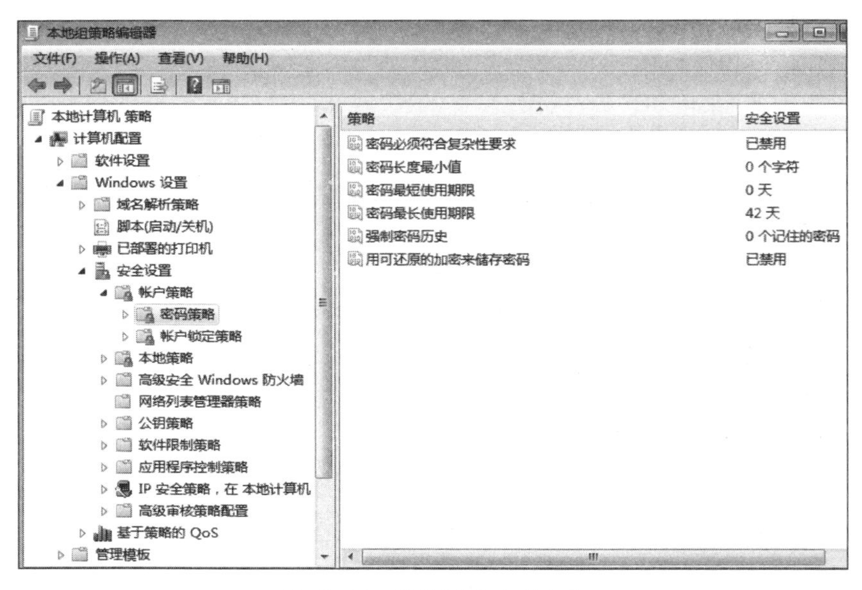

图 12-23 设置账号密码安全

12.4 服务配置

操作系统除了漂亮的界面消耗了大量的内存和显存等系统资源外，默认在后台还运行了很多不同的服务，像打印机服务、系统自动更新服务等，这些后台服务对系统的资源也占用不少。而这些服务中有相当一部分对个人用户来说可能永远都不会用到，反而在安全方面造成了很大隐患。所以根据自己的情况，适当禁用自己不需要的系统服务不仅可以节省系统资源，加快系统运行速度，还能起到安全保护的作用，是非常有必要的。

要想正确管理和配置系统服务，一定先确保有合适的权限，否则一些设置无法改动。因此最方便的方法就是使用 Administrator 组的用户登录。而在改动服务的设置之前，备份当前的状态很有必要，一旦出错可马上恢复到正常状态。这里介绍直接备份注册表中与服务有关内容的方法，选择“开始”→“运行”，输入 regedit 并按 Enter 键打开注册表编辑器，展开注册表选定 HKEY_LOCAL_MACHINE\SYSTEM\CurrentControlSet\Service，执行“文件”→“导出”命令将此分支下的注册表内容导出并保存成一个 REG 文件，如果要恢复系统服务到原始状态，只要双击这个文件导入注册表即可。

如已备份了服务的默认设置，现在就可尝试着更改服务了。打开服务配置管理工具的方法：选择“开始”→“运行”，输入 Services.msc 然后按 Enter 键；或者右击桌面“计算机”，单击“管理”，打开计算机管理窗口，在该窗口下单击左侧“服务和应用程序”→“服务”，如图 12-24 所示。

1. 服务的属性面板

在服务配置工具的窗口，双击任意一个服务，就可以打开该服务的属性面板。在这里做调整管理，通过更改服务的启动类型来管理自己需要启动、关闭或干脆禁用的服务。不过在配置这些服务之前，还是先了解一下服务的属性面板中一些重要信息的含义。

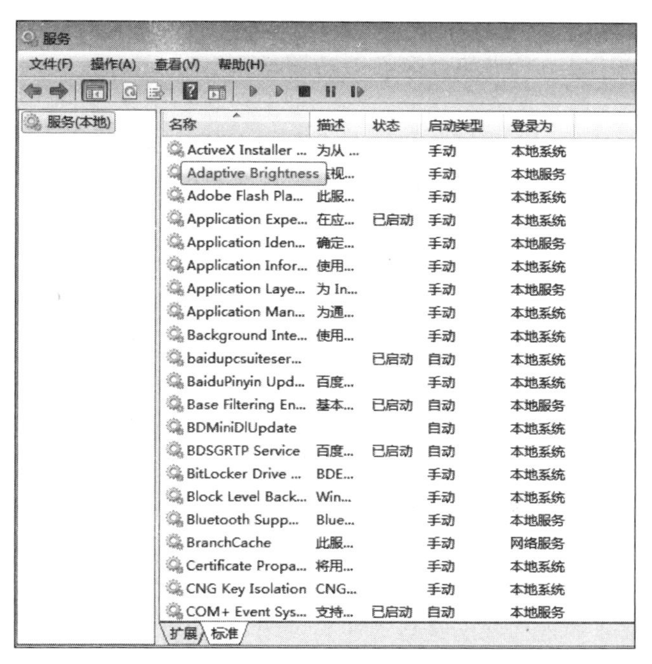

图 12-24 服务配置界面

1）打开属性面板的方法

选中具体服务，在服务窗口工具栏增加了属性按钮，单击属性按钮，则出现属性面板对话框，如图 12-25 所示。

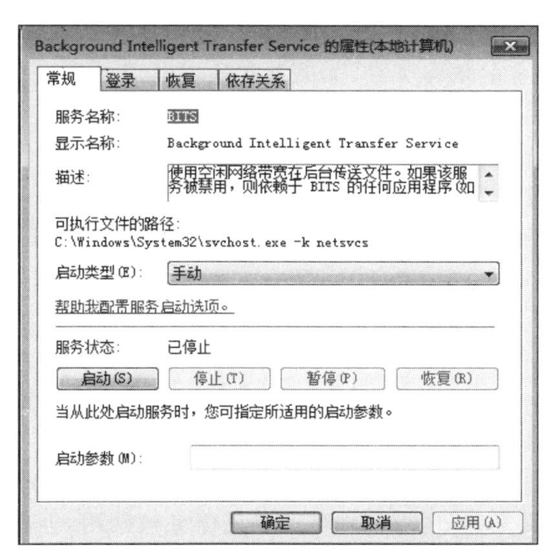

图 12-25 “常规”选项卡

2）属性面板的“常规”选项卡

“服务名称”是指服务的简称，并且也是在注册表中显示的名称。

“显示名称”是指在服务配置面板中每项服务的显示名称。

“描述”则为此服务的简单解释。

“可执行文件路径”显示了可执行文件的路径。

“启动类型”是整个服务配置管理的核心。对于任意一个服务，通常都有 3 种不同的启动类型：Automatic(自动)、Manual(手动)和 Disabled(禁止)，只要从下拉菜单中选择就可以随意更改服务的启动类型。这 3 种启动类型都有各自的意义和作用。

Automatic(自动)：此服务随启动 Windows 一起启动，将延长启动所需要的时间，有些服务是必须设置为自动的，例如 Remote Procedure Call(RPC)。由于依存关系或其性质的影响，其他的一些服务也必须设置为自动，这样的服务最好不要去碰它，否则系统无法正常工作。

Manual(手动)：如果一个服务被设置为手动，那么可以在需要的时候再运行它。大多数服务都是这样的，这可以节省大量系统资源、加快启动时间。

Disabled(禁止)：此服务不能再运行，哪怕是系统必需。这个设置一般在提高安全性的时候很管用。如果怀疑一个陌生的服务会给系统带来安全隐患，那么可以先尝试停止它，看看系统还能不能正常运行，如果一切正常，那么就可直接禁止它了。日后如果需要这个服务，再启动它前，必须先将启动类型设置为自动或手动。

“服务状态”指服务的现在状态是启动还是关闭，通常可利用下面的“启动”、“关闭”、“暂停”按钮来即时改变服务的状态，但是有两种情况下这些按钮是不可用的。一种情况是服务被设置为 Disabled，这种情况下只有将服务设置为自动或手动并“应用”后才可使用；另一种情况是前面提到的系统启动所必须的基础服务，如 Remote Procedure Call，它的启动类型被设置为自动且不可改变，自然那些改变服务状态的按钮也就不可用了。

3）属性面板的“依存关系”选项卡

一些服务并不能单独运行，必须依靠(即依存)其他服务。在停止或者禁用一个服务之前，一定要看清楚这个服务的依存关系，如果有其他需要启动的服务是依靠这个服务，就不能将其停止。例如图 12-26 中 Messenger 这个服务，要依靠其他 4 个服务才能运行，因此停止或禁用其中的任何一个，Messenger 服务都将不能正常运行。又如 Application Layer Gateway Service 这个服务，如果关掉它，那么依赖它的 Internet Connection Firewall/Internet Connection Sharing 也就无法工作了。所以在关掉一个服务前，查清其依存关系是必不可少的步骤。

2. 服务类型

上面已经了解了服务的管理配置，下面就来了解一些服务的具体含义。如果系统中没有下文中提到的某些服务或者有更多服务也不用担心，因为某些服务只有在特定状态下或安装了某些软硬件之后才会出现。

1）Adaptive Brightness

监视周围的光线状况来调节屏幕明暗，如果该服务被禁用，屏幕亮度将不会自动适应周围光线状况。该服务的默认运行方式是手动，如果没有使用触摸屏一类的智能调节屏幕亮度的设备，该功能就可以放心禁用。

2）Application Layer Gateway Service

Windows XP/Vista 中也有该服务，作用也差不多，是系统自带防火墙和开启 ICS 共享上网的依赖服务，如果装有第三方防火墙且不需要用 ICS 方式共享上网，完全可以禁用掉。

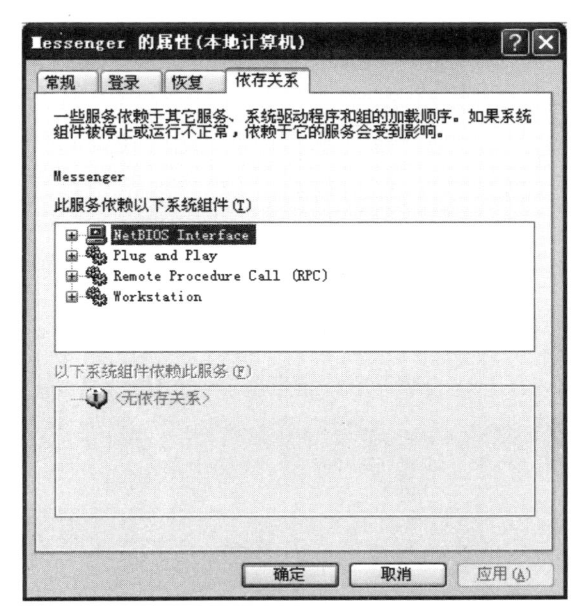

图 12-26 "依存关系"选项卡

3) Application Management

该服务默认的运行方式为手动,该功能主要适用于大型企业环境下的集中管理,因此家庭用户可以放心禁用该服务。

4) Background Intelligent Transfer Service

在后台传输客户端和服务器之间的数据。如果禁用了 BITS,一些功能(如 Windows Update)就无法正常运行。该服务的默认运行方式是自动,这个服务的主要用途还是用于进行 Windows Update 或者自动更新。

5) Bluetooth Support Service

如果没有使用蓝牙设备,该功能就可以放心禁用。

6) Certificate Propagation

为智能卡提供证书。该服务的默认运行方式是手动。如果没有使用智能卡,那么可以放心禁用该服务。

7) CNG Key Isolation

建议不使用自动有线网络配置和无线网络的可以关掉这个服务。

8) Diagnostic Policy Service

Diagnostic Policy Service 为 Windows 组件提供诊断支持。如果该服务停止了,系统诊断工具将无法正常运行。如果该服务被禁用了,那么任何依赖该服务的其他服务都将无法正常运行。该服务的默认运行方式是自动,IE 有时会弹出对话框问是否需要让它帮忙找到故障的原因,只有 1%的情况下它会帮忙修复 Internet 断线的问题,可以关掉。

9) Distributed Transaction Coordinator

很多应用以及 SQL、Exchange Biztalk 等服务器软件都依赖这个服务,可以不启动它,但不要禁用它。

10) Extensible Authentication Protocol

不用 802.1x 认证、无线网络或 VPN 可以不启动它,不要禁用它。

11) Human Interface Device Access

如果不想让机器或笔记本键盘上面的那些特别的附加按键起作用或不用游戏手柄之类可以关掉这个服务。

12) IP Helper

就是让 IPv4 和 IPv6 相互兼容,现在的情况下不是特别需要,其实设置成 Disabled 也无妨。

13) Parental Controls

父母控制服务,用于 IE 上网设置里的,如果是自己用计算机,就关掉它。

14) Security Center

监视系统安全设置和配置。不想听它提示,就关上它。

15) Server

如果不需要在网络上共享什么东西就可以关掉。

16) Shell Hardware Detection

如果不喜欢自动播放功能,那么设置成手动或禁用,这样新插入一个 U 盘,可能系统没有任何提示。

17) SNMP Trap

允许机器处理简单网络管理协议,很多网管协议是基于 SNMP 的。不是网管的话建议关闭。

18) TCP/IP NetBIOS Helper

使得可以在计算机之间进行文件和打印机共享、网络登录。不需要可关闭。

19) Virtual Disk

提供用于磁盘、卷、文件系统和存储阵列的管理服务。提供存储设备软件卷和硬件卷的管理,不要将其设置成禁用。

20) Windows Time

和服务器同步时间的,一般都关闭它。

12.5 本章小结

本章介绍了四款 Windows 自带系统软件。通过这四款软件,可以进行磁盘管理、启动管理、组策略管理和服务管理。这也是系统维护常做的一些工作。

习题

1. 在安装 Windows 7 操作系统的虚拟机下,通过磁盘管理,对新添加硬盘进行新建分区、删除分区和调整分区等操作。

2. 运行组策略管理器,进行相关的组策略操作。

第 13 章　常用系统维护软件

本章学习目标

- 熟练掌握几款系统测试软件。
- 熟练掌握 Ghost 软件制作系统备份和恢复系统。

本章先介绍几款常用的系统测试软件，如 CPU 测试软件 CPU-Z、内存测试软件 MemTest86＋、硬盘测试软件 HD Tune、显示器测试软件 DisplayX，最后介绍系统备份和恢复软件 Ghost。

13.1　CPU-Z 软件

CPU-Z 是一款 CPU 检测软件，是检测 CPU 使用程度最高的一款软件，除了使用 Intel 或 AMD 公司自己的检测软件之外，平时使用最多的此类软件就数它了。它支持的 CPU 种类相当全面，软件的启动速度及检测速度都很快。另外，它还能检测主板和内存的相关信息，其中就有常用的内存双通道检测功能。当然，对于 CPU 的鉴别还是最好使用原厂软件。

使用这个软件可以查看 CPU 的信息。软件使用十分简单，下载后直接单击文件，就可以看到 CPU 名称、厂商、内核进程、内部和外部时钟、局部时钟监测等参数，如图 13-1 所示。

图 13-1　CPU-Z 主界面

1. 处理器

图 13-1 显示的就是“处理器”选项卡。在该界面下，列出处理器的重要参数，如处理器名称为 Intel Pentium G2030，可知使用这款 CPU 的计算机比较新，但 CPU 档次不高。在规格中可以得知 CPU 主频为 3.0GHz。该 CPU 支持的指令集也全部列出，这里如果列出

EM64T 指令集,说明 CPU 支持 64 位系统。核心数为 2,说明该 CPU 为双核处理器。有关处理器参数,请参考中央处理器一章介绍。

2. 主板

“主板”选项卡如图 13-2 所示。在该界面下,可以得知主板芯片组型号、BIOS 版本和日期。

3. 内存

“内存”选项卡如图 13-3 所示。该计算机支持 DDR3 内存,内存大小 4GB。不支持双通道内存,结合 CPU,该计算机确实面向低端用户配置。该界面也列出内存时序参数,有关时序参数参考内存一章,这里可知内存频率为 665.1MHz,要注意此参数为内存的时钟频率。内存等效频率为时钟频率的两倍,即 1330.2MHz。

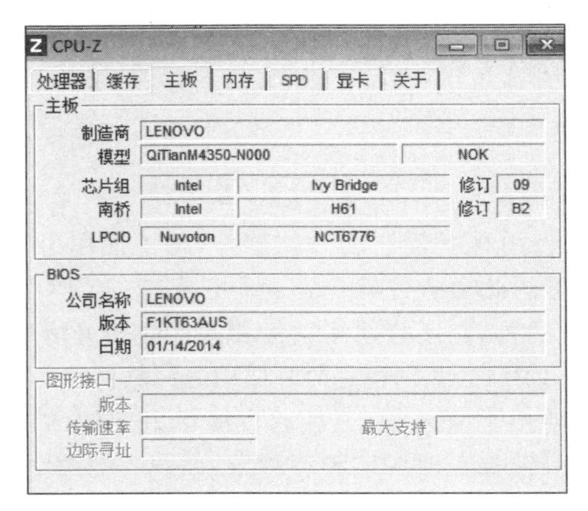

图 13-2 “主板”选项卡

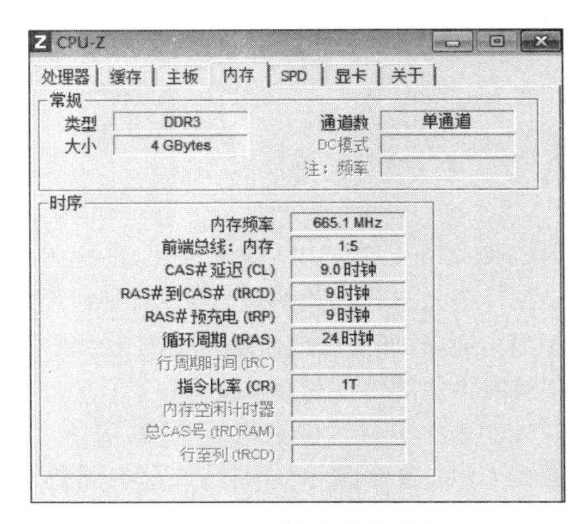

图 13-3 “内存”选项卡

4. 显卡

“显卡”选项卡如图 13-4 所示。该界面显示显卡参数不多,本例显卡为集成显卡,为集成显卡分配显存大小为 1531MB。

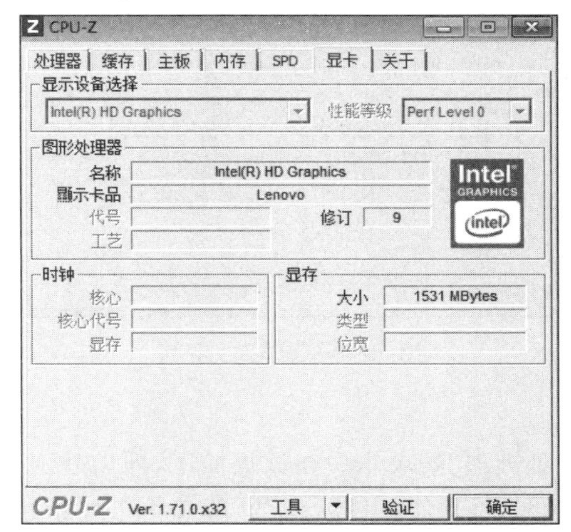

图 13-4 “显卡”选项卡

13.2 MemTest86+软件

人们通常会觉得内存出错损坏的几率不大，并且认为如果内存坏了，那么它是不可能通过主板的开机自检程序的。事实上这个自检程序的功能很少，而且只是检测容量、速度而已，许多内存出错的问题并不能检测出来。如果在运行程序时不时有某个程序莫名其妙地失去响应或者打游戏时突然退出游戏；打开文件时偶尔提示文件损坏，但稍后打开又没问题……都与内存的质量和兼容性有莫大关系。这里推荐使用MemTest86+内存检测软件。

MemTes86+软件不但可以彻底地检测出内存的稳定度，还可同时测试记忆的储存与检索数据的能力，可以确实掌控到目前机器上正在使用的内存到底可不可信赖。

MemTest86+软件无法在Windows操作系统下运行。可网上下载该软件ISO镜像文件制作可引导光盘，通过光驱启动运行该软件。最便捷的方法通过U盘启动运行该软件。大多数U盘制作工具都配置该软件，如果U盘启动界面无该软件，可重新制作最新版本的U盘启动系统。注意重新制作U盘启动系统要做好数据备份，原先U盘数据会丢失。这里以老毛桃U盘启动为例，版本号为8.14.5.30。

(1) 更改BIOS设置，让第一启动设备为U盘。通过U盘启动计算机，如图13-5所示。键盘移动光标至“运行硬盘内存检测扫描工具菜单”，按Enter键。

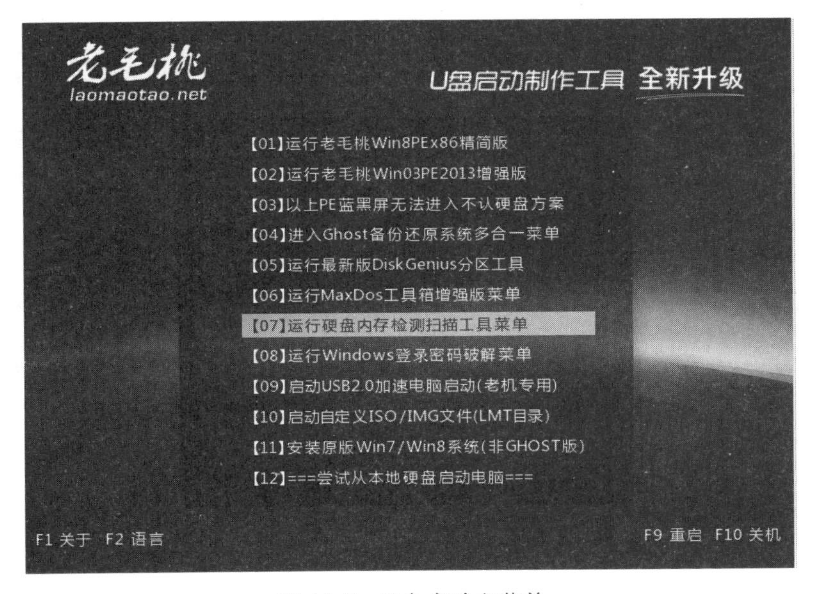

图13-5 U盘启动主菜单

(2) 进入下一级子菜单，列出硬盘和内存检测工具，这里选择“运行Memtest 5.0内存检测”，如图13-6所示，按Enter键确认。

(3) Memtest86+软件开始运行，如图13-7所示。可以看到当前系统所采用的处理器型号和频率，以及CPU的一级缓存、二级缓存和三级缓存的大小及速度，当然也包括测试的主角——系统物理内存的容量和速度。

在系统信息的右侧显示的是测试的进度，Pass显示的是主测试进程完成进度，Test显

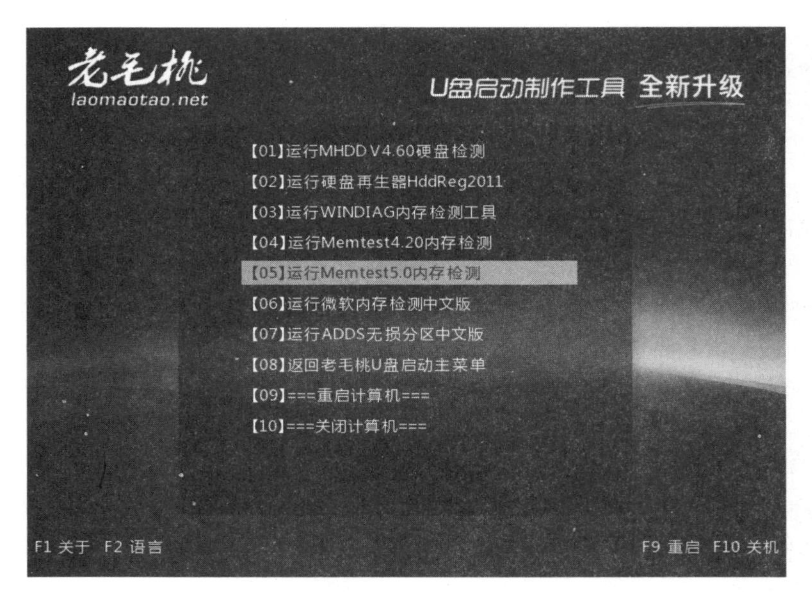

图 13-6 运行 Memtest 5.0 内存检测菜单

```
      Memtest86+ 5.00b1      | Intel(R) Pentium(R) CPU G2030 @ 3.00GHz
CLK: 2992 MHz  (32b Mode)    | Pass   %
L1 Cache:   32K  85492 MB/s  | Test   %
L2 Cache:  256K  45337 MB/s  | Test #
L3 Cache: 3072K 230172 MB/s  | Testing:
Memory  : 1022M              | Pattern:                    | Time:   0:00:00
------------------------------------------------------------------------------
Core#:                                  | Chipset : Unknown
State:                                  | Memory Type : Unknown
Cores:    Active /    Total (Run: All)  | Pass:       0        Errors:      0
------------------------------------------------------------------------------

              ==> Press F1 to enter Fail-Safe Mode <==
```

图 13-7 Memtest86+ 启动界面

示的是当前测试项目的完成进度。Test ＃n 显示的是目前的测试项目。按 F1 键可进入安全模式。Memtest86＋的测试是无限制循环的，除非结束测试程序，否则它将一直测试下去。

(4) 按 F1 键进入安全模式开始测试，如图 13-8 所示，如果有主要的内存突发问题将在几秒钟内检测出来，如果是由特定位模式触发的故障，则需要长时间测试才能检测出来，对此需要有耐心。Memtest86＋一检测到缺陷位，就会在屏幕底部显示一条出错消息，但是测试还将继续下去。如果完成几遍测试后，没有任何错误信息，那么可以确定内存是稳定可靠的。

使用要求：最好在有独立显卡的计算机上检测。如果使用集成显卡，由于有几兆内存会划给显存所以不能全测。如果有多条内存条，检测时一定要一条一条检测内存条，否则报错！由于 Memtest86＋测试耗时较长，因此它不仅可以用于内存测试，还可以用于系统稳定

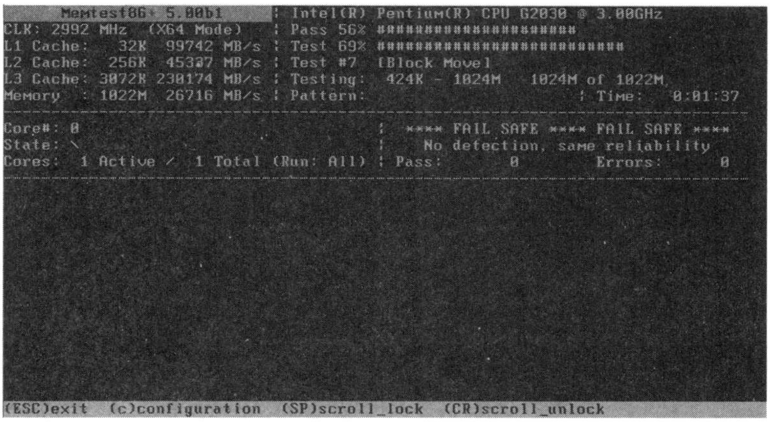

图 13-8 进入安全模式测试

性测试。Memtest86+测试完毕后,按下 Esc 键退出并重新启动系统。

13.3 HD Tune 软件

HD Tune 是一款小巧易用的硬盘工具软件,尤其适合移动硬盘检测。其主要功能有硬盘传输速率检测、健康状态检测、温度检测及磁盘表面扫描等。另外,还能检测出硬盘的固件版本、序列号、容量、缓存大小以及当前的 Ultra DMA 模式等。虽然这些功能其他软件也有,但难能可贵的是此软件把所有这些功能集于一身,而且非常小巧,速度又快。HD Tune 主界面如图 13-9 所示。

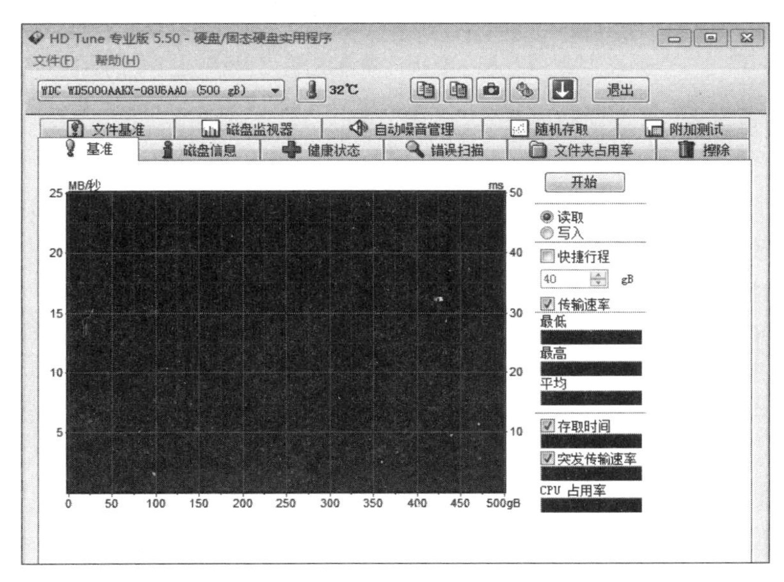

图 13-9 HD Tune 主界面

1. 基准(磁盘性能)测试

启动软件后,将首先会显示出硬盘的型号及当前的温度,默认显示为磁盘基准测试界面，在此用户可以通过单击“开始”按钮，对硬盘的读写性能进行检测，主要包括读取及写入数据时的传输速率、存储时间及对 CPU 的占用等；并且，整个测试过程会持续几分钟，用户需要耐心等待。

注意：由于写入测试存在危险，希望用户慎重使用。

2. 磁盘信息

在信息标签页面，HD Tune 不仅列出了当前硬盘各个分区的详细信息，还提供此硬盘所支持特性。另外，在此画面还提供了硬盘的固件版本、序列号、容量、缓存大小以及当前的 Ultra DMA 模式等，可以说是非常详细，如图 13-10 所示。

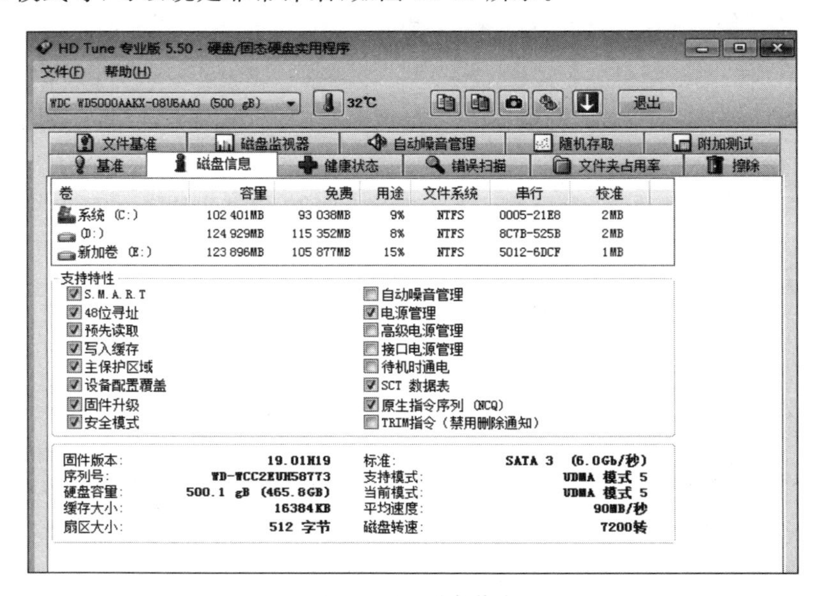

图 13-10 磁盘信息

3. 磁盘健康诊断

HD Tune 还对磁盘进行了全方位的体检，涉及磁盘的各方面性能参数，并且都有详细的数值显示，如读取错误率、寻道错误率、写入错误率、温度、通电时间等，如图 13-11 所示。可以让用户对硬盘运行的真实状况有所了解。

4. 错误扫描测试

在错误扫描测试页面，用户可以单击“开始”按钮，来检测磁盘是否存在损坏的扇区。但用户要注意的是，如果没有勾选“快速扫描”复选框，那么运行时间会比较长，所以建议用户勾选此选项来快速进行检测，如图 13-12 所示。

5. 文件夹占用率

单击“扫描”按钮，很快它将会检查出当前磁盘上所有存在的文件及目录状况，如当前硬盘上已有的文件及目录总数、每个文件夹的大小及当前已经使用的硬盘的总容量信息等。

6. AAM 设置

AAM 的英文全称为 Automatic Acoustic Management，翻译成中文意思是自动声音管理。硬盘的噪音大多由于本身的震动和磁头的不断操作产生，换言之在相同的环境下，硬盘的转速越高，噪音越大。而此项功能实际上就是调整硬盘运行时的噪音。但要注意不是所

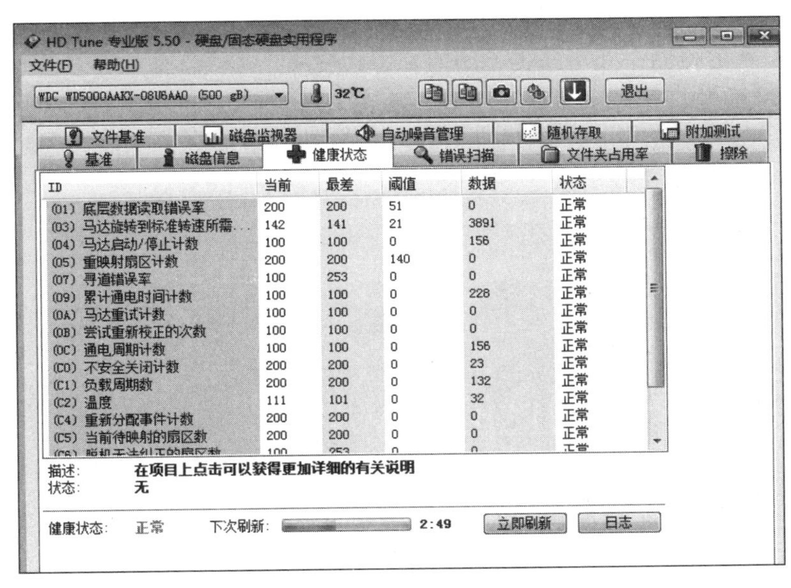

图 13-11　磁盘健康诊断

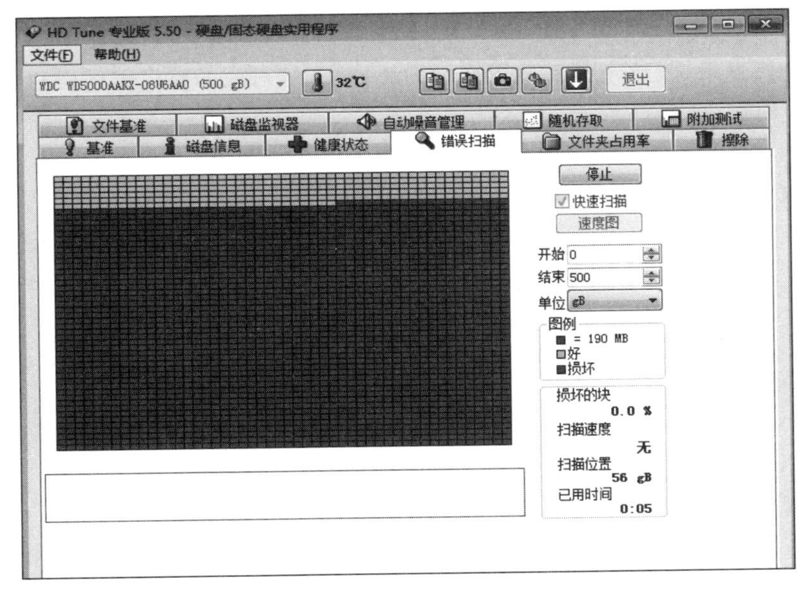

图 13-12　错误扫描测试

有的计算机都可以开启此项功能，并且如果开启了此项功能将设置调整为低噪后可能会降低硬盘的运行性能。

13.4　DisplayX 软件

DisplayX 是一款可以检测液晶显示器的检测软件，液晶显示器的检测不同于普通的 CRT 显示器，除了色彩等常规检测之外，还需要用各种颜色的纯色画面来帮助找出坏点这一液晶显示器最主要的瑕疵。值得一提的是，在 DisplayX 的各项检测画面中，都有中文的提示，即使对显示器检测一无所知也不用担心不会使用。

图 13-13 所示为 DisplayX 软件主界面。使用 DisplayX 进行检测，首先可以选择主界面菜单上的“常规完全测试”，在常规检测的过程中，软件将附加多个不同颜色的纯色画面，在纯色画面下可以很容易地找出总是不变的亮点、暗点等坏点。

图 13-13 DisplayX 主界面

如果要测试延迟时间可以在主界面上选择“延迟时间测试”，软件将弹出一个小窗口，在小窗口中有 4 个快速移动的小方块，每一个小方块旁有一个响应时间，指出其中响应速度最快并且能够支持显示、轨迹正常并且无拖尾的小方块，其对应的响应时间也就是该液晶显示器的最高响应时间。

13.5 Norton Ghost

在使用计算机过程中，人们经常会遇到这样的问题：由于病毒或者操作的失误，导致硬盘上的数据丢失和系统崩溃，对于一个事先未做好备份工作的用户来说，会带来意想不到无法弥补的损失。因此，需要对计算机进行经常性的备份工作，提高系统的安全性。在此，向大家推荐一种操作方便、功能强大的工具软件——Norton Ghost。

Ghost 是 Symantec(赛门铁克)公司出品的系统备份软件，Ghost 就是 General Hardware Oriented Software Transfer 英文的缩写，意思是“面向通用型硬件传送软件”。由于 Ghost 是英文“鬼、精灵”的意思，所以又称为“恢复精灵”。

与一般的备份和恢复工具不同，Ghost 软件备份和恢复是按照硬盘上的簇进行的，这意味恢复时原来分区会完全被覆盖，已恢复的文件与原硬盘上的文件地址不变，而有些备份和恢复工具只起到备份文件内容的作用，不涉及物理地址，很有可能导致系统文件的不完整，这样当系统受到破坏时，由此恢复不能达到系统原有的状况。在这方面，Ghost 有着绝对的优势，能使受到破坏的系统完璧归赵，并能一步到位。它的另一项特有的功能就是将硬盘上的内容复制到其他硬盘上，这样，可以不必重新安装原来的软件，可以省去大量时间，这是软件备份和恢复工作的一次革新。

13.5.1 Norton Ghost 10.0.2 的启动

Norton Ghost 的文件比较小，只要一个主文件 Ghost.exe 就可工作。运行 Ghost 最便捷的方法是通过U盘启动,在U盘启动菜单上一般有进入Ghost菜单,此方式在DOS运行Ghost。另一种方法在U盘启动菜单上,运行WinPE,在WinPE下运行Ghost,如图13-14所示。

图 13-14　WinPE 主界面

13.5.2　Norton Ghost 10.0.2 菜单

运行Ghost.exe文件,显示出Ghost主界面,如图13-15所示。该界面非常简单,灰色显示表明本版本不可用。

其中各个选项的含义如下。

(1) Local:本地硬盘间的操作。

(2) Option:参数设置(一般使用默认值)。

(3) Help:帮助信息。

(4) Quit:退出。

常用的是Local主菜单,选择Local菜单,这里又包括以下子菜单,如图13-16所示。

(1) Disk:硬盘操作选项。

(2) Partition:分区操作选项。

(3) Check:检查功能(一般忽略)。

选择Partition看到如下命令。

(1) TO Partition:分区对分区复制。

(2) TO Image:分区内容备份成镜像文件。

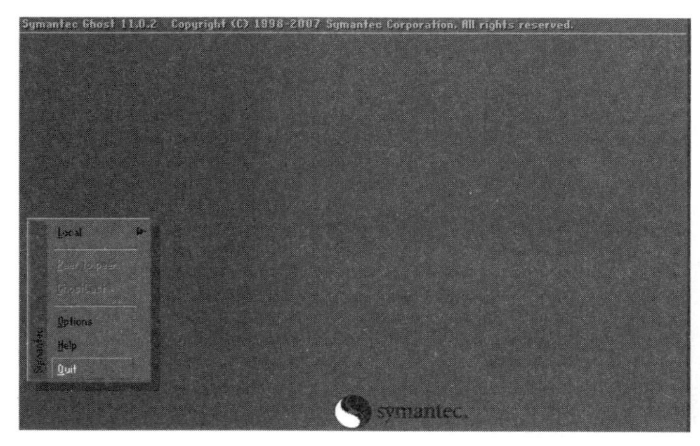

图 13-15　Ghost 主界面

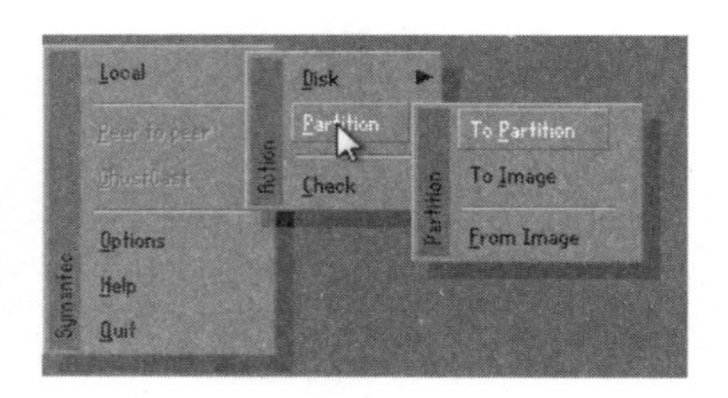

图 13-16　Local 菜单

(3) From Image：镜像复原到分区。

对于一般用户，使用最多的还是 To Partition(分区操作)中的 To Image(分区内容备份成镜像文件)或 From Image(从镜像文件复原到分区)两项。

13.5.3　制作镜像文件和恢复系统

1. 制作镜像文件

(1) 在 Ghost 主界面，选择 Local→Partition→To Image，屏幕显示出硬盘选择界面，如图 13-17 所示，选择源分区所在的硬盘 2，即要备份操作系统来自哪里，根据操作系统所在硬盘大小进行选择，本例 1 为 U 盘。

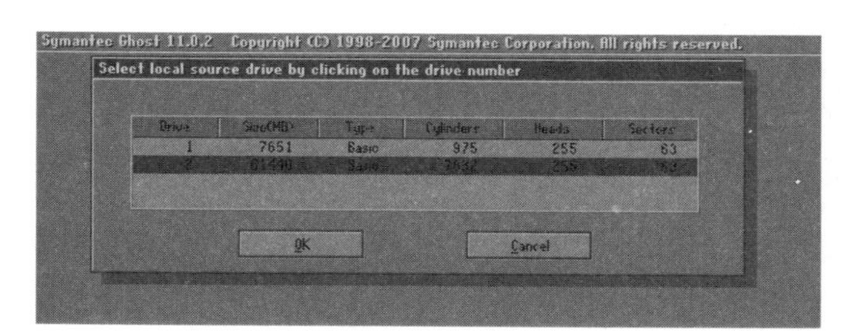

图 13-17　选择硬盘

(2) 选择要制作镜像文件的分区(即源分区)，这里选择分区 1(即 C 分区)，选择后单击 OK 按钮，如图 13-18 所示。

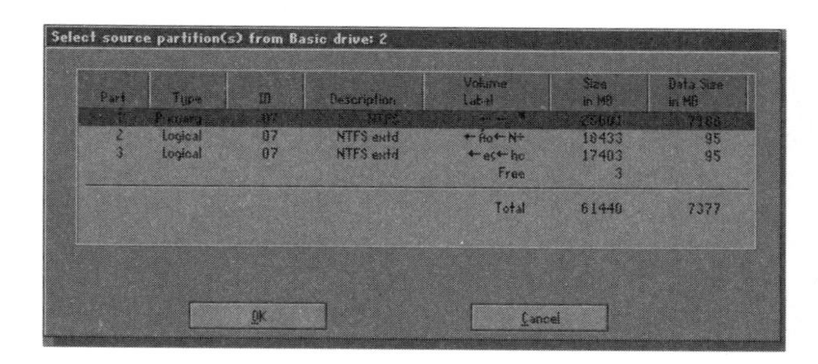

图 13-18　选择分区

(3) 选择镜像文件保存的位置(要特别注意的是,不能选择需要备份的分区 C),再在 Filename 文本框输入镜像文件名称,然后按 Enter 键即可,如图 13-19 所示。

(4) 接下来 Norton Ghost 会询问是否需要压缩镜像文件,No 表示不做任何压缩;Fast 的意思是进行小比例压缩但是备份工作的执行速度较快;High 是采用较高的压缩比但是备份速度相对较慢。一般都是选择 High,虽然速度稍慢,但镜像文件所占用的硬盘空间会大大降低,如图 13-20 所示。

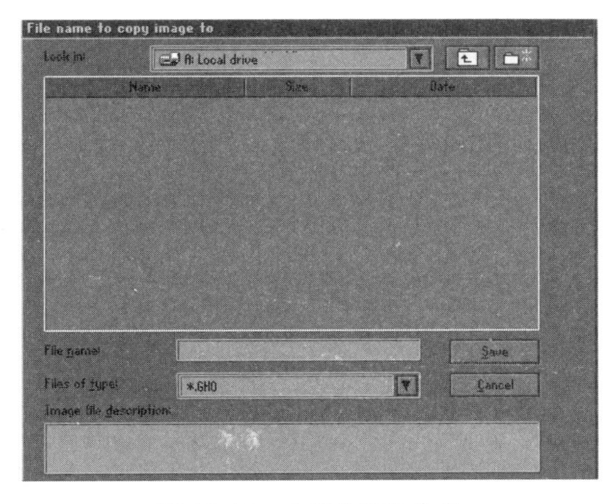

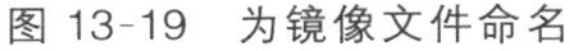
图 13-19 为镜像文件命名

图 13-20 选择压缩方式

(5) 这一切准备工作做完后,Norton Ghost 就开始制作镜像文件了。

2. 恢复主分区镜像

通过上面的工作,已经在 F 盘备份了一个名为 GWIN7.GHO 的镜像文件了,在必要时可按下面的步骤快速恢复 C 盘的本来面目。

(1) 运行 Norton Ghost,在主菜单中选择 Local→Partition→From Image 项(注意,这次是 From Image 项),从 F 盘中选择刚才的主分区镜像文件 GWIN7.GHO,如图 13-21 所示。

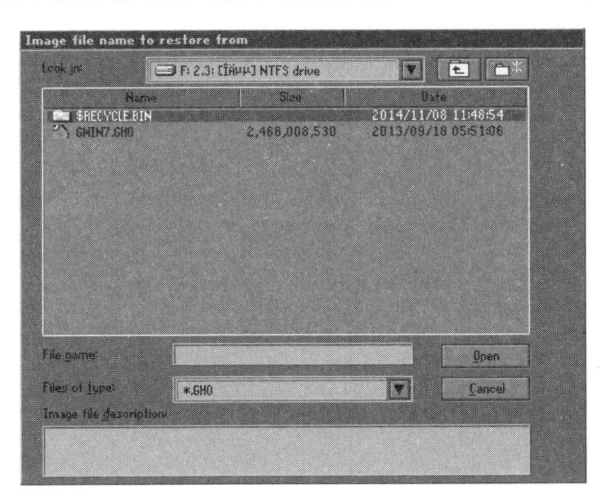

图 13-21 打开镜像文件

(2) 从 GWIN7.GHO 文件中选择需要恢复的分区,这里本来就只有一个 C 分区的镜像，因此直接选择该分区，如图 13-22 所示。

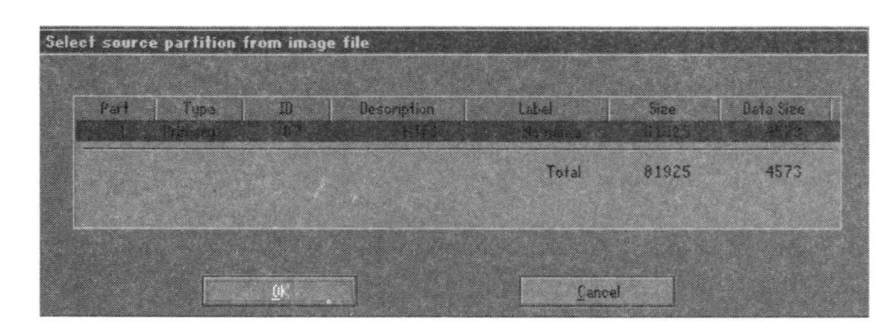

图 13-22 选择源分区

(3) 选择要恢复镜像的目标硬盘，一般来说是主硬盘。

(4) 选择要恢复镜像的目标硬盘中的目标分区 C，注意目标分区千万不能选错，否则后果不堪设想，如图 13-23 所示。

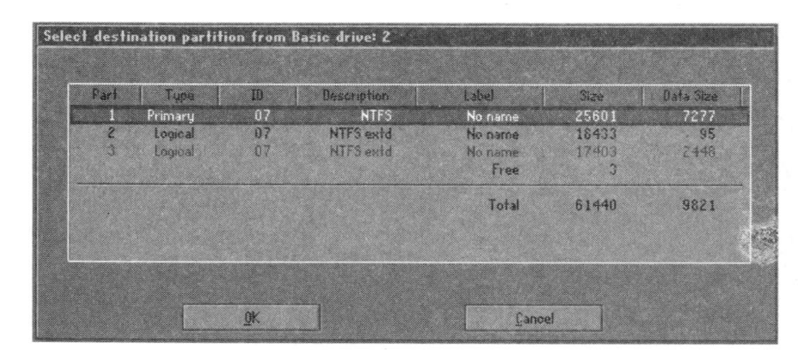

图 13-23 选择目标分区

(5) 最后，Norton Ghost 会再一次询问是否进行恢复操作，并且警告如果进行的话目标分区上的所有资料将会全部消失，单击 Y 按钮后就开始恢复操作，时间与制作镜像的时间大致相等。恢复工作结束后，Norton Ghost 会建议重新启动系统，按照提示要求做就可以了。很快一个干净、完美的基本系统便重新出现在面前。

3. 硬盘复制

硬盘的复制就是对整个硬盘的备份和还原。依次单击 Local→Disk→To Disk，在弹出的窗口中选择源硬盘(第一个硬盘)，然后选择要复制到的目标硬盘(第二个硬盘)。注意，可以设置目标硬盘各个分区的大小，Ghost 可以自动对目标硬盘按设定的分区数值进行分区和格式化。选择 Yes 开始执行。

Ghost 能将目标硬盘复制得与源硬盘几乎完全一样，并实现分区、格式化、复制系统和文件一步完成。只是要注意目标硬盘不能太小，必须能将源硬盘的数据内容装下。

Ghost 还提供了一项硬盘备份功能，就是将整个硬盘的数据备份成一个文件保存在硬盘上(菜单 Local→Disk→To Image)，然后就可以随时还原到其他硬盘或源硬盘上，这对安装多个系统很方便。使用方法与分区备份相似。如果有一批机器配置都是一样的，组成一个机房，安装的系统和软件也是相同的，用户可以利用 Ghost 的硬盘复制来减轻工作量。

4. 使用 Norton Ghost 的注意要点

(1) 将 Norton Ghost 放在启动盘上。

(2) 在备份系统前及恢复系统前，最好检查一下目标盘和源盘，纠正磁盘错误。

(3) 镜像文件应尽量保持“干净”、“基本”。应用软件安装得越多，系统被修改得越严重，安装新软件也就越容易出错，所以在制作镜像文件前，千万不要安装过多的应用软件。

(4) 在恢复系统时，最好先检查一下要恢复的目标盘是否有重要的文件还未转移，千万不要等硬盘信息被覆盖后才后悔莫及。

13.5.4 Ghost Explorer

前面介绍的 Ghost 可以将硬盘分区进行压缩备份，然后会生成一个后缀名为.GHO 的文件，需要的时候再复原即可。但是，在实际使用时，如果又找到了比较好的软件需要添加到备份文件中，或者是发现原先制作的备份文件有一些是过时甚至是对自己没有用软件时，那就比较麻烦了。若想按照自己的意愿来修订备份文件，只有先恢复备份文件，然后删除或增加相关的软件，最后还要对这个分区进行再次备份。这样一来，就浪费了许多宝贵的时间。但幸运的是还有一个 Ghost 备份的好帮手——Ghost Explorer。

Ghost Explorer 实际上是一个可以在 Windows 系统中直接查看.GHO 文件的工具，它采用了类似资源管理器的界面，所以大家在使用的时候可以很容易上手。更重要的是通过这个工具，可以直接对.GHO 文件中的进行添加、删减，更好地让计算机为我所用。

在使用的时候，直接运行安装目录中的 Ghostexp.exe 文件，就可以看见它的主界面了，看看这是不是很熟悉的 Windows 标准窗口？然后通过执行“文件”→“打开”命令把一个原先已经保存在硬盘中的.GHO 文件添加进来，这时原来很神秘的.GHO 文件已经以真面目展现在眼前了，如图 13-24 所示。

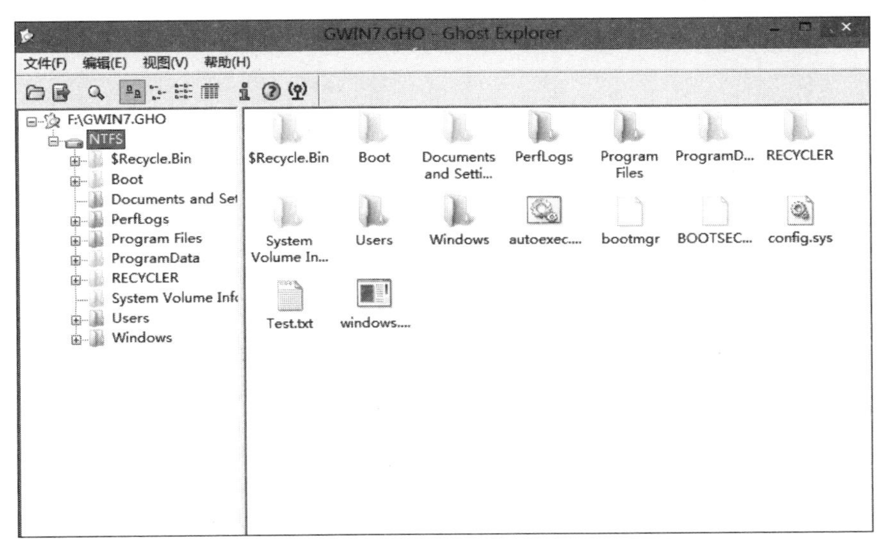

图 13-24 Ghost Explorer 窗口

单击窗口左边的目录树中的某一个目录就可以在右边的窗口中来查看文件信息，而且对于相关的文件信息还能够通过工具条上的按键在大图标、小图标、列表和详细资料之间进行切换显示。如果觉得采用这种方式来查找自己需要的文件比较麻烦，只要在“编辑/查找”对话框中输入搜索的文件名就进行快速查找。在找到相应的文件之后，可以右击对其进行复原(解压缩到指定的目录中)、启动(运行程序，比如查看.txt 文档)、剪切、复制、粘贴等操作。

和标准的Windows资源管理器一样,Ghost Explorer也支持鼠标的直接拖放功能,也就是说能够把一个文件/文件夹直接拖曳到桌面上进行解压缩,或者是将一个文件/文件夹通过拖曳方式很方便地添加到.GHO文件中。所以,在它的帮助下,就能很便捷地把自己需要的工具添加到备份文件中,并且把备份文件中不需要的垃圾给清理出去。

13.6 本章小结

通过本章学习,可以对计算机系统进行相关硬件测试,也可以对操作系统进行备份和恢复。第三方系统维护软件种类很多,希望大家多搜集优秀的系统维护软件存放到U盘上,以备需要时使用。

习题

1. 熟练操作本书介绍的几款系统测试软件。
2. 利用Ghost软件对虚拟机下操作系统进行备份,然后再次还原系统。

第 14 章　Windows 注册表解析与维护

本章学习目标

- 熟练掌握注册表编辑器下的基本操作。
- 熟练掌握注册表结构。
- 熟练掌握注册表应用实例。

本章首先介绍注册表的基础知识，认识 Windows 注册表；其次介绍注册表编辑器下基本操作；再次介绍注册表结构；最后是注册表应用举例。

14.1　注册表由来

PC 及其操作系统的一个特点就是允许用户按照自己的要求对计算机系统的硬件和软件进行各种各样的配置。在 DOS 时代，所有的硬件设备都是通过启动盘下的 Confis. sys 和 Autoexec. bat 两个配置文件在系统启动时加载驱动程序并使其工作的（现在 Windows 中也部分保留这种配置方式），而到了后来的 Windows 3. x，则通过 Win. ini、System. ini、Control. ini、program. ini 等. ini 文件来保存所有有关操作系统和应用程序的配置信息。但. ini 文件管理起来很不方便，因为每种设备或应用程序都得有自己的. ini 文件，随着应用程序的数目不断增加和复杂性日益增强，则需要在. ini 文件中添加更多的参数项。并且此种方法在网络上难以实现远程访问和管理。

为了克服上述这些问题，在 Windows 95 及其后继版本中，采用了一种称为“注册表”的数据库来统一进行管理，将各种信息资源集中起来并存储各种配置信息。按照这一原则，Windows 各版本中都采用了将应用程序和计算机系统全部配置信息容纳在一起的注册表，用来管理应用程序和文件的关联、硬件设备说明、状态属性以及各种状态信息和数据等。

1. 注册表与. ini 文件的不同

(1) 注册表采用了二进制形式登录数据。

(2) 注册表支持子键，各级子关键字都有自己的“键值”。

(3) 注册表中的键值项可以包含可执行代码，而不是简单的字符串。

(4) 在同一台计算机上，注册表可以存储多个用户的特性。

2. 注册表的作用

(1) 通过修改注册表中“隐藏”的参数来提高系统的性能或进行个性化设置。

(2) 提供了对硬件、系统参数、应用程序和设备驱动程序进行跟踪配置的功能。

(3) 采用分层格式存储配置，将所有. ini 文件包括在注册表中，可以被管理人员和用户用来在网络上检查系统的配置和设置，实现本地和远程管理。

Windows 注册表是帮助 Windows 操作系统控制硬件、软件、用户环境和操作系统界面的数据库文件。注册表中记录了用户安装在计算机上的软件和每个程序的相关信息，用户可以通过注册表调整软件的运行性能，检测和恢复系统错误，定制桌面等。用户修改配置，只需要通过注册表编辑器，单击即可轻松完成。系统管理员还可以通过注册表来完成系统远程管理。因而用户掌握了注册表，即掌握了对计算机配置的控制权，用户只需要通过注册表即可将自己计算机的工作状态调整到最佳。

注册表数据库结构并不复杂，但是由于数据项多，数据内容特殊，所以只有知道其含义才能理解和修改当前系统配置信息，任何差错都可能导致系统不能正常运行。

14.2 Windows 注册表调用与修改

注册表文件是以二进制形式存储的，必须使用特殊的软件工具才能调用和修改。编辑注册表主要通过操作系统自带的注册表编辑器，也可以使用其他软件工具编辑。

注册表编辑器是一个面向系统管理者和使用者的可视化管理注册表数据的工具，它具有很强的功能，操作简单，使用方便。该编辑器没有工具条，菜单也很直观易懂。进入编辑器后，即可看到两个窗格，左边窗格显示注册表的结构列表，右边是实际配置数据。用户可以通过其提供的功能轻而易举地对计算机配置数据进行调整。以 Windows 7 32 位操作系统的注册表编辑器为例，介绍常用的基本操作。

14.2.1 打开注册表编辑器

进入 Windows 后，单击“开始”→“运行”，输入 regedit. exe 后按 Enter 键，就会弹出注册表编辑器，如图 14-1 所示。

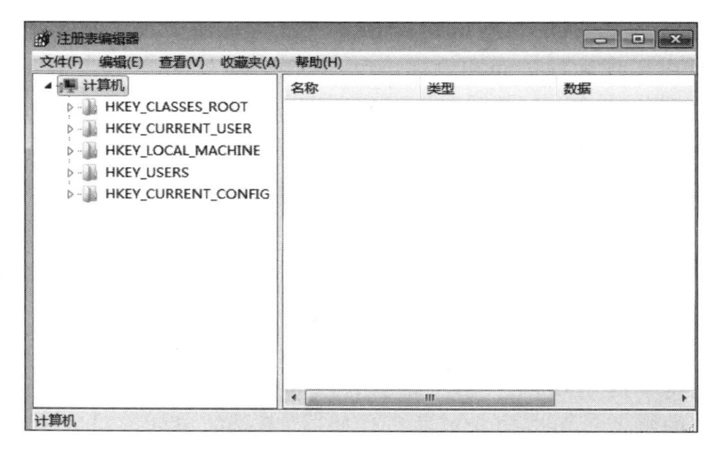

图 14-1 注册表编辑器

14.2.2 注册表的备份

注册表是 Windows 操作系统的核心数据库，其中保存的各种参数直接控制着操作系统的启动、硬件驱动程序的装载以及 Windows 应用程序的正常运行。但注册表也会遭到各种情况的损坏，如错误关机、突然停电、硬件故障等。当注册表遭到破坏时，会以各种途径影响系统的性能和稳定，甚至造成无法启动计算机或系统瘫痪。

注册表受损的原因主要有以下 6 条。

(1) 用户反复添加或更新驱动程序时,多次操作造成失误,或添加的程序本身存在问题,安装应用程序的过程中注册表中添加了不正确的项。有些应用程序拥有一个名为 Setup.inf 的说明文件,其中包括安装该应用程序需要什么磁盘,有哪些目录将被建立,从哪里复制文件,所需的正常工作要建立的注册表信息等。如果安装时磁盘或系统不满足条件,或是用户选择错误,那么就会造成故障。

(2) 程序不兼容。计算机外设的多样性使得一些不熟悉设备性能的用户将不配套的设备安装在一起,尤其是一些用户在更新驱动程序时一味追求最新、最高端,却忽略了设备的兼容性。当操作系统中安装了不能兼容的驱动程序时,就会出现问题。

(3) 添加/删除程序时,由于应用程序自身的反安装特性,或采用第三方软件卸载自己无法卸载的系统自带程序时,都可能会对注册表造成损坏。另外,删除程序、辅助文件、数据文件和反安装程序也可能会误删注册表中的参数项。

(4) 用户经常安装和删除字体时,可能会产生字体错误。可能造成文件内容根本无法显示。

(5) 设备改变或者硬件失败,如计算机受到病毒侵害、自身有问题或用电故障等。

(6) 手动改变注册表导致注册表受损也是一个重要原因。由于注册表的复杂性,用户在改动过程中难免出错,如果简单地将其他计算机上的注册表复制过来,可能会造成非常严重的后果。

如果注册表遭到破坏,Windows 将不能正常运行,为了确保 Windows 系统安全,必须经常地备份注册表。特别是对注册表进行操作之前,要养成良好的备份习惯。

利用注册表编辑器自带的"导入"和"导出"功能也可以备份/恢复注册表,具体操作如下。

1. 备份注册表

(1) 导出注册表。

方法 1:在注册表编辑器中右击"计算机",弹出快捷菜单,单击"导出",打开"导出注册表文件"对话框,如图 14-2 所示。或者右击一个注册表分支,弹出快捷菜单,单击"导出",仅仅导出分支下内容的注册信息。

方法 2:单击"文件"菜单,再单击"导出",打开"导出注册表文件"对话框,如图 14-2 所示。

(2) 然后为导出的注册表文件保存到指定文件夹,输入一个文件名后单击"保存"按钮。这样导出的注册表信息文件,可以在任何一种文本编辑器中编辑。

2. 恢复注册表

当需要恢复注册表时,简单方法是直接双击备份的扩展名为 reg 的注册表文件,出现"注册表编辑器"对话框,单击"是"按钮即可添加进注册表,如图 14-3 所示。

也可以打开注册表编辑器。

(1) 在"文件"菜单中,单击"导入",打开"导入注册表文件"对话框,如图 14-4 所示。

(2) 在此对话框中,找到要导入的注册表文件,然后单击"打开"按钮。

图 14-2 “导出注册表文件”对话框

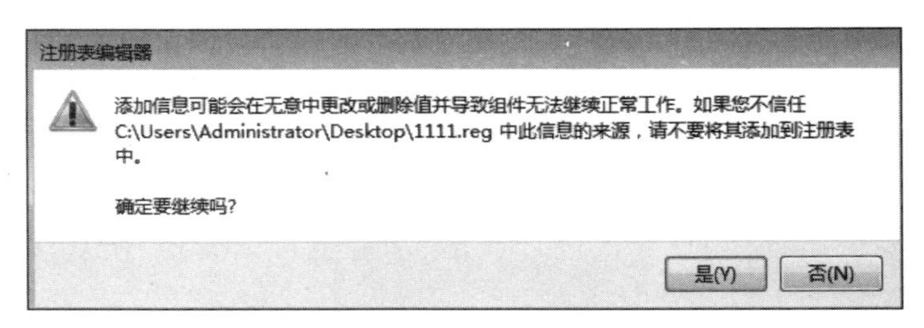

图 14-3 “注册表编辑器”对话框

图 14-4 导入注册表文件

14.2.3 新建项和键值

1. 注册表数据类型

注册表中的数据类型有 6 种，如图 14-5 所示。包括二进制值(类型中显示为 REG_BINARY)、字符串值(REG_SZ)、DWORD 值(REG_DWORD)、QWORD 值(REG_DWORD)、多字符串值(REG_MULTI_SZ)和可扩充字符串值(REG_EXPAND_SZ)。

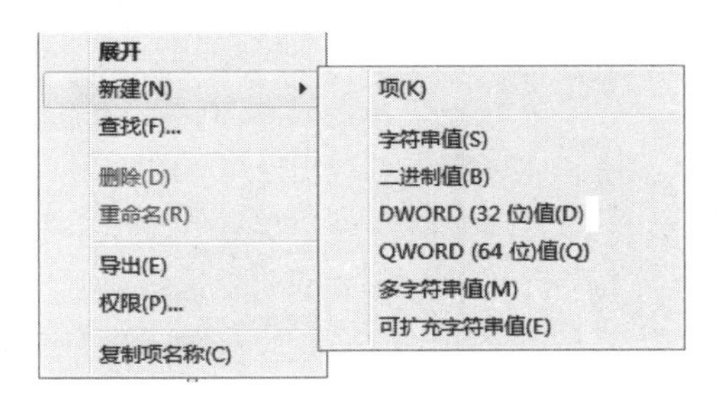

图 14-5 注册表中的数据类型

1) 二进制值(REG_BINARY)

在注册表中，多数硬件组件信息都以二进制数据存储，而以十六进制格式显示在注册表编辑器中。该类型值没有长度限制，可以是任意字节长，REG 文件中一般表现为："a"=hex:01,00,00,00。要修改某个二进制值时，选中该值，选择菜单栏"编辑"下的"修改二进制数据"项，或直接双击该值，在弹出的对话框中进行修改即可。

2) 字符串值(REG_SZ)

该值一般用来作为文件描述和硬件标志，可以是字母、数字，也可以是汉字，输入时字母不分大小写，长度可自由改变，但最大长度不能超过 255 个字符。REG 文件中一般表现为"a"="****"。编辑时选菜单栏上的"编辑"下的"修改"项，或者直接双击，然后直接输入所需的字符串即可。

3) DWORD 值(REG_DWORD)

由 4 字节长(32 位二进制)的数字表示的数据。设备驱动程序和服务的许多参数都是此类型，以二进制、十六进制或十进制格式显示在注册表编辑器中。REG 文件中一般表现为"a"="dword:00000001"。该编辑器只允许输入有效数字。

4) QWORD 值(REG_QWORD)

此数据类型在 Windows XP 之前操作系统中不存在。由 8 字节长(64 位二进制)的数字表示的数据。该数据类型面向 64 位应用程序。该编辑器只允许输入有效数字。REG 文件中一般表现为"a"=hex(b):00,00,00,00,00,00,00,00。

5) 多字符串值

该数据类型可在一个子键中存储多个字符串。一般来说，注册表中的字符串资源只允许包含一行数据，而多字符串类型就允许注册表中的一个字符串资源包含多个字符串。

6) 可扩充字符串值

表示可以展开的字符串类型。某些键值使用环境变量，类似于批处理文件。例如，一个字符串包括%SystemRoot%System32，那么其中的%SystemRoot%的长度就由系统自己分配，因而字符串是变长的，其扩展结果要传递给键值，%SystemRoot%是一个标准环境变量，包含着 Windows 的安装路径、驱动器和目录。修改该数据的方式与修改字符串值项同。

2. 新建项和键值

(1) 运行注册表编辑器。

(2) 选择要添加项的位置，即在某个根键或子键下，如 HKEY_CURRENT_USER\

Network 下，选中该子键，选择“编辑”菜单下“新建”下的“项”，或直接右击该子键，选“新建”下的“项”即可，如图 14-6 所示。

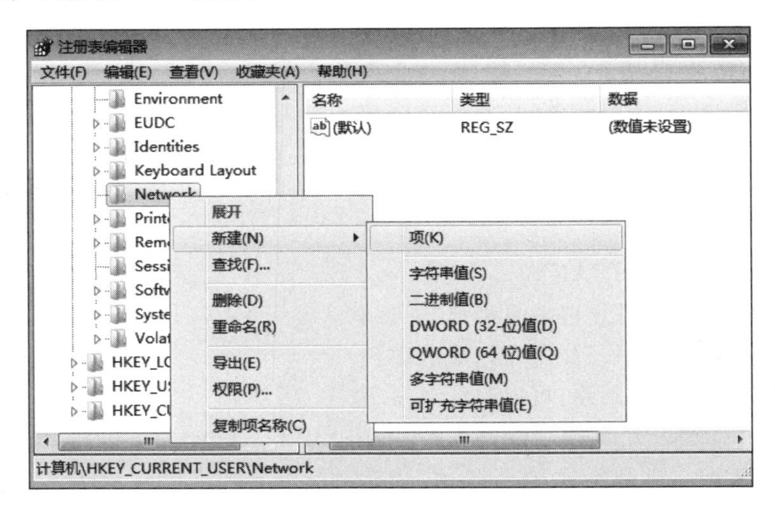

图 14-6　新建项和键值项

(3) 直接输入该项的名称，如 new。选中该项，单击“编辑”菜单栏上的“新建”下的“字符串值”，或直接在窗口的右半部分空白处右击，选“新建”下的“字符串值”即可为 new 子键创建一个字符串值的新键值项，如图 14-7 所示。

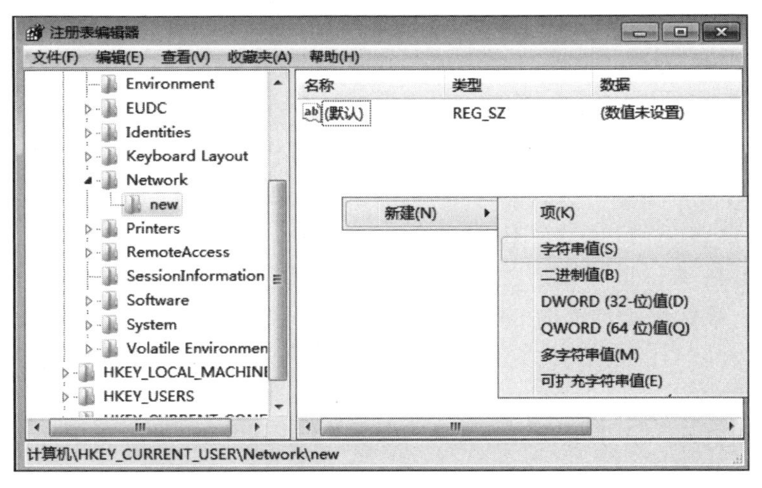

图 14-7　命名、确定类型

14.2.4　查找键名和键值

由于注册表中包括的项目非常多，当需要从中定位自己需要的项或子项时，使用查找功能是非常必要的。该功能的具体用法如下。

(1) 打开注册表列表，首先单击选中查找起始位置，然后单击“编辑”→“查找”，出现“查找”对话框，如图 14-8 所示。

(2) 输入需要查找的键名或键值，单击“查找下一个”按钮，开始查找。

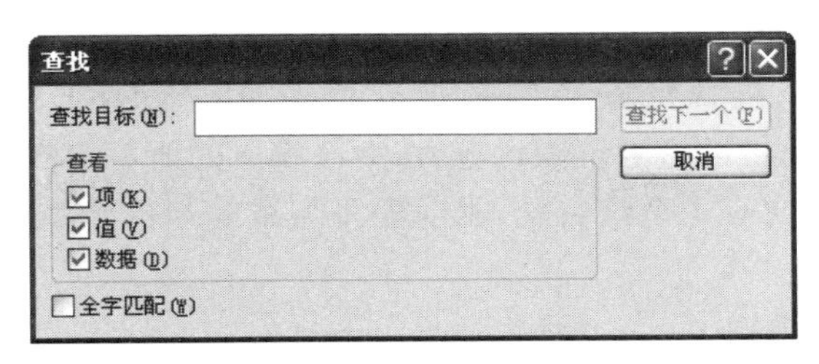

图 14-8 “查找”对话框

(3) 当查找到键名或键值后,自动停止查找,选中后右击,可进行新建、删除、重命名、导出、权限等操作。

(4) 按 F3 键,可继续进行查找。

14.3 Windows 注册表结构

在注册表中,所有的数据都是通过一种树状结构以键和子键的方式组织起来,十分类似于目录结构,最顶层键称为根键。每个键都包含了一组特定的信息,每个键的键名都是和它所包含的信息相关的。如果这个根键包含子键,则在注册表编辑器窗口中代表这个根键的文件夹的左边将有+号,单击+号,则可展开子键,同时这+变成-;单击-号,则可收敛子健。

Windows 7 的注册表其基本结构如图 14-1 所示。

1. HKEY_CLASSES_ROOT 根键

此根键可缩写为 HKCR,其中记录的是 Windows 操作系统中所有数据文件的信息,主要记录文件的后缀名和与之对应的应用程序。当用户双击一个文档时,系统可以通过这些信息启动相应的应用程序。HKEY_CLASSES_ROOT 根键中存放的信息与 HKEY_LOCAL_MACHINE\Software\Classes 分支中存放的信息是一致的。

2. HKEY_CURRENT_USER 根键

此根键可缩写为 HKCU,主要保存了当前登录 Windows 的用户数据,以及个性化的设置,例如,桌面外观、软件设置、开始菜单等内容,而键的内容也会随着登录的用户不同有所改变。而在此根键下,ControlPanel 与 Software 两个子键最为重要:ControlPanel 记录了用户的操作设置,例如,桌面背景、窗口外观等,几乎所有的控制面板中的设置都保存在此;Software 记录了用户当前环境中安装的软件设置,甚至连 Windows 本身内置的功能,也都在此处进行调校。

3. KEY_LOCAL_MACHINE 根键

此根键可缩写为 HKLM,保存了绝大部分的系统信息,包括硬件配置、外围设备、网络设置以及所安装的软件等,是注册表数据库中最重要、最庞大的根键。

下列 4 个子键十分重要。

(1) HARDWARE。此键记录了计算机硬件相关的各项信息,以及驱动程序的设置等;当使用设备管理器更改硬件设置时,这个键中的数据也会跟着变化。

(2) SAM 和 SECURITY。记录本台计算机上有哪些用户和组账户,与相关的系统安全设置、权限分配等。在一般情况下，用户无法访问此键的内容。

(3) SOFTWARE。包含已安装的各项软件信息，与 HKEY_CURRENT_USER\Software 键不同的是，此键的影响范围比较大，对系统下的所有用户都有效。

(4) SYSTEM。包含有关系统启动、驱动程序加载等与操作系统本身相关的各项设置信息。

4. HKEY_USERS 根键

此根键可缩写为 HKU，其中 Default 这个子键记录了 Windows 用户默认的个人设置，与 HKEY_CURRENT_USER 是相同内容，例如，桌面配置、开始菜单的设置等。其他还可以看到多个名称类似 S-1-15-18、S-1-15-18-Classes 的子键，都是与系统内置程序或服务相关的键值，一般来说，动到它们的几率不高。

5. HKEY_CURRENT_CONFIG 根键

此根键可缩写为 HKCC。如果在 Windows 中设置了两套及以上的硬件配置文件(Hardware Configuration File)，则在系统启动时将会让用户选择使用哪套配置文件。而 HKEY_CURRENT_CONFIG 根键中存放的正是当前配置文件的所有信息。

特别注意 Windows 7 操作系统有 32 位和 64 位操作系统。本节只介绍 32 位操作系统注册表，和 64 位操作系统注册表有区别。这里简单介绍一下。

1) 注册表位置

Windows 7 64 位系统的注册表分 32 位注册表项和 64 位注册表项两部分。在 64 位操作系统下，通过注册表编辑器中查看到指定路径下的注册表项均为 64 位注册表项，而 32 位注册表项被重定位到 HKEY_LOCAL_MACHINE\Software\WOW6432Node。

应用程序操作注册表的时候也分 32 位方式和 64 位方式。运行于 64 位操作系统下的 32 位应用程序默认操作 32 位注册表项(即被重定向到 WOW6432Node 下的子项)；而 64 位应用程序才是操作的直观子项。

例如，同在 64 位系统下，使用如下代码访问注册表：

```
::RegOpenKeyEx(HKEY_LOCAL_MACHINE, _T("Software\\Sobey\\MPC "), 0, KEY_ALL_
ACCESS, &hKey)
```

如果应用程序为 32 位子系统，那么实际访问的注册表位置为 HKEY_LOCAL_MACHINE\SOFTWARE\Wow6432Node\Sobey\MPC。

如果应用程序为 64 位子系统，那么实际访问的注册表位置将会是 HKEY_LOCAL_MACHINE\SOFTWARE\Sobey\MPC。

2) 程序编写

编程过程中，可以使用 KEY_WOW64_64KEY 和 KEY_WOW64_32KEY 明确的指定操作 64 位注册表项或者 32 位注册表项。例如，在 32 位系统应用程序中，可以用如下方式明确指定访问 64 位注册表项，程序代码如下。

```
::RegOpenKeyEx(HKEY_LOCAL_MACHINE, _T("Software\\Sobey\\MPC "), 0, KEY_ALL_ACCESS
| KEY_WOW64_64KEY, &hKey)
```

注意关键字 KEY_WOW64_64KEY。

这种方式写入的注册表项将会确切地位于位置 HKEY_LOCAL_MACHINE\

SOFTWARE\Sobey\MPC。

在64位系统应用程序中，可以用如下方式明确指定访问32位注册表项，程序代码如下。

```
::RegOpenKeyEx(HKEY_LOCAL_MACHINE, _T("Software\\Sobey\\MPC\\Test"), 0, KEY_ALL_
ACCESS | KEY_WOW64_32KEY, &hKey)
```

注意关键字 KEY_WOW64_32KEY。

这种方式写入的注册表项将会确切地位于位置 HKEY_LOCAL_MACHINE\SOFTWARE\Wow6432Node\Sobey\MPC。

3）特别提醒

上述说明只针对 HKEY_LOCAL_MACHINE 主键，当访问 HKEY_CURRENT_USER 主键时，明确指定 KEY_WOW64_64KEY 和 KEY_WOW64_32KEY 标志没有意义。

14.4 注册表应用举例

1. 修改光驱名

HKEY_LOCAL_MACHINE\SOFTWARE\Microsoft\Windows\CurrentVersion\Explorer\DriveIcons，新建项，名为光驱代号(H、I、…)，继续新建项 DefaultLabel，修改右侧窗格中默认的键值中的数据为要改的光驱名字，最后刷新计算机即可。

2. 在桌面右下角显示 Windows 版本

展开 HKEY_CURRENT_USER\Control Panel\Desktop，双击右侧窗格的 PaintDesktopVersion，数值修改为1即可。重启生效。

3. 开机时显示登录信息

定位至 HKEY_LOCAL_MACHINE\SOFTWARE\Microsoft\Windows NT\CurrentVersion\Winlogon，展开 Winlogon，LegalNoticeCaption 写标题，LegalNoticeText 写内容。

4. 让系统时钟显示问候语

定位至 HKEY_CURRENT_USER\Control Panel\International，展开 International，双击右侧窗格中的 sLongDate，在日期格式前写问候语即可。

5. 隐藏回收站图标

定位至 HKEY_CURRENT_USER\Software\Microsoft\Windows\CurrentVersion\Explorer\HideDesktopIcons\NewStartPanel(若没有 HideDesktopIcons\NewStartPanel 两个键则新建)，新建 DWORD 类型的键值，命名为"{{645FF040-5081-101B-9F08-00AA002F954E}}"，更改数值为1，刷新桌面即隐藏了回收站。

6. 自定义 Windows 登录窗口的背景画面

首先要注意，图片必须为.jpg 格式；图片文件尺寸的比例必须和屏幕分辨率相同；图片大小不可超过256KB。

定位至 HKEY_LOCAL_MACHINE\SOFTWARE\Microsoft\Windows\CurrentVersion\Authentication\LogonUI\Background，将 OEMBackground 键值数值改为1。然后打开文件夹 C:\Windows\System32\oobe\info，新建 backgrounds 文件夹，将图片命名为 BackgroundDefault

.jpg,放入图片即可。

7. 打开或关闭 Window 的自动播放功能

定位至 HKEY_LOCAL_MACHINE\SOFTWARE\Microsoft\Windows\CurrentVersion\Policies\Explorer,在右侧窗格中新建 DWORD 类型键值,命名为 NoDriveTypeAutoRun,默认值是 0,即打开功能。关闭功能对应十进制数:软盘为 4,硬盘和移动硬盘为 8,网络存储设备为 16,光驱为 32,U 盘内存为 64,其他外设为 128,全部为 255。删除此键值可打开功能。

8. 让 Windows 自动登录我的用户账户

定位至 HKEY_LOCAL_MACHINE\SOFTWARE\Microsoft\Windows NT\CurrentVersion\Winlogon,在右侧窗格中新建字符串类型的键值,命名为 AutoAdminLogon,数值设置为 1。然后再新建字符串类型的键值,命名为 DefaultUserName,数值设置为用户名。同理,命名为 DefaultPassword,输入用户账户的密码即可。不过这样有泄密风险。

更保险的办法:使用命令 Win+R 打开“运行”,输入 rundll32 netplwiz.dll UsersRunDll,将“要使用本机,用户必须输入用户名和密码”前的复选框去掉,单击“应用”后输入两次密码即可。在注册表下不会生成 REG_SZ 类型的 DefaultPassword 键值。

9. 修改系统的用户和公司名

定位至 HKEY_LOCAL_MACHINE\SOFTWARE\Microsoft\Windows NT\CurrentVersion,双击右侧窗格中的 RegisteredOwner 和 RegisteredOrganization,即可更改。

10. 改变系统时钟在托盘区的显示格式

定位至 HKEY_CURRENT_USER\Control Panel\International,在右侧窗格中更改 s1159 和 s2359 即可。更改 sTimeFormat 为 tt hh 点 mm 分。tt 表示上午/下午时间,若还要显示秒数,则增加 ss。

11. 删除控制面板卸载中无效的记录

(1) HKEY_LOCAL_MACHINE\SOFTWARE\Microsoft\Windows\CurrentVersion\Uninstal。

(2) HKEY_CLASSES_ROOT\Installer\Products。

(3) HKEY_CURRENT_USER\Software\Microsoft\Installer\Products。

(2)和(3)主要保存基于 Windows 安装的应用程序。

12. 为应用程序设置启动昵称

举例:在“开始”菜单中的“搜索程序和文件”中输入 cs,快速打开游戏。

方法:定位至 HKEY_LOCAL_MACHINE\SOFTWARE\Microsoft\Windows\CurrentVersion\App Paths,新建项,命名为 cs.exe,打开默认 REG_SZ,输入应用程序路径即可。

13. 从快捷菜单打开常用的应用程序

定位至 HKEY_CLASSES_ROOT*\shell,新建项,随意命名,将默认 REG_SZ 的数值更改为显示的内容。在此子键的基础上,新建项,命名为 command,内容为应用程序的路径。

14. 编辑“新建”菜单中的文件类型

举例:删除“新建”菜单中的“新建 BMP”。

方法：展开 HKEY_CLASSES_ROOT\.bmp，删除 ShellNew 即可。

15. 加快“开始”菜单的打开速度

定位至 HKEY_CURRENT_USER\Control Panel\Desktop，打开右侧窗格中的 MenuShowDelay，把默认的 400（单位为 ms）修改为 100 或 0，保存即可。

Windows 的动画效果使得运行“开始”菜单变慢，修改此可关闭效果。

16. 应用程序关闭后完整释放资源

定位至 HKEY_LOCAL_MACHINE\SOFTWARE\Microsoft\Windows\CurrentVersion\Explorer，新建 DWORD 类型键值，数值为 1。

17. 自动关闭“停止响应的程序”

定位至 HKEY_CURRENT_USER\Control Panel\Desktop，打开 AutoEndTasks，修改数值为 1 即可。

18. 加快开关机时间

定位至 HKEY_LOCAL_MACHINE\SYSTEM\CurrentControlSet\Control，打开 WaitToKillServiceTimeout，属性设定为 1000。切换到 HKEY_CURRENT_USER\Control Panel\Desktop，打开 WaitToKillAppTimeout，属性设定为 1000，并在相同键下，修改键值 HungAppTimeout 属性为 200 即可。

19. 必须按组合键才可以登录 Windows

定位位置：HKEY_LOCAL_MACHINE\SOFTWARE\Microsoft\Windows NT\CurrentVersion\Winlogon，打开右侧窗格中的 DisableCAD，修改数值为 0 即可。注意，此项应用后，自动登录系统将会失效！

20. 取消 Windows 快捷键

定位至 HKEY_CURRENT_USER\Software\Microsoft\Windows\CurrentVersion\Policies\Explorer，新建 D_WORD 类型键值 NoWinKeys，数值为 1。

21. 删除“运行”的记录

展开 HKEY_CURRENT_USER\Software\Microsoft\Windows\CurrentVersion\Explorer\RunMRU，删除右侧窗格的记录即可。

22. 关闭默认共享的文件夹

定位至 HKEY_LOCAL_MACHINE\SYSTEM\CurrentControlSet\services\LanmanServer\Parameters，在右侧窗格中新建 2 个 D_WORD 的键值，分别命名为 AutoShareServer、AutoShareWKs，值为默认的 0。重新启动后可关闭共享！

默认情况下，Windows 会将系统文件夹、各磁盘驱动器暗自共享出来。在共享文件夹后添加 $ 即可查看。例如，在地址栏输入\\127.0.0.1\C$，按 Enter 键后可查看共享的系统文件夹。

23. 开始菜单不显示用户名

展开 HKEY_CURRENT_USER\Software\Microsoft\Windows\CurrentVersion\Explorer\Advanced，新建 D_WORD 类型的键值 Start_ShowUser，默认为 0 即可。

24. 自动清除打开文件的记录

定位至 HKEY_CURRENT_USER\Software\Microsoft\Windows\CurrentVersion\Policies\Explorer，新建 D_WORD 类型的键值 ClearRecentDocsOnExit，数值为 1 即可。

25. 清除访问的网页记录

定位至 HKEY_CURRENT_USER\Software\Microsoft\Internet Explorer\TypedURLs，删除右侧窗格中的所有 url 即可。在 IE 的“Internet 选项”中可以更方便清除记录。

26. 更改打开文件的默认程序

子键 1：HKEY_CURRENT_USER\Software\Microsoft\Windows\CurrentVersion\Explorer\FileExts。

子键 2：HKEY_CURRENT_USER\Software\Classes。

27. 彻底隐藏文件，即显示隐藏文件也看不到

定位至 HKEY_CURRENT_USER\Software\Microsoft\Windows\CurrentVersion\Explorer\Advanced，连续新建项(父子)：Folder、Hidden、SHOWALL，在右侧窗格中新建 DWORD 类型的键值 CheckedValue，设置数值为 0(默认)。

28. 清除使用 Windows 搜索的关键字

定位至 KEY_CURRENT_USER\Software\Microsoft\Windows\CurrentVersion\Explorer\WordWheelQuery，删除右侧窗格中的内容即可。

29. IE8 的菜单栏重回地址栏上方

定位至 HKEY_CURRENT_USER\Software\Microsoft\Internet Explorer\Toolbar\WebBrowser，在右侧窗格中新建 DWORD 类型的键值 ITBar7Position，数值为 1，重新启动 IE 即可。

30. IE8 的搜索栏关闭

定位至 HKEY_CURRENT_USER\Software\Policies\Microsoft，连续新建以下项(父子)：Internet Explorer、InfoDelivery、Restrictions，在右侧窗格中新建 DWORD 类型的键值：NoSearchBox，更改数值为 1 即可。

31. IE8 的下载默认路径

定位至 HKEY_CURRENT_USER\Software\Microsoft\Internet Explorer，双击右侧窗格中的 REG_SZ 类型的 Download Directory，更改内容为路径即可。

32. IE8 配置为无法下载文件

定位至 HKEY_CURRENT_USER\Software\Policies\Microsoft，依次新建两个项(父子)：Internet Explorer、Restrictions，在右侧窗格中新建 DWORD 类型的键值 NoSelectDownloadDir，设定为 1 即可关闭下载功能。

33. IE8 锁定主页无法更改

定位至 HKEY_CURRENT_USER\Software\Policies\Microsoft，依次新建项：Internet Explorer、ControlPanel，在右侧窗格中新建 DWORD 类型的键值 HomePage，更改数值为 1 即可。

34. 封锁“Internet 选项”

定位至 HKEY_CURRENT_USER\Software\Policies\Microsoft，依次新建项：Internet Explorer、Restrictions，在右侧窗格中新建 DWORD 类型的键值 NoBrowserOptions，更改数值为 1 即可。

经过测试发现，右击 IE 选择“属性”仍可以开启“Internet 选项”。

35. 封锁右键的快捷菜单

定位至 HKEY_CURRENT_USER\Software\Microsoft\Windows\CurrentVersion\Policies\Explorer，在右侧窗格中新建 DWORD 类型的键值：NoTrayContextMenu、NoViewContextMenu，数值均为 1 即可。

36. 封锁 U 盘

定位至 HKEY_LOCAL_MACHINE\SYSTEM\CurrentControlSet\services\USBSTOR，将右侧窗格中的 Start 键值的值更改为 4 即可，反向操作是修改为 3。

37. 封锁注册表编辑器

定位至 HKEY_CURRENT_USER\Software\Microsoft\Windows\CurrentVersion\Policies，新建项 System，然后在右侧窗格中新建 DWORD 类型的键值 DisableRegistryTools，更改数值为 1 即可。

使用第三方软件，例如 Tweak Manager、Ultimate Windows Tweaker 等。可以解除封锁。

38. 封锁"开始"菜单的功能显示

定位至 HKEY_CURRENT_USER\Software\Microsoft\Windows\CurrentVersion\Explorer\Advanced 键，主要记载系统操作界面的布局，例如，桌面图标的隐藏、任务栏的动画显示等相关的键值都保存于此。下面的数值为 0 表示不显示。

(1) Start_ShowControlPanel，控制面板。

(2) Start_ShowUser，用户名。

(3) Start_ShowMyDosc，文档。

(4) Start_ShowMyPics，图片。

(5) Start_ShowMyMusic，音乐。

(6) Start_ShowMyGames，游戏。

(7) Start_ShowMyComputer，计算机。

(8) Start_ShowNetPlaces，网络。

(9) Start_ShowPrinters，设备和打印机。

(10) Start_ShowSetProgramAccessAndDefaults，默认程序。

(11) Start_ShowHelp，帮助和支持。

(12) Start_ShowRun，运行。

(13) Start_TrackProgs，最近打开的程序。

(14) Start_TrackDocs，最近打开的文件。

对于 HKEY_CURRENT_USER\Software\Microsoft\Windows\CurrentVersion\Policies\Explorer，这里面设置键值是在系统任何地方都找不到的，例如：

(1) NoStartMenuMorePrograms，所有程序。

(2) NoSMMYDocs，文档。

(3) NoControlPanel，控制面板。

(4) NoSMConfigurePrograms，默认程序。

(5) NoSMHelp，帮助和支持。

(6) NoRun，运行。

14.5 本章小结

本章介绍注册表相关知识。如果大家对注册表不是很熟悉,可以选用第三方软件对注册表进行间接修改,如前面学习的组策略管理器。但对一个计算机系统维护专业人员来说,掌握注册表相关操作是必需的。

习题

1. DOS 操作系统如何对硬件和软件系统进行配置?
2. 注册表结构由哪几个根键组成,各有什么作用?
3. 通过注册表编辑器对 Windows 7 操作系统进行注册表实例操作。

参 考 文 献

[1] 刘瑞新.计算机组装与维护教程[M].5 版. 北京：机械工业出版社，2011.
[2] 瓮正科.计算机维护技术[M].4 版.北京：清华大学出版社，2006.
[3] 单学红，聂俊航.计算机组装与维护[M].北京：清华大学出版社，2009.
[4] 马汉达.计算机系统维护技术[M].北京：清华大学出版社，2013.